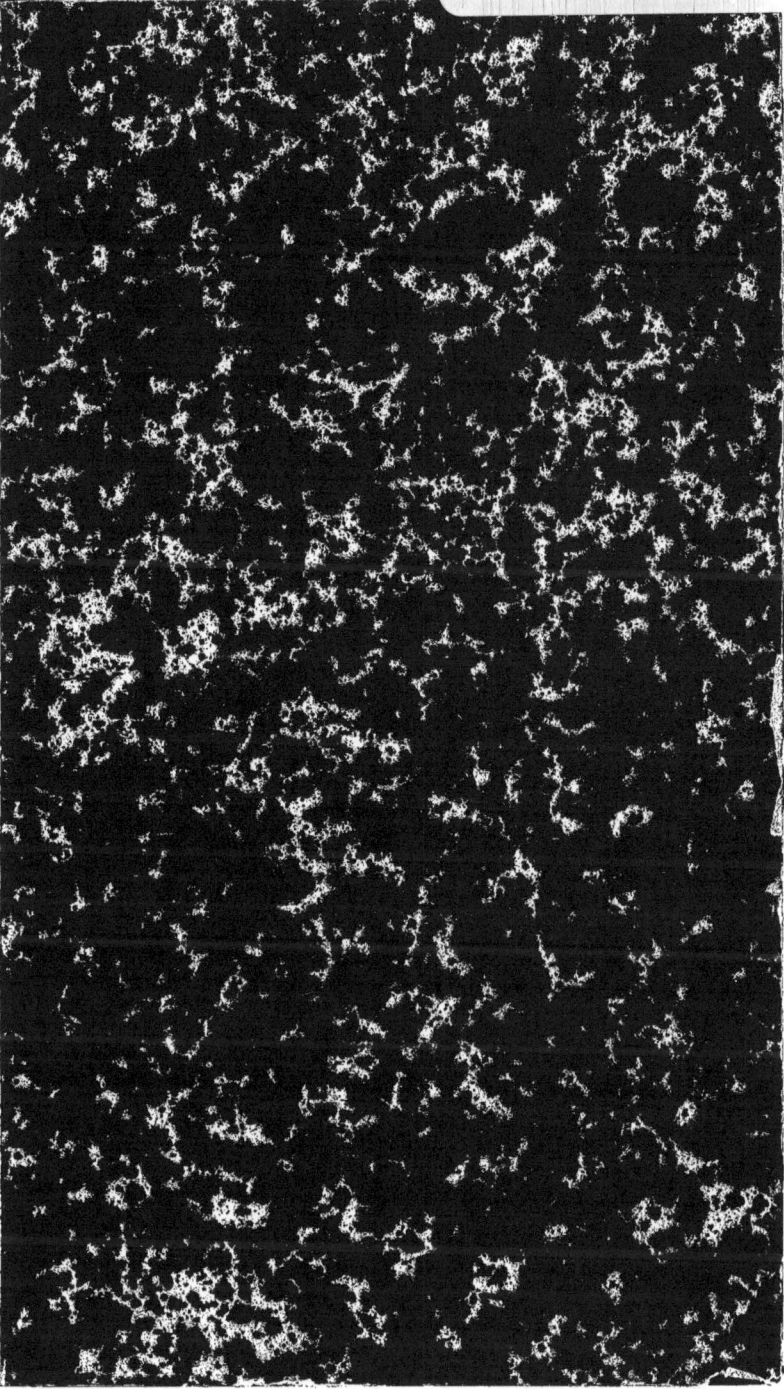

MINISTÈRE DES TRAVAUX PUBLICS

ÉTUDES

DES

GÎTES MINÉRAUX

DE LA FRANCE

PUBLIÉES SOUS LES AUSPICES DE M. LE MINISTRE DES TRAVAUX PUBLICS
PAR LE SERVICE DES TOPOGRAPHIES SOUTERRAINES

LES TERRAINS TERTIAIRES DE LA BRESSE

ET

LEURS GÎTES DE LIGNITES ET DE MINERAIS DE FER

PAR

F. DELAFOND

INGÉNIEUR EN CHEF DES MINES

ET C. DEPÉRET

PROFESSEUR À LA FACULTÉ DES SCIENCES DE LYON

TEXTE

PARIS

IMPRIMERIE NATIONALE

M DCCC XCIII

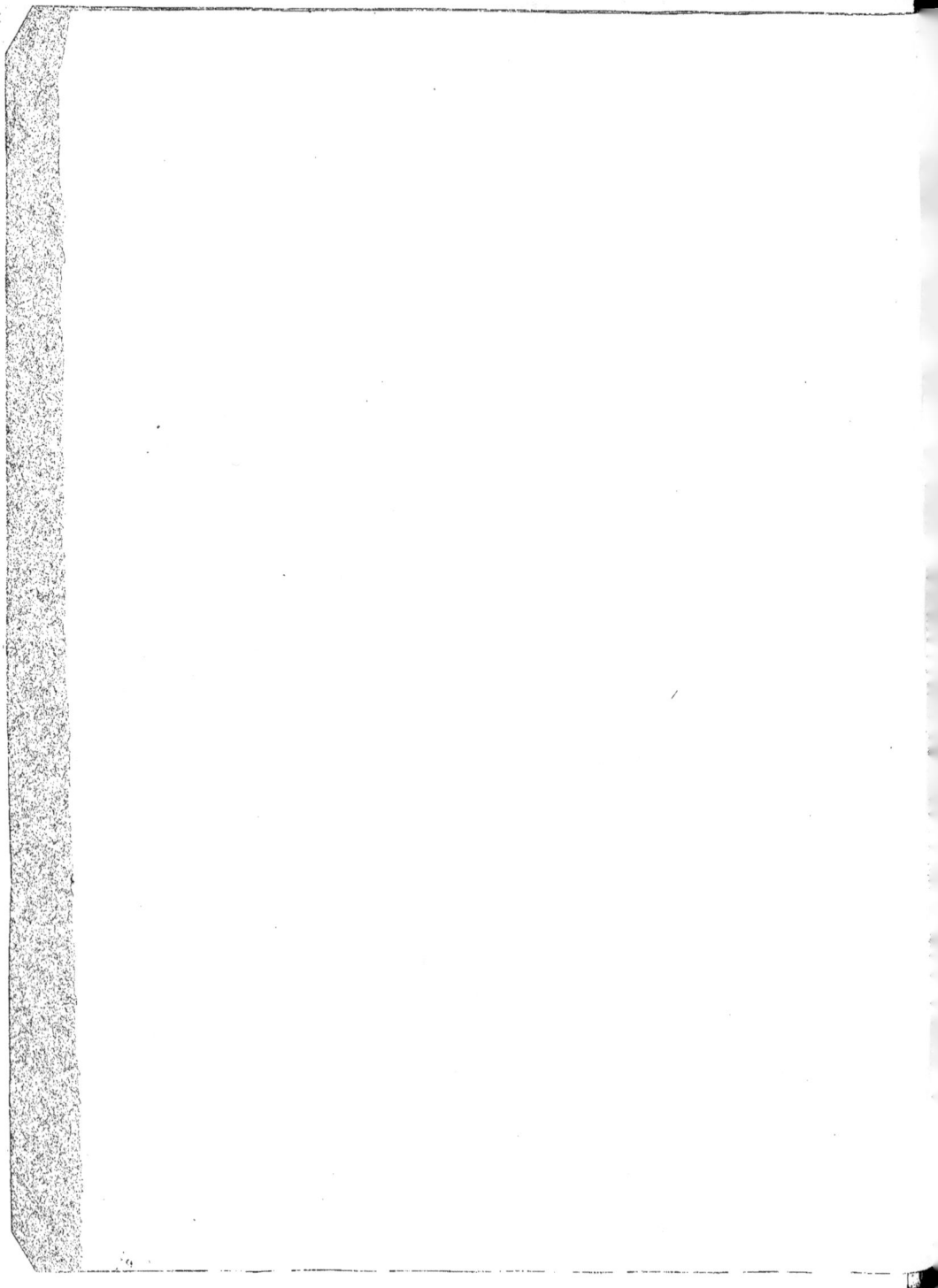

LES TERRAINS TERTIAIRES DE LA BRESSE

ET

LEURS GÎTES DE LIGNITES ET DE MINERAIS DE FER

MINISTÈRE DES TRAVAUX PUBLICS

ÉTUDES

DES

GÎTES MINÉRAUX

DE LA FRANCE

PUBLIÉES SOUS LES AUSPICES DE M. LE MINISTRE DES TRAVAUX PUBLICS
PAR LE SERVICE DES TOPOGRAPHIES SOUTERRAINES

LES TERRAINS TERTIAIRES DE LA BRESSE

ET

LEURS GÎTES DE LIGNITES ET DE MINERAIS DE FER

PAR

F. DELAFOND

INGÉNIEUR EN CHEF DES MINES

ET C. DEPÉRET

PROFESSEUR À LA FACULTÉ DES SCIENCES DE LYON

TEXTE

PARIS

IMPRIMERIE NATIONALE

M DCCC XCIII

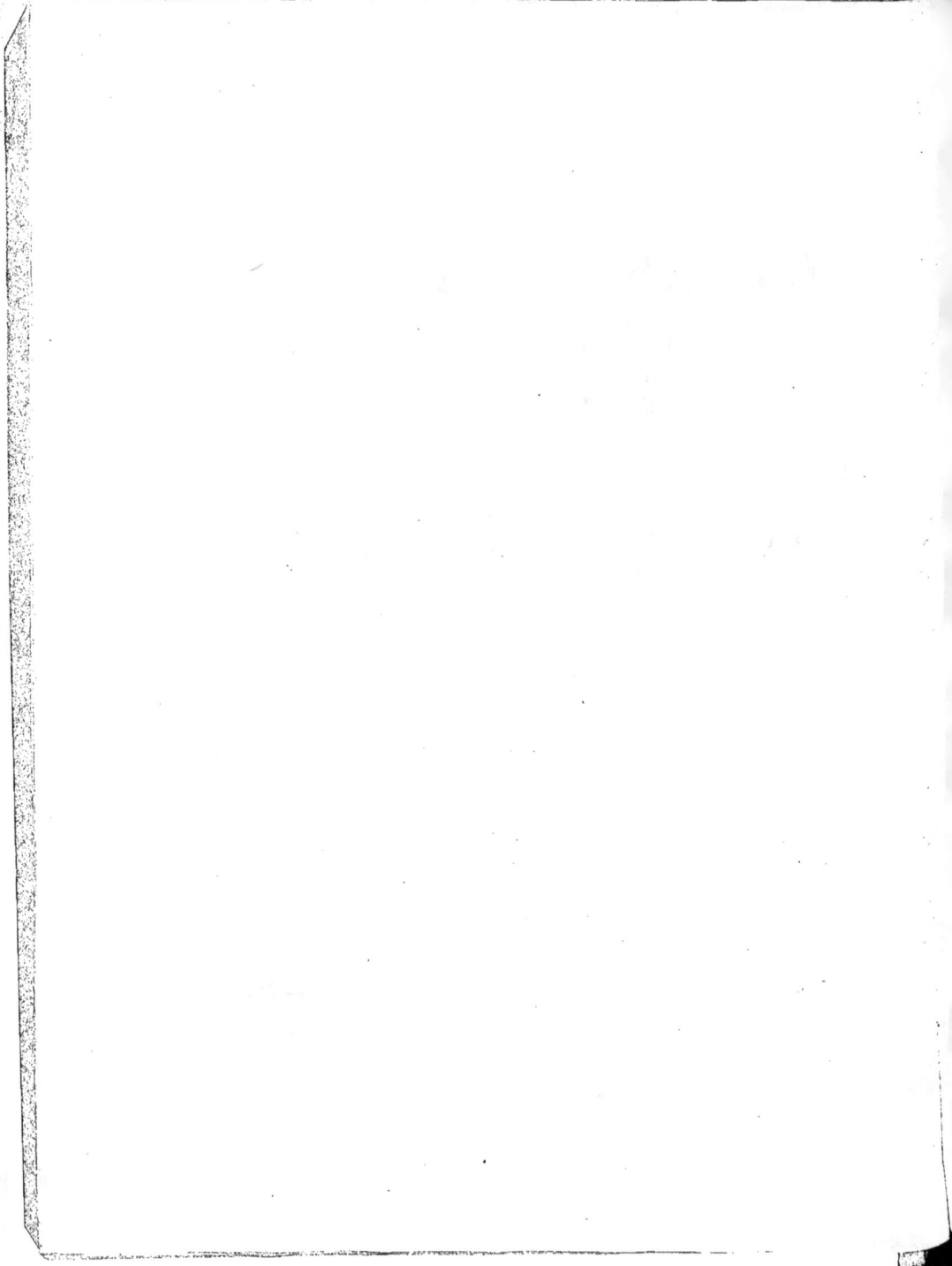

LA BRESSE

ET

SES GÎTES DE MINERAIS DE FER.

————————————————————

INTRODUCTION.

————————

Le présent ouvrage a pour objet la description stratigraphique et paléontologique des terrains Pliocènes et Quaternaires qui se sont déposés dans la
vallée de la Saône.

La grande dépression allongée qui s'étend entre le massif du Jura à l'est et
ceux du Beaujolais et de la Bourgogne à l'ouest était déjà en partie constituée
bien avant l'époque Pliocène, et on y observe, non seulement sur les bords de
la dépression, mais encore dans la partie centrale (région de Gray), de nombreux témoins de terrains tertiaires plus anciens. Nous ne dirons, dans cette
étude, que peu de chose des formations tertiaires inférieures et moyennes
qui n'offrent, dans la vallée de la Saône, qu'un intérêt restreint; mais nous
nous efforcerons de présenter une étude détaillée du Tertiaire supérieur et
du Quaternaire.

Le terrain Pliocène et les terrains Quaternaires présentent un grand développement dans le bassin de la Saône, qu'ils occupent presque en entier. Bien
qu'ils soient exclusivement lacustres, ils comprennent de nombreuses assises
de nature différente. Les dépôts se sont effectués dans des conditions très dissemblables, parce qu'ils ont été précédés ou accompagnés de phénomènes,
orogéniques ou autres, qui ont profondément modifié le régime des eaux.
Enfin diverses localités ont fourni des fossiles, Mollusques ou Mammifères,
en assez grand nombre pour qu'il soit possible de définir, d'une façon suffisamment complète, la faune de chacun des divers dépôts successifs.

Ces circonstances ont paru donner aux résultats géologiques constatés dans
le bassin de la Saône un intérêt assez sérieux, pour que M. Michel Lévy,

directeur des Services de la Carte géologique et des Topographies souterraines nous ait invités à en faire l'objet d'une publication spéciale.

Notre travail comprend deux études étroitement fondues l'une dans l'autre :
l'étude stratigraphique, qui a été traitée par M. Delafond, et l'étude paléontologique, qui l'a été par M. Depéret.

Enfin, nous avons inséré à la fin de l'ouvrage un chapitre bibliographique
dans lequel nous avons mentionné les divers travaux stratigraphiques ou paléontologiques qui ont été antérieurement publiés sur le bassin de la Saône.

Nous nous faisons un agréable devoir de remercier les personnes qui ont
bien voulu nous communiquer des documents relatifs à la Bresse, en particulier MM. les professeurs Douvillé, Gaudry, Collot, MM. Lortet et Chantre,
directeurs du Muséum de Lyon, MM. Falsan, Mermier, de Chaignon, Laffont,
Caradot, de Montessus, Cuvier, Roy, Sayn, etc.

PRÉLIMINAIRES.

Avant d'aborder la description du Pliocène et du Quaternaire, il nous paraît utile de présenter d'abord, dans un premier chapitre, quelques considérations orographiques et hydrographiques sur le bassin de la Saône; dans un second chapitre, nous ferons connaître quelles sont les formations antérieures au Pliocène qui s'observent soit sur le pourtour du bassin, soit dans son intérieur.

Le Pliocène inférieur, le Pliocène moyen, le Pliocène supérieur et le Quaternaire feront chacun l'objet d'un chapitre spécial, divisé en plusieurs paragraphes.

Enfin, un dernier et septième chapitre sera consacré à résumer et à grouper les faits stratigraphiques et paléontologiques mentionnés dans les chapitres précédents.

Avant d'aborder ces divers chapitres, nous croyons devoir présenter les considérations suivantes :

L'étude de la Bresse est rendue particulièrement difficile par la rareté des coupes naturelles, l'importance exceptionnelle des cailloutis et limons de recouvrement, enfin par le nombre fort réduit des sondages exécutés. Les carrières sont très peu nombreuses, elles n'ont jamais qu'une faible profondeur; enfin, si à ces circonstances défavorables on ajoute, comme nous l'exposerons plus loin, que les formations sableuses ou caillouteuses se ravinent généralement les unes les autres, et que les fossiles observés dans un terrain proviennent parfois des remaniements de terrains antérieurs, on comprendra combien la géologie de la région offre de difficultés. Les limites que nous avons assignées à diverses formations sont donc parfois assez incertaines, et des études ultérieures auront probablement quelques rectifications à introduire dans nos tracés. Nous espérons cependant que les grandes subdivisions que nous avons été amenés à établir n'auront pas à subir de sérieuses modifications, et que la succession que nous avons assignée aux différents dépôts des époques Pliocène et Quaternaire est bien conforme à la réalité.

1.

CHAPITRE PREMIER.

OROGRAPHIE ET HYDROGRAPHIE.

La région tertiaire et quaternaire, dont nous avons entrepris l'étude, a une très vaste superficie : elle s'étend depuis Vesoul jusqu'à Givors, sur une longueur d'environ 260 kilomètres. Sa largeur est variable : au sud de Dôle, elle atteint son maximum, soit environ 65 kilomètres; au nord de cette ville, le bassin est divisé en deux bassins secondaires qui suivent plus ou moins, l'un la vallée de la Saône, l'autre celle du Doubs. Le premier de ces bassins secondaires se termine à peu près à Vesoul, l'autre arrive près de Besançon.

Au sud de Dôle, le bassin tertiaire de la Saône conserve tout d'abord une largeur importante, puis cette dernière s'abaisse progressivement jusqu'en face de Tournus, où elle se réduit à 35 kilomètres; mais elle s'accroît ensuite au sud de cette ville; à la latitude de Lyon, elle dépasse encore 40 kilomètres; elle diminue rapidement ensuite, et n'est plus que de quelques kilomètres près de Givors.

Sa superficie totale peut être évaluée à environ 9,500 kilomètres carrés.

On peut y distinguer les divisions naturelles suivantes :

Au nord, la grande région de la *Bresse,* qui règne depuis Bourg jusqu'à Dôle, et étend ensuite deux ramifications importantes dans la vallée de la Saône et dans celle du Doubs;

Au centre, la *Dombes;*

Au sud, les plaines du *Dauphiné.*

Nous allons étudier successivement, tant au point de vue de l'orographie qu'à celui de l'hydrographie, les trois régions précitées.

OROGRAPHIE.

Bresse. — La Bresse constitue une vaste cuvette dont les bords se relèvent de toutes parts. Du côté du nord, la pente du sol est dirigée vers le sud; elle suit sensiblement celle que présentent les rivières de la Saône et du Doubs; elle atteint les cotes d'altitude de 260 mètres au nord de Gray, et celles de 270 mètres à la pointe orientale de la Forêt de Chaux.

Du côté du sud, le sol a une pente inverse; il se relève légèrement pour se relier au massif de la Dombes.

De cette double pente il résulte que les parties les plus basses de la cuvette sont situées dans la région de Louhans, qui paraît constituer ainsi le véritable centre de la Bresse.

La coupe ci-dessous (fig. 1), dirigée sensiblement Nord-Sud et passant par Villars, Montrevel, Louhans, Pierre, Auxonne et Gray, fait ressortir cette disposition en cuvette.

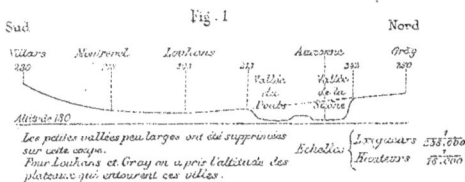

Fig. 1

On constate également que le sol de la Bresse se relève du côté de la bordure Ouest contre le massif du Beaujolais et de la Bourgogne, et du côté de la bordure Est contre le massif du Jura; c'est le lit de la Saône qui naturellement forme la démarcation entre ces deux régions de pentes inverses.

Ce dernier est d'ailleurs en moyenne beaucoup plus rapproché de la bordure Ouest de la Bresse que de la bordure Est; au nord de Saint-Jean-de-Losne, la rivière occupe bien à peu près la partie médiane des dépôts Bressans, mais de Saint-Jean-de-Losne à Tournus, la rivière se rapproche progressivement de la bordure occidentale, et elle côtoie cette dernière au sud de Tournus jusqu'à Lyon.

Les régions les plus basses de la Bresse, suivant un profil transversal, sont donc généralement voisines du bord occidental.

C'est ce que mettent en évidence les coupes ci-jointes: la première (fig. 2) allant de Mâcon à Treffort sur la lisière du Jura; la seconde (fig. 3) allant de Givry à Châlon-sur-Saône et à Sellières (Jura).

Fig 2   Coupe de Mâcon à Treffort.

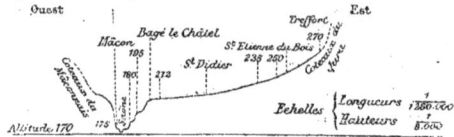

Fig. 3   Coupe de Givry à Sellières par Châlon s. Saône.

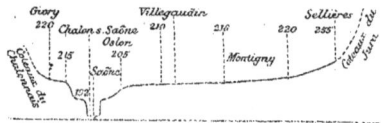

Dombes. — La Dombes constitue un grand parallélogramme s'étendant entre Lyon, Meximieux, Ceyzériat et Thoissey; elle est limitée approximativement comme il suit :

Au sud par le Rhône, à l'est par l'Ain, au nord par la Veyle, à l'ouest par la Saône, au nord-est par le massif du Bugey contre lequel elle vient s'adosser.

Vue d'ensemble, la Dombes forme un grand dos d'âne, dont la dorsale serait approximativement dirigée de Lyon à Pont-d'Ain, et qui s'abaisserait insensiblement de part et d'autre de cette ligne; toutefois le versant Sud, brusquement coupé par l'Ain et par le Rhône, n'a qu'une étendue minime, tandis que le versant Nord présente au contraire un grand développement.

Les points les plus élevés de la dorsale précitée sont : le signal de Vancia au nord de Rillieux (cote 328), la butte de Chalamont (cote 339), et le mont Margueron, à l'ouest de Druillat (cote 377).

Le versant Nord de la Dombes descend jusqu'à l'altitude d'environ 230 mètres, tandis que le versant Sud ne s'abaisse guère au-dessous de 270 mètres.

Le relief de la Dombes est donc l'inverse de celui de la Bresse; tandis que cette dernière forme une cuvette dont la région Loubannaise occuperait le centre, la Dombes constitue au contraire une dorsale dont le versant Nord se relie avec le bord Sud relevé de la cuvette Bressane.

Bas-Dauphiné. — Le Bas-Dauphiné ne présente aucun caractère saillant; il consiste en une série de plateaux de forme irrégulière, découpés par de vastes plaines.

HYDROGRAPHIE.

La Bresse, la Dombes et le Bas-Dauphiné présentent, au point de vue hydrographique, de grandes différences.

Dombes. — La Dombes n'est traversée par aucune rivière descendant des montagnes du Bugey; les seuls cours d'eau qu'on y observe prennent naissance dans le massif même de la Dombes. Les deux plus importants sont la Veyle et la Chalaronne; leur direction moyenne est, comme on devait s'y attendre, sensiblement normale à celle de la dorsale que nous avons mentionnée précédemment.

Au sud de cette dorsale, la faible étendue du versant ne permet l'existence que de ruisseaux à peu près insignifiants.

En somme, les cours d'eau qui existent dans la Dombes, provenant exclusivement de bassins d'alimentation constitués par la région elle-même dont l'étendue est restreinte, ne peuvent être, ainsi qu'on le constate, ni nombreux, ni à fort débit.

Ajoutons que la Dombes renferme actuellement encore de nombreux étangs dans lesquels est recueillie l'eau pluviale, et qu'il y a là une nouvelle cause de limitation du débit des rivières.

Bresse. — La Bresse possède un tout autre régime hydrographique.

Elle est traversée dans toute sa longueur par une grande rivière, la Saône, dont le bassin d'alimentation s'étend bien en dehors de la cuvette Bressane. En outre, la Saône reçoit des affluents nombreux dont deux fort importants, le Doubs et la Loue, qui sont pour la majeure partie alimentés par le massif des terrains secondaires de la Franche-Comté.

Indépendamment du Doubs et de la Loue, la Saône reçoit encore divers

affluents importants. Nous citerons notamment, dans la partie occidentale, la Tille, la Dheune et la Grosne; dans la partie orientale, l'Oignon et la Seille. Ces cours d'eau ont d'ailleurs leurs bassins d'alimentation situés en partie dans les massifs de la Bourgogne ou de la Franche-Comté.

Un des cours d'eau les plus intéressants parmi ceux que nous venons de citer est la Seille, qui passe à Louhans. Cette rivière et son affluent la Vallière coulent sensiblement de l'est à l'ouest, mais la Seille reçoit deux autres affluents importants, la Brenne qui coule du nord au sud, et le Solnan qui coule du sud au nord. Cette disposition tient à ce que Louhans occupe, comme nous l'avons exposé ci-dessus, le centre de la Bresse; il est donc naturel de rencontrer dans le thalweg de la dépression une rivière coulant Est-Ouest, tandis que les affluents situés sur les deux pentes de la cuvette coulent en sens contraire et sont à angle droit sur la rivière principale.

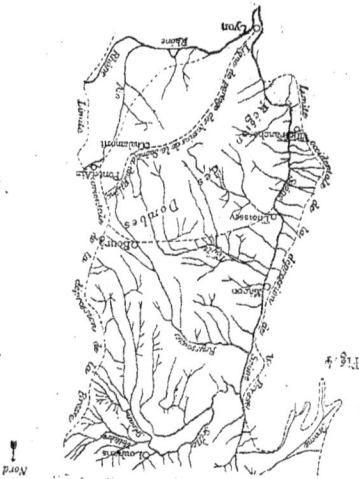

Fig. 4.

L'examen de la carte réduite ci-dessus (fig. 4), sur laquelle sont figurés les cours d'eau de la Dombes et de la partie Sud de la Bresse, montre que ces derniers, très clairsemés dans la Dombes, sont au contraire très nombreux

dans la Bresse, qui est en réalité sillonnée par d'innombrables rivières ou ruisseaux. Pareil résultat est bien conforme aux indications orographiques que nous avons données; la Bresse constituant une cuvette reçoit toutes les eaux qui sortent des massifs de bordure, tandis que la Dombes ayant une forme de dos d'âne est dans des conditions inverses.

Régime de la Saône. — La Saône ayant joué aux époques pliocène et quaternaire un rôle important, il nous paraît utile d'exposer d'une façon un peu complète les connaissances que nous possédons sur cette rivière.

Son cours est moyennement rapide dans la partie d'amont, depuis Port-sur-Saône jusqu'à Verdun; la pente moyenne, de Port-sur-Saône à Gray, est de 0 m. 26 par kilomètre; de Gray à Verdun, elle est de 0 m. 14; à partir de ce point jusqu'à Saint-Bernard près Trévoux, le cours est extrêmement lent; la pente du lit n'est en moyenne, dans ce parcours, que de 0 m. 04 par kilomètre; mais de Trévoux à Lyon, la vitesse du courant devient plus grande, et elle est assez forte pour que les mariniers parlent alors des *Rapides de la Saône.*

La pente moyenne du lit dans la région des Rapides est de 0 m. 25 par kilomètre.

Fig.5   Profil de la Saône entre Port sur Saône et Lyon
Les chiffres indiquent les cotes d'altitude de l'étiage

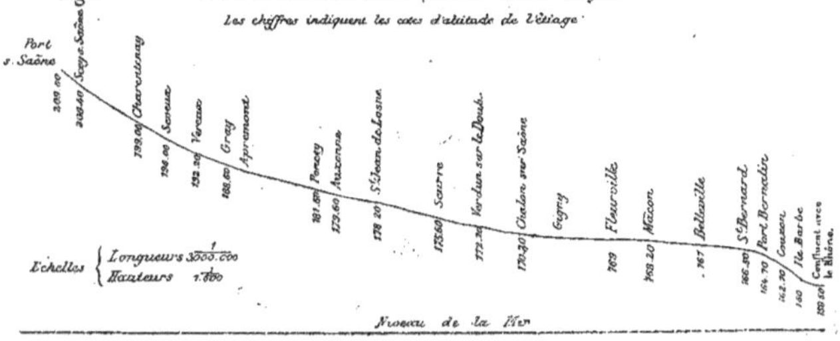

A partir de l'île Barbe, la pente redevient minime, et la Saône arrive à se raccorder tangentiellement avec le Rhône. Ces diverses circonstances sont mises en évidence par la figure 5 [1] ci-dessus qui représente le profil longitudinal de la rivière entre Port-sur-Saône et Lyon.

[1] Ce profil et ceux qui suivent nous ont été fournis par les Ingénieurs du service de la Saône.

Le profil du fond du lit de la rivière est assez irrégulier, surtout dans la partie d'aval. La figure 6 ci-dessous représente ce profil dans la partie comprise

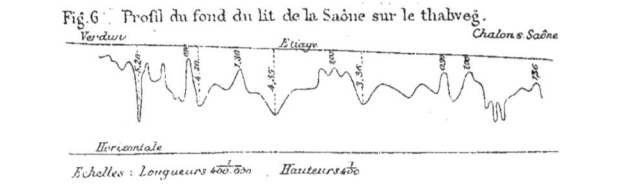

Fig. 6   Profil du fond du lit de la Saône sur le thalweg.

Échelles : Longueurs 400.000 ; Hauteurs 400

entre Verdun et Chalon, c'est-à-dire dans la région où la rivière constitue presque un lac, par suite de la faible vitesse de son courant et de la pente insignifiante de son lit.

On peut constater que, malgré ces circonstances, le profil du fond est néanmoins assez accidenté.

Dans la région des Rapides, représentée par la figure 7, le profil du fond est encore plus irrégulier; à des fosses profondes succèdent des proéminences arrivant près du niveau des eaux.

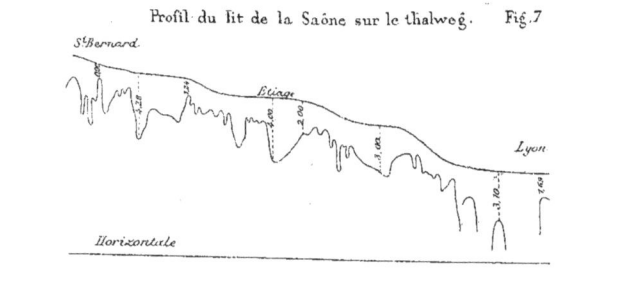

Profil du lit de la Saône sur le thalweg.   Fig. 7

Les deux figures ci-dessus se rapportent à des profils longitudinaux; des profils transversaux mettraient également en évidence quelques inégalités dans le fond du lit.

Nous nous bornerons à figurer ici (fig. 8) un profil relevé en face du pont de Gergy.

Les matériaux roulés sont toujours de faibles dimensions; ils consistent en

sables et petits graviers : les éléments sont surtout siliceux et empruntés au massif des Vosges. Ce n'est guère qu'à partir du confluent du Doubs, à Verdun, que commencent à apparaître des éléments calcaires.

La rivière est arrivée à son état d'équilibre, elle ne déplace plus son lit.

Fig. 8   Profil transversal de la Saône
en face du pont de Gergy

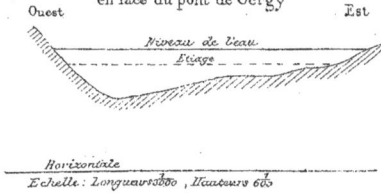

Régime du Rhône. — Le Rhône ayant eu, à partir du Pliocène moyen, une influence capitale, nous croyons nécessaire de fournir également à son sujet quelques indications sommaires, en nous bornant à la partie située aux environs de Lyon.

Tandis que la Saône est une rivière à cours paisible, le Rhône a, au contraire, un régime se rapprochant du régime torrentiel. La pente moyenne de son lit entre Lyon et Anthon est de près de 1 mètre par kilomètre. Son débit est généralement plus élevé en été qu'en hiver; il est en effet alimenté en grande partie, en été, par le produit de la fusion des glaciers des Alpes.

Il charrie de nombreux graviers, et son régime ne paraît pas être arrivé à l'état d'équilibre définitif, attendu qu'il remanie ses alluvions et déplace son lit. On observe auprès de Lyon, surtout dans la région comprise entre Jons et Vaux-en-Velin, l'existence de nombreuses *Lônes* qui représentent d'anciens lits du fleuve.

Le Rhône reçoit un affluent important, l'Ain, dont le lit présente également une assez forte pente (1 m. 25 par kilomètre entre Mollon et Pont-d'Ain); cette rivière n'est pas arrivée non plus à son état d'équilibre, car elle déplace son lit et ronge ses rives.

Il serait sans intérêt sérieux, pensons-nous, de fournir des détails sur les autres cours d'eau de la région, parce que leur rôle n'a été, en somme, que secondaire en comparaison de celui du Rhône et de la Saône.

2.

Bas-Dauphiné. — Le Bas-Dauphiné ne présente, au point de vue hydro-graphique, aucun intérêt; ses vastes plaines sont généralement privées de cours d'eau. Le sol est extrêmement perméable et l'eau de pluie s'infiltre au milieu des cailloutis pour s'écouler souterrainement dans la vallée du Rhône.

CHAPITRE II.

TERRAINS ÉOCÈNE, OLIGOCÈNE ET MIOCÈNE.

La cuvette Bressane était déjà esquissée bien avant l'époque Pliocène. On trouve, en effet, sur le pourtour actuel de la Bresse, des témoins des terrains Éocène, Oligocène et Miocène, dont nous croyons devoir dire quelques mots.

Sans doute, il serait fort intéressant de faire une étude approfondie de ces terrains et de suivre ainsi *la formation* progressive de la cuvette Bressane ; mais les documents dont nous disposons actuellement ne nous paraissent être encore ni assez nombreux ni assez certains pour permettre d'aboutir à des conclusions suffisamment motivées ; nous croyons qu'il est prudent, avant d'aborder un pareil sujet, d'attendre que de nouveaux faits d'observation aient apporté plus de lumière.

Nous nous bornerons donc, dans le présent exposé, à des considérations sommaires.

§ 1. ARGILES À SILEX.

La formation tertiaire la plus ancienne paraît être constituée par les argiles à silex, qui sont très développées dans le Chalonnais et surtout dans le Mâconnais ; elles y occupent d'assez grandes superficies et y présentent des épaisseurs atteignant ou dépassant 3o mètres.

Caractères de la formation. — Ces argiles présentent les particularités suivantes :

Elles reposent tantôt sur le Néocomien, comme aux environs de Tournus, tantôt, et c'est le cas le plus fréquent, sur le Kimméridgien.

La surface de contact avec ce dernier terrain s'observe dans diverses carrières du Mâconnais, et on constate alors que cette surface est irrégulière ; le

Kimmeridgien renferme de nombreuses poches en forme d'entonnoirs qui sont remplies d'argiles à silex.

Cette double circonstance, que les argiles à silex reposent sur des assises d'âges notablement différents, et que ces dernières sont fortement corrodées au contact, semble prouver que des phénomènes d'érosion importants se sont produits avant ou pendant le dépôt des argiles à silex.

Ces dernières renferment des fossiles siliceux de la craie, mais on n'observe nulle part, dans le Mâconnais, de lambeaux de craie, et dans le Chalonnais on n'a signalé, jusqu'à présent, qu'un témoin d'étendue et d'épaisseur insignifiantes mis à découvert par une tranchée à Fontaines-les-Chalon sur la colline Saint-Hilaire [1].

Les argiles à silex renferment, principalement à leur base, des assises irrégulières d'argiles bariolées, activement exploitées comme terres réfractaires aux environs de Mâcon. On y trouve également des sables siliceux blancs ou rougeâtres. Les silex pyromaques y sont abondants; ils sont souvent agglutinés par du sable siliceux et constituent alors des blocs de poudingues de grandes dimensions.

Mentionnons enfin que cette formation d'argiles à silex s'observe seulement dans les parties approximativement comprises entre le parallèle de Chalon et celui de Mâcon. On n'en trouve pas au nord de Chalon ou au sud de Mâcon.

Elle n'a pas été signalée non plus dans les massifs du Jura et du Bugey.

Âge des argiles à silex. — Le mode de formation et l'âge des argiles à silex ont donné lieu, dans le passé, à de nombreuses discussions qui ne paraissent pas avoir dissipé les obscurités qui entourent cette délicate question.

La présence d'argiles réfractaires kaoliniques et de sables quartzeux avait été généralement attribuée à des émissions souterraines; on admettait qu'il y avait eu, à travers les fissures ou les failles de terrains jurassiques, des épanchements d'eaux minérales corrodant ces dernières, y créant des entonnoirs et apportant des argiles et des sables siliceux.

Cette théorie, qui a été jadis en faveur, rencontre aujourd'hui moins de partisans, et c'est surtout à des causes extérieures qu'on tend à attribuer les phénomènes observés.

---

[1] *Bulletin de la Société géologique de France*, 3ᵉ série, tome IV, p. 640.

Nous sommes conduits à admettre l'hypothèse suivante comme étant assez vraisemblable.

Les argiles à silex résulteraient du démantèlement sur place de la formation crétacée, par l'effet des agents atmosphériques; les érosions auraient attaqué non seulement le Crétacé, mais encore le plus souvent le Néocomien et le Portlandien; tous les éléments calcaires auraient été dissous et il ne serait resté que des sables siliceux, des argiles réfractaires provenant probablement du Gault, et des silex empruntés à la craie.

Cette hypothèse exige, il est vrai, des démantèlements fort importants; mais le fait devient moins invraisemblable lorsque l'on constate avec certitude, dans le massif du Charolais, des ablations qui ont fait disparaître plusieurs étages du Jurassique, et n'ont laissé subsister sur les plateaux que les silex ou les chailles provenant de ces formations.

Il est donc probable qu'à la fin du dépôt du Crétacé, la dépression de la Bresse a commencé à se dessiner, que le massif du Chalonnais et du Mâconnais a été émergé et que les agents atmosphériques ont commencé alors leur œuvre de destruction.

Ces érosions ont certainement duré pendant une longue période, dont il nous est impossible de déterminer la durée; c'est donc très hypothétiquement que nous avons, sur la carte de la Bresse, figuré cette formation avec l'indice e_{III-V}.

Il convient d'ailleurs de signaler, à l'appui de cette notation, l'analogie que présentent les assises de terre réfractaire de l'argile à silex avec les sables bigarrés du Comtat et du Dauphiné, dont l'âge Éocène inférieur a été récemment établi dans la vallée de la Durance[1].

§ 2. CALCAIRE DE TALMAY.

Aux environs de Talmay, au sud de Gray, existe un lambeau de calcaire à *Planorbis pseudo-ammonius*.

C'est un calcaire compact, de couleur fréquemment rosée, renfermant de nombreux spécimens de *Planorbis pseudo-ammonius*. La présence de ce fossile permet d'assimiler le calcaire de Talmay à l'étage du calcaire grossier supérieur du bassin de Paris.

[1] Leenhardt et Depéret, *C. R. Académie des sciences*, 8 décembre 1890.

Talmay est la seule localité de la Bresse où le calcaire à *Planorbis* ait été signalé, mais il a été trouvé sur plusieurs points de la vallée inférieure du Rhône : Nyons (Drôme), Apt et Mérindol (Vaucluse), et de ces constatations et rapprochements il est permis de déduire la conclusion certaine que la dépression des vallées de la Saône et du Rhône était déjà esquissée à l'époque Éocène, et qu'elle était occupée par un lac où se déposaient des calcaires.

Si on adopte l'hypothèse que nous avons émise à propos des argiles à silex, on serait conduit à admettre que la cuvette Bressane s'est même constituée dès le début de la période tertiaire.

PALÉONTOLOGIE.

Le seul fossile connu du calcaire de Talmay est le *Planorbis pseudo-ammonius* Woltz, signalé par Tournouër [1] et rapproché par ce paléontologiste du type du calcaire à *Lophiodon* de Bouxwiller (Alsace), ainsi que d'autres formes très voisines, du calcaire grossier supérieur parisien (*Pl. Leymeriei* et *paciasensis* Desh.) et du calcaire du causse de Castres (*Pl. castrensis* Noulet, *Pl. Riqueti* Noul., *Pl. ammonitiformis* de Serres). Cette détermination permet d'attribuer le calcaire de Talmay à la partie supérieure de l'Éocène moyen des auteurs français.

§ 3. OLIGOCÈNE.

Nous avons groupé, faute d'études suffisantes, dans un même ensemble, l'*Oligocène*, diverses formations lacustres d'âges un peu différents.

Notre Oligocène comprend les calcaires à *Limnæa longiscata*, qui sont probablement d'âge Infra-Tongrien et Tongrien, et les calcaires et conglomérats à *Helix Ramondi*, qui représentent l'Aquitanien.

Nous allons dire quelques mots successivement de ces deux niveaux.

A. Infra-Tongrien et Tongrien.

Calcaires à Limnæa longiscata. — Le calcaire à *Limnæa longiscata* occupe une assez grande étendue dans la Haute-Saône, au nord-est de Gray; la feuille au 80.000ᵉ de Gray, dressée par M. Marcel Bertrand, indique les limites de

[1] *Bull. Soc. géol. France*, 2ᵉ série, t. XXIII, p. 781.

cette formation. Au sud de cette ville, on ne voit affleurer, dans le reste de la Bresse, aucun autre témoin, si ce n'est peut-être un petit lambeau, insignifiant comme étendue, que M. Ebray a signalé à la Chassagne près de Villefranche; ce dépôt serait plaqué contre une faille importante qui met en contact les terrains anciens et le Callovien. La *Limnæa longiscata* n'ayant pas été, en ce même point, retrouvée par d'autres observateurs, il convient peut-être de n'admettre qu'avec une certaine réserve l'existence de ce niveau fossilifère à la Chassagne.

D'après M. Marcel Bertrand, la formation que nous examinons serait constituée par des calcaires marneux avec chailles.

PALÉONTOLOGIE.

Tournouër désigne cette même formation sous le nom de *calcaires de la Vaivre* et y indique les espèces suivantes[1], soit dans les calcaires de la base, soit dans les plaquettes siliceuses qui les surmontent :

Limnæa longiscata Brong., type, du bassin de Paris (Éocène supérieur).
— *pyramidalis* Brard, idem.
— sp. voisine de la *Limnæa* du calcaire de Brunstadt (Alsace).
— *acuminata?* Brong., du calcaire de Saint-Aubin (Sarthe).
Planorbis planulatus Desh., du bassin de Paris (Bartonien et Éocène supérieur).
— *oligyratus?* Edw., des couches de Bembridge (île de Wight).
— *obtusus?* Sow., des couches de Bembridge (île de Wight).
Cyclostoma mumia Lam., du bassin de Paris (Éocène moyen et supérieur).
Helix monilia Desh., des sables de Beauchamp.
— *labyrinthica?* Say, des couches de Headon.
Nystia plicata d'Arch., de l'Infra-Tongrien du bassin de Paris.
— *Duchasteli* Nyst, du calcaire de Brie et des marnes blanches de Pantin.
Hydrobia pulchra Desh., des sables de Beauchamp.
— *Dubuissoni?* Bouillet, de l'Éocène supérieur et de l'Oligocène de Paris.
— *pyramidalis?* Desh., de l'Éocène supérieur de Paris.
Sphærium Thirriai Tourn., type et variété allongée (p. 773, fig. 1-2).
Chara medicaginula Brong., var. *minor*, du calcaire de Brie.
— *tuberculosa?* Lyell, d'Angleterre.
— *Meriani*, de Suisse.
Cypris.

[1] *Bull. Soc. géol. France*, 2ᵉ série, t. XXIII, p. 776. Nous avons rectifié les noms génériques de la liste de Tournouër.

Tournouër avait été entraîné à classer ces couches dans l'*Éocène supérieur*, d'après la présence de quelques espèces qui, dans le bassin de Paris, se rencontrent habituellement soit dans les *marnes supragypseuses*, soit dans le *gypse* lui-même, soit même dans le *calcaire de Saint-Ouen* et dans les *sables de Beauchamp*, ainsi que cela est indiqué dans le tableau ci-dessus. Mais ce savant paléontologiste a aussi fait remarquer la présence, en particulier dans les couches siliceuses supérieures, d'autres types qui, dans le bassin de Paris même, remontent dans l'horizon des *marnes à Cyrènes et du calcaire de Brie*, telles que *Nystia plicata* et *Duchasteli*, et même plus haut à la partie supérieure du Tongrien, comme *Hydrobia Dubuïssoni*. Il en conclut que les plaquettes siliceuses représentent un horizon un peu supérieur à celui des calcaires, ces derniers étant plus spécialement au niveau de l'Éocène supérieur.

De même dans les bassins Oligocènes de la vallée inférieure du Rhône, notamment dans le bassin de Forcalquier, dans le bassin d'Apt, dans celui d'Alais, les couches à *Limnæa longiscata* et *pyramidalis*, *Hydrobia pyramidalis*, que Fontannes et M. Kilian ont rapportées à l'*Éocène supérieur*, sont surmontées par des calcaires souvent siliceux à *Nystia plicata* et *Duchasteli* qui correspondent au calcaire de Brie, c'est-à-dire à l'Infra-Tongrien, tandis que l'*Hydrobia Dubuissoni* ne se rencontre que plus haut encore au niveau du Tongrien supérieur et de l'Aquitanien.

Il est donc probable que les calcaires de la Haute-Saône représentent un ensemble dont la base correspond peut-être au gypse de Montmartre ou au moins aux marnes supragypseuses, tandis que les zones supérieures représentent l'Infra-Tongrien et le Tongrien. On peut donc comprendre cet ensemble sous le nom d'*Oligocène*, au moins dans le sens étendu qu'on donne à ce nom en Allemagne. Mais des études de détail seraient encore nécessaires pour séparer et caractériser chacun de ces divers horizons paléontologiques.

B. Aquitanien.

Conglomérats et calcaires à Helix Ramondi. — Les conglomérats et calcaires à *Helix Ramondi* occupent dans la Bresse un assez grand développement; on les observe sur la lisière Ouest et sur la lisière Est, où ils constituent des lambeaux plus ou moins étendus; au nord d'Auxonne, ils affleurent également dans la partie centrale de la cuvette Bressane.

Lisière Ouest. — Sur les lisières, les conglomérats dominent; on en observe des affleurements étendus aux environs de Dijon; la tranchée de la gare de cette ville en offre un très bel exemple. On y voit des conglomérats à éléments parfois très volumineux, à strates sensiblement inclinées, buter contre une falaise du calcaire Bathonien.

L'âge de cette formation de la gare de Dijon est nettement établi par la présence de divers fossiles, tels que *Helix Ramondi, Helix Lucani*, etc.

Au sud de Dijon, on ne retrouve plus avec certitude, sur la lisière Ouest de la Bresse, le terrain Oligocène. Cependant nous pensons qu'il convient de ratacher à cette formation des conglomérats calcaires ferrugineux qui commencent à apparaître à Buxy (où la tranchée de la gare les met bien en évidence) et qui constituent, dans le Mâconnais, des lambeaux nombreux et étendus. Nous les avons figurés sur les feuilles de Mâcon avec la notation e³, par assimilation avec les dépôts Sidérolithiques des environs de Montbéliard et de Delémont, mais, en somme, comme aucun fossile n'a encore été rencontré dans ces dépôts, cette assimilation était absolument hypothétique. Si l'on observe que ces poudingues calcaires rappellent par leur composition ceux qui sont situés en face d'eux de l'autre côté de la Bresse, sur la lisière du Jura, et dont l'âge paraît être assez nettement défini, si l'on remarque encore qu'ils sont, comme ces derniers, fortement disloqués par les divers accidents qui ont affecté le Jurassique et le Crétacé, on arrivera à penser que l'hypothèse la plus vraisemblable consiste à les rattacher à l'Oligocène.

Pour le même motif, nous avons figuré comme Oligocènes divers lambeaux de poudingues bréchiformes, à éléments calcaires, situés dans le Beaujolais, à Romanèche, à Charentay (près de Belleville), à la Chassagne (près de Villefranche, dans le même îlot tertiaire qui aurait fourni la *Limnæa longiscata*); enfin le lambeau de Curis, situé au nord de Lyon dans le massif du Mont-d'Or.

Cette dernière formation, appelée par les géologues lyonnais *brèche ferrugineuse de Curis*, avait fourni à Jourdan des ossements de *didelphe* qui l'avaient amené déjà à la rattacher au Miocène inférieur d'eau douce[1], que Jourdan appelait *Mésocène*, et qui rentre dans l'étage Oligocène.

Cette découverte de Jourdan à Curis nous paraît importante; elle justifie suffisamment, pensons-nous, l'attribution que nous avons faite à l'Oligocène des poudingues calcaires ferrugineux du Beaujolais, du Mâconnais et du Chalonnais; l'aspect et la composition de ces poudingues rappellent en effet d'une

---

[1] *Monographie du Mont-d'Or lyonnais*, p. 304-397 et p. 431.

3.

manière frappante ceux des brèches de Dijon situés au nord et ceux des brèches de Curis situés au sud.

Lisière Est. — Sur le bord du Jura, à Coligny, existe un affleurement d'Oligocène bien caractérisé; on y observe des conglomérats calcaires bréchiformes associés à des bancs de calcaires à rognons siliceux, avec *Helix Ramondi, Potamides Lamarcki.* Ces assises Oligocènes sont fortement inclinées, et même sur certains points elles paraissent avoir été renversées.

On retrouve encore, dans diverses localités situées sur la lisière du Jura, d'autres lambeaux épars de poudingues calcaires qui doivent être classés dans l'Oligocène : nous citerons notamment les gîtes de Ceyzériat, de Meillonnas, de Saint-Amour, de Cousance, de Vincelles, qui sont, comme ceux de Coligny, fortement disloqués au voisinage des terrains jurassiques.

Au sud de Ceyzériat, on aurait, d'après M. Tardy, trouvé à Jujurieux, en pratiquant une excavation, des conglomérats calcaires qui doivent être vraisemblablement reliés à ceux que nous venons de signaler.

À Douvres, M. Boistel a signalé la présence de tufs qui sont probablement Oligocènes [1].

Enfin, nous avons reconnu sur la lisière du Jura, entre Journaux et Revonnaz, la présence de conglomérats calcaires en contact avec des assises jurassiques renversées.

Au nord de Vincelles, on n'a signalé, jusqu'à ce jour, le long de la lisière orientale de la Bresse, aucun affleurement d'Oligocène.

Gîtes de la partie centrale. — On ne trouve des lambeaux de cette formation que dans la partie centrale Nord de la Bresse, aux environs de Pontailler. Ces dépôts, situés en général au contact ou à proximité des terrains jurassiques ou crétacés, paraissent occuper le plus souvent le fond de la cuvette Bressane. Ils se relient vraisemblablement d'une façon continue aux dépôts Oligocènes de Dijon, mais ils ne sont généralement pas à l'état de poudingues et consistent surtout en calcaires marneux renfermant des *Helix Ramondi* (Pontailler).

Il convient de mentionner encore deux petits lambeaux de calcaires marneux situés à Saulon-la-Chapelle et à Saint-Philibert, au sud de Dijon.

[1] *Bull. Soc. géol. de France,* 3ᵉ série, t. XVIII, p. 337.

PALÉONTOLOGIE.

Tournouër (*loc. cit.*, p. 783) a étudié la faune des calcaires à *Helix Ramondi* de la Côte-d'Or et figuré les principales espèces.

Les *Mollusques* du conglomérat de la gare de Dijon, de Pontailler, Arceau, Talmay, etc., sont :

Helix Ramondi Brong., caractéristique de l'Aquitanien.
— *Lucani* Tourn. (p. 785, fig. 2), du groupe des *Helix* à bouche étranglée de la Jamaïque.
— *? gallo-provincialis* Math., de la mollasse marine d'Aix-en-Provence.
— cf. *phacodes* Thomæ ⎫
— cf. *osculum* Thomæ ⎪ Moules internes représentant peut-être des variétés de
— cf. *rugulosa* Mart. ⎬ ces types de l'Aquitanien d'Allemagne.
— cf. *deflexa* Braun ⎭
Cyclostoma (Otopoma) Divionense Mart. (in Tournouër, p. 785, fig. 1).

A Coligny, nous avons recueilli :

Helix Ramondi Brong.
Potamides Lamarcki Brong.
Hydrobia Dubuissoni Bouil.

qui ne laissent pas de doute sur l'âge aquitanien de ce lambeau. La présence du *Potamides* est particulièrement intéressante, parce qu'il indique le faciès légèrement saumâtre du lac oligocène Bressan.

Le seul *Mammifère* signalé jusqu'ici dans l'Oligocène de la Bresse est la mâchoire de Didelphe trouvée par Jourdan dans la brèche de Curis, et dont il a été question plus haut. Il s'agit très probablement d'un *Peratherium* analogue aux espèces de l'Aquitanien de Saint-Gérand-le-Puy (Allier); mais la pièce en question a été égarée, ou du moins elle n'a pu être retrouvée dans la collection du Muséum de Lyon.

Un riche gisement de plantes de ce niveau a été étudié par M. de Saporta[1] dans les calcaires travertineux de Brognon (Côte-d'Or), à 15 kilomètres

[1] De Saporta, *Notices sur les plantes fossiles des calcaires concrétionnés de Brognon.* (*Bull. Soc. géol.*, 2ᵉ série, t. XXIII, p. 253, pl. V et VI.)

au nord-est de Dijon, près de la vallée de la Tille. L'auteur indique dans ce gisement :

Pecopteris Lucani Sap.	*Andromeda secernenda* Sap.
Flabellaria latiloba Heer.	*Acer inæquilaterale* Sap.
Quercus provectifolia Sap.	*Ilex spinescens* Sap.
— *divionensis* Sap.	*Zizyphus paradisiaca* Heer.
Myrica lævigata Heer.	*Zanthoxylon? falcatum* Sap.
Ficus recondita Sap.	*Cercis Tournoüeri* Sap.
Cinnamomum polymorphum Heer.	

Il fait remarquer que, parmi les treize espèces de cette liste, « la plupart, soit par elles-mêmes, soit par leurs similaires les plus proches, se rapportent au Miocène inférieur (*Aquitanien*), quelques-unes seulement au Tongrien et une seule au Miocène vrai... La flore de Brognon ne doit pas, sans invraisemblance, être reculée plus loin que le Tongrien supérieur, ni être reportée plus haut que l'Aquitanien, sans qu'on puisse encore l'adapter rigoureusement à l'un des étages de cet espace vertical ».

Quant aux tufs avec brèches calcaires observés par M. Boistel sur la lisière du Jura, près de Douvres[1], ils contiennent une petite flore dans laquelle M. de Saporta a reconnu *Cinnamomum Buchi* Heer. et avec doute *Quercus elena* Ung. et *Laurus primigenia* Ung., qui placent ces travertins, soit au niveau de Brognon, soit plutôt à un niveau un peu plus élevé vers la base du Miocène.

OBSERVATIONS STRATIGRAPHIQUES.

Avant de clore ce paragraphe, nous croyons devoir présenter les observations stratigraphiques suivantes :

L'Oligocène repose toujours, dans une même région, sur le représentant le plus élevé de la série jurassique ou crétacée, mais ce dernier diffère notablement suivant les régions.

Dans le Mont-d'Or lyonnais, la brèche de Curis repose sur le Bajocien supérieur.

Dans le Beaujolais, le conglomérat repose sur le Kimmeridgien à Charentay, et sur le Callovien à la Chassagne.

---

[1] Boistel, *Travertins tertiaires de Douvres* (*Ain*). (*Bull. Soc. géol.*, 3ᵉ série. t. XVIII, p. 337.)

Dans le Mâconnais, où il est très développé, il repose tantôt sur l'argile à silex (Satonnay, Charbonnières), tantôt sur le Kimmeridgien.

Dans le Chalonnais, il est en contact avec le Kimmeridgien (Buxy).

Aux environs de Dijon, il repose le plus souvent sur le Portlandien.

C'est également avec le Portlandien qu'il est en contact le long de la lisière du Jura.

Dans la partie médiane Nord de la cuvette Bressane, il est en contact tantôt avec le Portlandien (Mirebeau), tantôt avec la Craie chloritée (Pontailler).

Il est permis de conclure de cet exposé que l'Oligocène s'est déposé sur des assises qui avaient été déjà fortement démantelées; on trouve là un nouvel argument à ajouter à ceux déjà donnés en faveur de l'ancienneté de la cuvette Bressane.

On constate en outre que le lac oligocène occupait une superficie sensiblement supérieure à la superficie actuelle de la Bresse, et qu'il était ainsi beaucoup plus vaste que les lacs similaires du Plateau central. Il s'étendait, en effet, au nord jusqu'au delà de Gray; au sud, il venait au moins jusqu'à Lyon et probablement même dépassait-il cette ville pour se raccorder avec d'autres dépôts oligocènes signalés dans la vallée du Rhône.

L'Aquitanien de la vallée du Rhône est, en effet, connu depuis le littoral de la Méditerranée jusqu'à Saint-Nazaire-en-Royans, près de Saint-Marcellin (Isère), et il est vraisemblable que les dépôts de Saint-Nazaire se reliaient jadis d'une façon continue à ceux des environs de Lyon et des environs de Pont-d'Ain. Peut-être seulement le lac oligocène Bressan était-il moins saumâtre que celui de la vallée du Rhône, où abondent les *Cyrènes* et les *Potamides*.

Il y avait donc vraisemblablement dans tout le bassin du Rhône une vaste lagune en relation avec la mer aquitanienne, qui atteignait alors la côte de Provence (Carry).

La largeur du lac oligocène Bressan était également fort importante. A l'Ouest, les dépôts oligocènes dépassaient notablement, en effet, la limite actuelle de la Bresse, puisqu'ils s'étendaient dans le Mâconnais jusqu'à Azé, c'est-à-dire à 8 kilomètres environ de la bordure jurassique.

A l'Est, il est probable également, vu la nature des accidents de refoulement qui affectent les terrains de bordure et ont eu pour effet de renverser l'Oligocène, que ce dernier s'étendait jadis sensiblement au delà de sa position actuelle.

Il est possible, croyons-nous, de se rendre aisément compte des dissemblances que présentent les dépôts.

Nous avons exposé que l'Oligocène affectait la forme de brèches ou de conglomérats sur le pourtour de la Bresse, tandis qu'à une certaine distance, il était constitué par des bancs de calcaires marneux.

Les brèches ou conglomérats étaient des dépôts littoraux, tandis que les calcaires marneux étaient des dépôts effectués en eau tranquille.

L'importance des conglomérats, les superficies étendues occupées par eux donnent à penser que la période Oligocène a été marquée par des pluies abondantes, qui ont eu pour effet de charrier les nombreux galets qui ont constitué les brèches.

Résumé. — En résumé, nous pensons qu'à l'époque Oligocène, il y avait déjà, à la place de la Bresse, une dépression occupée par un lac de très grande étendue; de nombreux affluents se jetant dans ce lac charriaient des galets empruntés aux collines de la bordure; sur les pentes de ces dernières, il se formait d'importants éboulis, et ce n'est qu'à une certaine distance du rivage que se déposaient des bancs de calcaires marneux.

L'existence d'un grand lac oligocène dans la Bresse, dépassant de beaucoup en étendue ceux du Plateau central, nous paraît constituer un fait géologique important qui n'avait pas, croyons-nous, été signalé dans le passé. Cette dernière circonstance s'explique d'ailleurs par les dislocations importantes qui ont démantelé ultérieurement ces dépôts, et qui ont eu pour résultat de n'en laisser affleurer que des témoins épars.

§ 4. SIDÉROLITHIQUE MIOCÈNE.

Après l'Oligocène, la cuvette Bressane s'est asséchée, en même temps que les grandes lagunes oligocènes du Plateau central, et elle est restée pendant un temps assez long sans recevoir de nouveaux dépôts.

La mer miocène ou *mollassique* pénètre progressivement dans le bassin du Rhône : dans un premier épisode, elle ne dépasse pas au nord le département de la Drôme et dépose les sables à *Scutella paulensis;* ensuite elle remonte au pied des Alpes par l'Isère, la Savoie, la Suisse et rejoint le bassin du Danube par la Bavière; c'est le moment où se forme la Mollasse marneuse et calcaire à *Pecten præscabriusculus* (étage *Burdigalien*). C'est plus tard seulement avec l'*Helvétien* et surtout avec le *Tortonien* que la mer miocène de la vallée du Rhône est rejetée transgressivement à l'ouest et au nord, atteignant le socle cristallin du Plateau central entre Vienne et Lyon, pour pénétrer en écharpe à travers la partie Sud-Est de la région Bressane. Nous reviendrons, dans le chapitre suivant, sur les dépôts qui se rapportent à cette invasion marine partielle de la Bresse.

Pendant cette longue période d'émersion de la Bresse, les agents atmosphériques opèrent leur œuvre de destruction et d'érosion. Dans les fentes des calcaires, l'argile rouge, riche en oxyde de fer, produit de la dissolution lente de ces calcaires, s'accumule en forme de poches profondes, aux parois corrodées; ces argiles rouges, avec minerai de fer en grains, sont habituellement désignées sous le nom de *Sidérolithiques*. Dans ces mêmes fentes venaient aussi s'accumuler les ossements ou les squelettes plus ou moins dissociés des Vertébrés terrestres qui parcouraient la surface de ces plateaux calcaires.

Le plus riche gisement de ces Vertébrés se trouve à la Grive-Saint-Alban (Isère), près Bourgoin, sur le pourtour de la cuvette Bressane; il a fourni jusqu'à ce jour [1] 46 espèces de Mammifères, 6 d'Oiseaux et plusieurs Reptiles, dont la liste serait ici hors de propos, puisque ce gisement est en dehors du sujet étudié dans ce mémoire.

Dans la cuvette Bressane même, des fentes analogues, qui sont très fréquentes à la fois sur la bordure jurassienne et sur le bord du Plateau central, ont fourni plusieurs gisements, moins riches sans doute que celui de la Grive, mais très intéressants.

1° Le gisement des *fentes du Mont-Ceindre*, au-dessus du Vieux-Collonges, dans le massif du Mont-d'Or de Lyon, où se trouvent les espèces suivantes [2] :

SINGES	*Pliopithecus antiquus* Lartet.
CHÉIROPTÈRES . . .	*Rhinolophus Lugdunensis* Depéret.
	— *Collongensis* Dep.
CARNASSIERS. . . .	*Dinocyon Göriachensis* Toula.
	Trochichtis hydrocyon Lartet.
	Haplogale mutata Filhol.
	Martes Filholi Dep.
INSECTIVORES. . . .	*Galerix exilis* Blainv.
	Sorex Grivensis Dep.

[1] Depéret, *Archives du Muséum de Lyon*, t. IV et V.
[2] Idem, *ibid.*, t. V, p. 5. — Id., *Comptes rendus Ac. Paris*, 15 juin 1891.

4

RONGEURS...... *Sciurus spermophilinus* Dep.
                Myoxus Sansaniensis Lart.
                Cricetodon Rhodanicum Dep.
                —   *medium* Lart.
                —   *minus* Lart.
                Lagomys Meyeri Tschudi.
PACHYDERMES.... *Chœromorus pygmœus* Dep.
RUMINANTS ..... *Micromeryx Flourensianus* Lart.
                Dicrocerus elegans Lart.
                Hyœmoschus sp.
OISEAUX, TORTUES, BATRACIENS, LÉZARDS.

2° Le gisement des fentes du calcaire Bathonien de la Clôtre, près Lissieu, un peu à l'est du Mont-d'Or, où ont été recueillis : *Anchitherium aure-
lianense* Cuv., *Rhinoceros sansaniensis* Lart., *Listriodon splendens* V. Meyer,
Micromeryx Flourensianus Lart.

3° Les fentes de Préty, en face de Tournus, qui ont fourni une molaire
de *Dinotherium* et d'autres os indéterminés.

4° Le gisement de la citadelle de Gray (Haute-Saône), où ont été recueillies les espèces suivantes, conservées au Musée de la ville de Gray [1] :

                Talpa telluris Lartet.
                Lagomys Meyeri Tschudi.
                Steneofiber Sansaniensis Lart.
                Incisives d'*Hystrix* ou de *Castor*.

L'âge de toutes ces faunules de Vertébrés miocènes est exactement le
même dans tous ces gisements; il correspond à l'*horizon classique de Sansan*
(Gers), avec une tendance *légèrement plus jeune* que celle de cet horizon du
Sud-Ouest, au point de vue de l'ensemble de la faune et surtout du degré
d'évolution de divers types parmi les Singes, les Carnassiers, les Rongeurs et
les Ruminants. Aussi est-il plus exact de paralléliser la faune de la Grive et des
divers gisements bressans avec la faune de la Mollasse d'eau douce supérieure
de la Suisse orientale (Ellg, Kapfnach), du Wurtemberg (Steinheim) et de
Bavière (Georgengsmund, Ries, Günsburg, etc.); stratigraphiquement ces
formations sont l'équivalent du *Tortonien marin* de la vallée du Rhône et
du bassin de Vienne. Il en résulte que la *faune de la Grive-Saint-Alban*, au

[1] Depéret, *Arch. Mus. Lyon*, t. V, p. 6. — Id., *Comptes rendus*, 15 juin 1891.

point de vue de son âge précis, correspond plutôt à la fin qu'au début du
régime marin miocène du bassin du Rhône, sans qu'il soit possible de fixer
avec exactitude une limite inférieure. Quant à la limite supérieure, elle nous
est fournie, sur les plateaux de la Grive-Saint-Alban, par la transgression des
zones les plus élevées des sables marins miocènes (d'âge *tortonien*) du Dauphiné, au-dessus des fentes remplies d'argile ferrugineuse qui sont le gisement
de cette riche faune d'animaux miocènes.

§ 5. MIOCÈNE MARIN ET D'EAU DOUCE.

Nous avons réuni dans un même ensemble, marqué m^{4-3}, la Mollasse marine m^3 et la Mollasse d'eau douce m^4. La distinction des deux étages ne présentait pas d'intérêt sérieux pour l'objet principal de notre étude; en outre,
elle eût été parfois, vu la rareté des fossiles, assez difficile à établir avec
quelque précision, notamment dans la vallée de l'Ain et sur la bordure du
Jura. Cependant, dans notre texte, nous allons consacrer un paragraphe spécial à chacun de ces étages.

A. Mollasse marine.

(*Étage Tortonien.*)

La Mollasse marine est très développée dans la vallée du Rhône; elle a été
encore reconnue à Lyon sur divers points (Jardin-des-Plantes, gare Saint-
Paul, tranchée du funiculaire de Croix-Paquet), et un peu en amont de Lyon,
dans le tunnel de Caluire et au pont du Vernay (Collonges); mais au nord
de ces localités, elle n'a été signalée qu'en un petit nombre de points.

Près de Douvres, nous avions, dans une course faite avec notre regretté
confrère Fontannes, trouvé la *Nassa Michaudi*, fossile caractéristique de la
zone de passage de la Mollasse marine à la Mollasse d'eau douce.

A Pont-d'Ain, près du pont sur le Suran, on aurait, d'après M. Falsan [1],
trouvé jadis des dents de *Squales*. On aurait également trouvé des dents de
Squales à Bletterans et à Coligny. Or, à Bletterans, les sables à aspect mollassique dans lesquels Ogérien dit qu'il avait été trouvé des dents de *Squales* [2]
sont incontestablement pliocènes; les dents précitées seraient donc, si leur

---

[1] M. Falsan, Tufs de Meximieux. (*Arch. Mus. Lyon*, t. l.)
[2] Frère Ogérien, *Histoire naturelle du Jura*, t. I, p. 470.

trouvaille est réelle, tout à fait adventives, et auraient été empruntées jadis par des courants pliocènes à des lambeaux de Mollasse du Jura.

A Coligny, nous avons visité diverses carrières exploitant des sables caillouteux dans lesquels auraient été trouvées jadis plusieurs dents de *Squales*. La collection de M. Caron, à Saint-Amour, renferme plusieurs dents de *Lamna* et d'*Oxyrhina* de cette provenance. Ces sables ne nous ayant fourni personnellement aucun débris fossile, nous ne pouvons décider s'ils appartiennent à la Mollasse marine ou à la Mollasse d'eau douce. Nous nous bornerons à dire qu'ils rappellent comme aspect les Mollasses d'eau douce qu'on observe sur divers points de la lisière jurassique et dont nous allons parler tout à l'heure.

Il convient donc peut-être de conserver encore quelques doutes sur l'âge des terrains dans lesquels ont été trouvées les dents de Squales de Coligny, car il est possible que ces débris ne soient pas en place et proviennent de remaniements ultérieurs.

En somme, nous ne connaissons pas exactement quelle était la limite de la mer Miocène dans la région de la Bresse.

Était-elle, comme le pensait Jourdan, fixée approximativement par une ligne allant de Neuville-sur-Saône à Pont-d'Ain, ou bien était-elle comprise dans un triangle ayant pour sommets Collonges-sur-Saône, Pont-d'Ain et Coligny? C'est là une question que nous ne sommes pas en mesure de résoudre complètement; la découverte anciennement faite à Coligny de dents de Squales, dans une carrière aujourd'hui comblée, constituant un fait trop isolé pour permettre d'asseoir une conclusion certaine.

Il paraît cependant probable que la région Bressane n'a jamais été recouverte que très partiellement par la mer Miocène; cette dernière s'étendait surtout du côté de l'Est sur l'emplacement actuel du Jura, et la Bresse formait au contraire la bordure occidentale de cette mer.

PALÉONTOLOGIE.

1° *Collines de Lyon*. — Le promontoire de gneiss et de granit que la Saône recoupe à Lyon entre les plateaux de Fourvière et de la Croix-Rousse a servi de falaise à la mer Miocène, comme cela résulte d'observations faites au Jardin-des-Plantes, et dans les tranchées des deux chemins de fer funiculaires de la Croix-Rousse, puis de l'autre côté de la Saône, dans la tranchée de la gare Saint-Paul et à Gorge-de-Loup. Sur tous ces points, la roche primitive, qui forme le soubassement de ces collines, présente une surface irrégulière, anfractueuse, avec des blocs détachés, parfois d'assez gros volume. Ces anfractuosités sont remplies d'un sable grossier, ferrugineux, et de marnes ocreuses micacées, où abondent les organismes marins. L'épaisseur de cette assise marine est partout assez faible et n'excède pas, en général, 0^m 6o à 0^m 8o. Quant à son altitude, elle ne dépasse pas la cote de 185 mètres.

Jourdan, Fournet, Dumortier, Fischer ont les premiers étudié[1] ces dépôts du Jardin-des-Plantes de Lyon, en 1858, à l'époque de la construction du premier chemin de fer funiculaire de la Croix-Rousse (fig. 10). M. Locard a repris plus tard[2] l'étude d'ensemble de cette faune assez abondante, mais dont l'état de conservation laisse beaucoup à désirer.

De son côté, Fontannes[3] a publié les résultats de ses recherches sur les formations analogues mises à jour dans la tranchée de la gare Saint-Paul, sur la rive droite de la Saône.

Enfin tout récemment la construction d'un nouveau chemin de fer funiculaire sur le bord oriental du plateau de la Croix-Rousse (fig. 11) à la place Croix-Pâquet, non loin de la rive droite du Rhône, a permis d'étudier à nouveau cette même assise, dans laquelle nous avons pu recueillir des matériaux paléontologiques assez nombreux, mais souvent aussi trop défectueux. Les Gastéropodes en particulier sont toujours à l'état de moules intérieurs et par suite peu déterminables.

En revisant sévèrement ces diverses données, on peut dresser la liste suivante des fossiles miocènes marins trouvés à Lyon :

POISSONS....... *Lamna cuspidata* Ag. (*L. dubia* Ag.). Jardin-des-Plantes, gare Saint-Paul, Saint-Fons (dents isolées).
— *Sauvagei* Loc. Jardin-des-Plantes, Saint-Fons.
Galeocerdo sp. Gorge-de-Loup, d'après Fontannes.
Myliobatis sp. Gorge-de-Loup (fragments d'aiguillons).
CRUSTACÉS...... *Portunus* sp. aff. *P. puber* Fabr. de la Mollasse du midi (pinces). Jardin-des-Plantes, gare Saint-Paul, Croix-Pâquet, Saint-Fons.

[1] Dumortier, *Ann. Soc. agric. Lyon*, 1858, p. 318. — Fischer in Dumortier. (*Bull. Soc. géol.*, 1865, p. 288.)
[2] Locard, *Arch. Mus. Lyon*, t. II.
[3] Fontannes, *Ann. Soc. agric. Lyon*, 1874.

CRUSTACÉS...... *Callianassa minor* Fischer, in Falsan et Locard, *Mont-d'Or lyonnais*,
p. 435, pl. I, fig. 1 et 2, Jardin-des-Plantes, Saint-Fons
(pinces).

Balanus tintinnabulum L. Jardin-des-Plantes, Saint-Fons.

— *lævis* Brug. Jardin-des-Plantes.

— *porcatus* da Costa. Jardin-des-Plantes, gare Saint-Paul, Croix-
Pâquet.

Tetraclita Dumortieri Fisch. (in *Mont-d'Or lyonnais*, pl. I, fig. 1). Jardin-
des-Plantes, Saint-Paul.

Cthamalus Revillei Loc. (*Arch. Mus. Lyon*, t. II, pl. XVIII, fig. 4). Gare
Saint-Paul.

CÉPHALOPODES... *Belosepia* sp. (Rostre roulé). Jardin-des-Plantes.

GASTÉROPODES... Les Gastéropodes sont représentés par de nombreux moules internes, se
rapportant probablement aux genres *Murex, Fusus, Triton,
Cancellaria, Mitra, Cypræa, Ancilla, Turbo,* etc., et tout à fait
indéterminables comme espèces. Les seuls types déterminés
d'après des spécimens pourvus du test ou d'après des mou-
lages de bonnes contre-empreintes, sont :

Chrysodonus aff. *Hörnesi* Bell. (*Mol. Piémont*, pl. XI, fig. 14). Croix-
Pâquet.

Trochus Tholloni Mich. Jardin-des-Plantes, Saint-Paul.

— *Hörnesi* Mich. Jardin-des-Plantes, Saint-Paul.

— *miocenicus* Mayer. Jardin-des-Plantes, Saint-Paul.

— *fanulum* Gmel. Jardin-des-Plantes, Croix-Pâquet (c.).

Haliotis tuberculata L. Deux spécimens, l'un du Jardin-des-Plantes (Locard, pl. XVIII, fig. 21), l'autre plus grand de la tranchée de
Croix-Pâquet.

Fissurella græca L. Jardin-des-Plantes.

— *Lugdunensis* Font. (*Descr. esp. nouv.*, pl. I, fig. 1.) Très
grande espèce, très commune à la gare Saint-Paul, au Jardin-
des-Plantes et à Croix-Pâquet.

Patella Tholloni Mich. in Locard, pl. XVIII, fig. 35-37 (=*Patella cærulea*
L. var. *vacuensis* Font. *Descr. esp. nouv.*, p. 19). Jardin-des-
Plantes, Saint-Paul, Saint-Fons.

— *Tournoueri* Font. (*Descr. esp. nouv.*, pl. I, fig. 8.) Saint-Paul.

— *Rhodanica* Loc. (*Arch. Mus. Lyon*, t. II, pl. XVIII, fig. 38-40.) =
(?Pat. *Delphinensis* Font. *Descr. esp. nouv.*, pl. I, fig. 9.) Saint-
Paul, Saint-Fons.

— *Ararica* Font. Saint-Paul.

LAMELLIBRANCHES. *Ostrea digitalina* Dub. (non *lamellosa* in Loc.). La valve lisse est plus
commune que la valve plissée. Jardin-des-Plantes, Croix-Pâ-
quet, Saint-Paul, Saint-Fons.

LAMELLIBRANCHES. *Ostrea crassissima* Lam. var. *minor.* Jardin-des-Plantes, Croix-Pâquet, Saint-Paul, Saint-Fons.

Anomia ephippium L. Jardin-des-Plantes.
— cf. *striata* Broc. Jardin-des-Plantes.
— cf. *patelliformis* L. Jardin-des-Plantes.

Pecten subtriatus D'Orb. C'est l'une des espèces les plus communes et les mieux conservées des gisements de la Croix-Rousse et de Saint-Paul, de Saint-Fons.

Lima squamosa Lam. Commune au Jardin-des-Plantes, à Croix-Pâquet, Saint-Paul, Saint-Fons.
— *Dumortieri* Loc. (*Arch. Mus. Lyon*, t. II, pl. XIX, fig. 8.) Plus rare que la précédente dans les mêmes gisements.
— ? *inflata* Chemn. Jardin-des-Plantes, Saint-Fons.

Arca barbata L. Jardin-des-Plantes, Croix-Pâquet, Saint-Paul.
— cf. *lactea* L. Saint-Paul.

Lucina cf. *columbella* Lam. Déterminée d'après des moules internes globuleux avec l'empreinte du sillon postérieur. Jardin-des-Plantes.

Cardita Michaudi Tourn. (Loc. *Arch. Mus. Lyon*, t. II, pl. XIX, fig. 9-10.) Espèce trapéziforme bien caractérisée et commune au Jardin-des-Plantes et à Saint-Paul.

Pholas Dumortieri Fisch. (in *Mont-d'Or lyonnais*, pl. I, fig. 3). Commune au Jardin-des-Plantes et à la Fuly, près d'Heyrieux. Il existe en outre des moules des genres *Venus, Tellina, Gastrochæna, etc.*

BRACHIOPODES... *Terebratula manticula* Fisch. (*Journ. Conchyl.*, 1869, t. XVII, pl. III, fig. 4.) Belle espèce abondante et bien conservée à la gare Saint-Paul, plus rare au Jardin-des-Plantes et à Croix-Pâquet.

Terebratulina calathiscus Fisch. (*Journ. Conch.*, 1869, t. XVII, pl. III, fig. 3.) Cette espèce, très caractéristique des sables de Saint-Fons, se trouve plus rarement au Jardin-des-Plantes et à Croix-Pâquet, où le facies du Miocène est trop littoral.

Argiope decollata Chemn. Rare à Croix-Pâquet.

Thecidium mediterraneum Risso. Espèce commune à Saint-Fons, plus rare sur la falaise de la Croix-Rousse.

BRYOZOAIRES.... Nombreuses espèces dont on trouvera la détermination dans la monographie de M. Locard.

ÉCHINIDES...... *Cidaris Munsteri* Sism. Baguettes isolées nombreuses au Jardin-des-Plantes et à Croix-Pâquet, ainsi qu'à Saint-Fons.

Psammechinus sp. Fragment de test.

POLYPIERS...... *Dendrophyllia Colonjoni* Fisch. (in *Mont-d'Or lyonnais*, pl. 1, fig. 6). Jardin-des-Plantes, Croix-Pâquet, Saint-Paul.

2° *Vallée de la Saône.* — A quelques kilomètres en amont de Lyon, dans la vallée de la Saône, près du pont du Vernay, M. Falsan[1] a découvert en 1865, sur la surface corrodée et perforée d'un lambeau de calcaire du Lias, un petit dépôt miocène, tout à fait semblable par son facies à ceux des collines de Lyon et contenant quelques-unes des espèces marines citées plus haut, telles que *Trochus Tholloni, Pholas Dumortieri, Pecten substriatus, Ostrea crassissima, Dendrophyllia Colonjoni.* Le caractère un peu spécial de cette faunule du Vernay est fourni par deux espèces, le *Nassa Michaudi* Thiol. et un Auriculidé, le *Melampus Delocrei* Mich., qui indiquent le facies un peu saumâtre de la station, fait qui se retrouve à Tersanne (Drôme), où le *Nassa Michaudi* apparaît déjà au milieu de la faune marine de cette localité, pour survivre seul avec les Auricules dans la zone saumâtre dite à *Nassa Michaudi.*

Lors du percement du grand tunnel de Caluire à Collonges, on a retrouvé dans l'intérieur de la galerie, à la surface du calcaire à gryphées, le conglomérat ferrugineux du Miocène marin avec une faune très analogue.

NIVEAU STRATIGRAPHIQUE DE LA FAUNE MIOCÈNE DE LA CROIX-ROUSSE.

On a beaucoup discuté sur le niveau précis à attribuer à la faune marine de la Croix-Rousse dans l'épaisseur du terrain miocène. Fontannes[2] s'était en dernier lieu arrêté à la conclusion que ces marnes ocreuses sableuses, avec débris de roches locales, ne sont probablement qu'un facies particulier, plus littoral, des sables à *Terebratulina calathiscus* de Saint-Fons, du Viennois, du Valentinois, et quant au facies faunique, avec son abondance de Gastéropodes, il le compare avec juste raison à celui des couches à *Cardita Jouanneti* de Visan et de Cabrières d'Aigues, déposées aux pieds des montagnes crétacées de la Provence, comme la formation lyonnaise au pied des collines gneissiques de la Croix-Rousse et de Loyasse. Pour Fontannes, les couches en question « sont postérieures à la Mollasse à *Pecten præscabriusculus* de Saint-Paul-Trois-Châteaux, et il est probable qu'elles sont un peu inférieures au niveau du *Nassa Michaudi* ». Nos conclusions sont absolument conformes à celles du savant géologue lyonnais en ce qui concerne la position stratigraphique de la Mollasse de la Croix-Rousse dans la série du Miocène marin du Dauphiné, et notamment le parallélisme de ces dépôts avec les sables de

[1] Falsan, *Étud. pos. stratig. tufs de Meximieux.* (*Arch. Mus. Lyon,* t. I, p. 14.)
[2] Fontannes, *Les terr. tert. et quat. du prom. de la Croix-Rousse* (*Arch. Mus. Lyon,* t. IV, p. 4).

Saint-Fons, dont on retrouve à la Croix-Rousse la majeure partie des espèces caractéristiques de Brachiopodes, avec en plus un grand nombre de Gastéropodes et de Lamellibranches, d'habitat plus littoral. Mais nous ne saurions suivre Fontannes lorsqu'il range cet horizon de Saint-Fons (ainsi du reste que les couches à *Cardita Jouanneti* du Comtat) à la partie supérieure de l'étage Helvétien. Par suite de comparaisons générales [1] avec les autres grands bassins tertiaires de Suisse, d'Autriche, d'Italie, du Sud-Ouest, les couches à *Cardita Jouanneti* de Visan et de Cabrières, auxquelles correspondent en Dauphiné les sables marins de Tersanne (Drôme), ceux des environs de Saint-Génix-d'Aoste (Isère), les sables à Térébratulines de Vienne, Feyzin, Saint-Fons, enfin les conglomérats littoraux des collines lyonnaises et de la vallée de la Saône représentent le sommet du 2ᵉ étage méditerranéen des géologues d'Autriche, c'est-à-dire le niveau de Baden et de Gainfahren dans le bassin de Vienne, celui de Saubrigues dans le Sud-Ouest, et ceux de Stazzano et de Sainte-Agatha dans le Tortonais, types de l'étage *Tortonien*. Quant à la *Nassa Michaudi,* elle fait, comme on l'a déjà dit plus haut, une simple apparition dans les points un peu plus saumâtres de cet horizon *tortonien,* pour devenir prédominante dans l'horizon tout à fait saumâtre (zone à *Nassa Michaudi* de Fontannes) qui surmonte partout le Tortonien marin et représente l'étage Pontique.

B. Mollasse d'eau douce.

(*Miocène supérieur ou Pontique.*)

La Mollasse d'eau douce est beaucoup plus développée dans la Bresse que la Mollasse marine. Cette formation ayant été pendant longtemps confondue avec le Pliocène inférieur, nous pensons qu'il convient de consacrer à sa description quelques développements plus détaillés que ceux que nous avons donnés pour les autres étages.

Lisière Est. — On observe dans la vallée de l'Ain, à Varambon, Priay, Douvres, Saint-Jean-le-Vieux, Jujurieux, d'épaisses couches de sables mollassiques; leur puissance est, près de Jujurieux, d'au moins 140 mètres; ce sont des grès assez fins, à aspect mollassique, avec quelques lits de marnes intercalées. A la partie supérieure de cette formation, les marnes prennent

---

[1] Depéret, *Compte rendu somm., Soc. géol. de France,* 21 nov. 1892.

un plus grand développement et renferment alors des couches de lignite qui ont été exploitées ou explorées jadis à Douvres, Priay et Varambon.

· La zone des lignites représente bien nettement la Mollasse d'eau douce, mais les sables situés au-dessous ne renferment aucun fossile, et leur classement dans la Mollasse d'eau douce est plus incertain. Cependant, l'absence même de fossiles nous paraît constituer un argument en faveur de notre hypothèse. On observe, en effet, au sud de Lyon, dans le massif miocène du Bas-Dauphiné d'épaisses assises de sables surmontant la zone à *Nassa Michaudi* et renfermant peu ou pas de fossiles.

La Mollasse de la vallée de l'Ain se prolonge nettement, comme l'a montré M. Marcel Bertrand, dans la vallée du Suran jusqu'à Soblay, où existent des gîtes de lignite qui ont été pendant longtemps en exploitation et ont fourni de nombreux ossements de Mammifères.

· A Pont-d'Ain (hameau d'Oussiat), on observe des graviers et des marnes fossilifères.

Au nord de Pont-d'Ain, on voit affleurer sur la lisière du Jura une série de lambeaux que nous allons énumérer successivement en allant du sud au nord.

Les premiers affleurements sont ceux situés entre Journaux et Revonnaz; ce sont des sables jaunâtres, fins, gréseux; ils sont en contact avec l'Oligocène et sont, comme lui, renversés.

A Ceyzériat, on observe assez bien, dans un ravin, un affleurement de sable mollassique à grains parfois grossiers. On y a cherché jadis des bancs de lignite.

Un autre affleurement existe à Meillonnas; il consiste en sables roux et noirs dans lesquels sont ouvertes des carrières de sable. Un affleurement analogue se voit à Coligny; plusieurs carrières de sable y sont ouvertes près du hameau de Clériat; les assises consistent en sables roux et graviers quartzeux avec assises noirâtres. Enfin le dernier affleurement reconnu est celui d'Orbagna, où existe une mine de lignite dans laquelle on pratique actuellement des travaux de recherches.

Les lambeaux de Ceyzériat et d'Orbagna nous paraissent devoir être considérés comme appartenant sûrement à la Mollasse d'eau douce, à cause de la présence des gîtes de lignites. Mais pour celui de Meillonnas, il peut subsister quelque doute; comme aspect et comme composition, il ressemble, en effet, à celui de Coligny que nous avons mentionné précédemment et que nous avons rangé provisoirement dans la Mollasse marine.

La carte de la Bresse montre que les affleurements de ces divers lambeaux de Mollasse de Ceyzériat, de Meillonnas, de Coligny, d'Orbagna, sont accompagnés d'affleurements d'Oligocène. Ce dernier est, comme nous l'avons dit, fortement redressé, souvent même renversé; le même fait s'observe pour les assises de Mollasse qui, elles aussi, sont redressées et fréquemment renversées; on comprend donc que, le long de cette lisière si accidentée, les dislocations aient pu amener au jour, sur certains points, les assises de la Mollasse marine.

Il devient difficile dans ces conditions de séparer la Mollasse marine et la Mollasse d'eau douce; nous avons dû nous résoudre à figurer sur la carte de la Bresse les deux formations sous le même signe m^{4-5}.

Notre carte montre en outre que les lambeaux d'Oligocène et de Mollasse qui sont figurés doivent vraisemblablement se rejoindre, au-dessous de la couverture de terrains plus récents qui s'appuie contre la lisière du Jura. Si cette couverture était enlevée, on verrait, le long de cette lisière, plaquées contre le Portlandien, des traînées à peu près continues d'Oligocène et de Mollasse s'étendant au moins d'Orbagna à Douvres, et disposées comme l'indique le croquis schématique ci-dessous (fig. 9).

Fig. 9

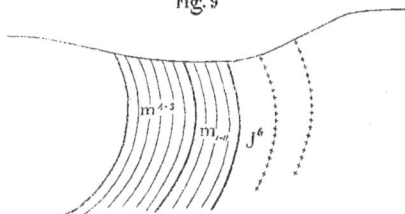

Lisière Ouest. — Sur la lisière Ouest de la cuvette Bressane, nous n'avons à signaler, comme gîtes de Mollasse d'eau douce, que ceux de la Croix-Rousse, à Lyon.

Le gisement de la Croix-Rousse a été étudié d'une façon attentive par Jourdan, qui a profité de l'exécution du chemin de fer funiculaire pour relever la coupe des terrains traversés et noter avec soin la place des nombreux fossiles découverts.

Cette coupe a été reproduite par Fontannes dans les *Archives du Muséum de Lyon* (t. IV), et a été accompagnée d'un texte contenant une étude des Mollusques recueillis par Jourdan. Nous croyons devoir, vu l'importance de ce document, en fournir ci-dessous une réduction (fig. 10). Nous avons soi-

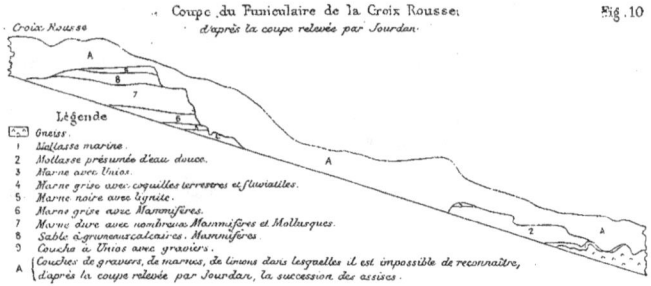

Coupe du Funiculaire de la Croix Rousse   Fig. 10
d'après la coupe relevée par Jourdan

Légende

Gneiss.
1 Mollasse marine.
2 Mollasse présumée d'eau douce.
3 Marne avec Unios.
4 Marne grise avec coquilles terrestres et fluviatiles.
5 Marne noire avec lignite.
6 Marne grise avec Mammifères.
7 Marne dure avec nombreux Mammifères et Mollusques.
8 Sable à grumeaux calcaires. Mammifères.
9 Couche à Unios avec graviers.
A Couches de graviers, de marnes, de limons dans lesquelles il est impossible de reconnaître,
   d'après la coupe relevée par Jourdan, la succession des assises.

gneusement reproduit les subdivisions établies dans la Mollasse, mais nous avons supprimé, comme étant peu intéressantes et insuffisamment claires les subdivisions établies dans les terrains de recouvrement.

Fig. 11

Coupe du chemin de fer funiculaire de la place Croix-Pâquet, à Lyon.

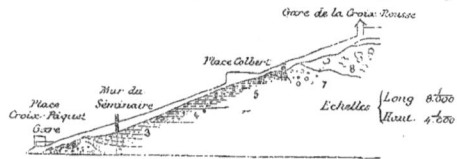

Légende

1 Gneiss granitique avec dyke de granite et filonnets de granulite; surface anfractueuse.
2 Mollasse marine: Marnes gréseuses et conglomérats ferrugineux à Pecten substriatus (Tortonien).
3 Sable et mollasse gréseuse, probablement d'eau douce (Pontique inférieur).
4 Alternances de lits sableux et de marnes vertes ou rougeâtres.
5 Marnes et glaises vertes ou jaunes, ligniteuses en haut.
6 Marne blanche à nodules crayeux (mollusques et mammifères) } Pontique supérieur.
7 Cailloutis et graviers préglaciaires.
8 Boue glaciaire à gros blocs erratiques.

La construction du chemin de fer funiculaire de Croix-Pâquet, aboutis-

sant également au plateau de la Croix-Rousse, a permis à M. Depéret de
relever une coupe semblable à celle précitée. Nous avons cru devoir la reproduire dans la figure 11 ci-contre.

Nous croyons devoir signaler également la présence possible de débris du
Miocène supérieur dans le massif du Mont-d'Or lyonnais. On a mentionné
depuis longtemps dans les fentes de calcaires de cette région la présence de
quartzites paraissant être d'origine alpine[1]. Vu l'altitude de ces dépôts, situés
à près de 600 mètres, presque au sommet du Mont-d'Or, il ne paraît pas
possible de les rattacher au Pliocène fluviatile, qui ne dépasse pas aux environs de Lyon l'altitude de 310-320 mètres; il est donc permis de penser que
ces cailloutis peuvent être du même âge que ceux qu'on observe aux environs
de Vienne (Isère), et représentent alors des témoins démantelés du Miocène
caillouteux de la vallée du Rhône.

DESCRIPTION DES PRINCIPAUX GÎTES DE LIGNITE.

Nous allons, dans le présent paragraphe, passer rapidement en revue les
principaux gîtes de lignite de la lisière du Jura.

Gîte de Douvres. — Le gîte de lignite de Douvres a fait l'objet d'une concession en 1842; des travaux d'exploitation y ont été pratiqués de 1842 à
1862. On avait reconnu l'existence d'une couche de 1 m. 50 de puissance,
divisée en deux bancs par une barre argileuse. Le gîte avait une plongée
accentuée du côté de l'est, bien qu'il fût très voisin des affleurements du
Jurassique.

Il n'a été, à notre connaissance, recueilli pendant l'exploitation ni ossements ni coquilles.

Gîte de Saint-Jean-le-Vieux. — On a signalé jadis à Saint-Jean-le-Vieux, au
nord de Douvres, des gîtes de lignite qui n'ont jamais été exploités. On a,
dans cette localité, trouvé, il y a une quarantaine d'années, deux dents de
Dinotherium [2] (voir pl. I, fig. 5), et on y recueille aussi des Mollusques (*Valvata Hellenica, V. Sibinensis, Hydrobia Veneria*).

---

[1] Falsan et Locard, *Monographie du Mont-d'Or*, p. 396.
[2] *Bulletin de la Société géologique.* Réunion extraordinaire. Lyon, 1859.

Gîte de Priay. — Une concession a été instituée à Priay en 1842; elle n'a pour ainsi dire jamais été mise en exploitation. On avait reconnu, par les travaux qui précédèrent l'institution de la concession, l'existence d'une couche de 1 mètre d'épaisseur n'ayant qu'une faible inclinaison.

On aperçoit sur les rives de l'Ain, en face du hameau de Priay, un bombement de grès mollassiques qui n'a qu'une étendue restreinte et sur lequel paraît reposer l'ensemble des assises contenant les gîtes de lignite précités.

Au nord de Priay, soit dans le lit de la rivière d'Ain, soit au voisinage de la route de Pont-d'Ain, affleurent des assises de marnes noirâtres ou grisâtres qui sont très fortement inclinées.

En cet endroit, on constate des glissements de terrains qui ont affecté, à diverses reprises, la route de Pont-d'Ain. On peut se demander si le redressement des assises, que nous avons signalé, provient des glissements récents qu'ont subis ces dernières, ou si, au contraire, cette forte inclinaison n'est pas l'inclinaison normale des assises et n'a pas, par ce fait même, motivé les glissements constatés. Cette dernière hypothèse est, croyons-nous, la plus vraisemblable; il faudrait en conclure que la Mollasse d'eau douce a été en ce point fortement disloquée. M. Marcel Bertrand a recueilli dans les marnes de Priay : *Unio atavus* var. *Sayni* et *Melanopsis Kleini*.

Gîte de Varambon. — Le gîte de Varambon a été visité jadis par la Société géologique de France, lors de sa réunion extraordinaire à Lyon, en 1859.

Il y avait, paraît-il, divers bancs de lignite alternant avec des argiles, dont les assises inférieures renfermaient, d'après Jourdan, un grand nombre de *Melanopsis*.

Ces gîtes de lignite étaient situés au pied de la colline de sables mollassiques qui supporte le château de Varambon. Drian avait émis l'avis que cette colline mollassique constituait un îlot dans le lac où se déposaient les lignites, et qu'il y avait discordance entre les lignites et les sables mollassiques.

Quelques membres de la Société avaient au contraire pensé que les lignites passaient sous les sables mollassiques.

Les deux hypothèses ci-dessus nous paraissent devoir être écartées.

La carte de la Bresse montre qu'au nord de Varambon, entre cette localité et Druillat, on voit apparaître, au milieu des terrains Bressans, un pointement de Jurassique qui n'est autre que du Portlandien. Ce Portlandien doit former le prolongement du massif de Saint-Martin-du-Mont. Or nous verrons plus loin, à propos du gîte de Soblay, que ce dernier est renfermé dans un pli de terrain Jurassique; le Miocène, horizontal au milieu de la cuvette, se redresse sur les bords de cette dernière. Il est donc naturel de penser qu'à Varambon, le Miocène est également redressé contre le Portlandien, de telle sorte qu'on aurait la disposition représentée approximativement dans la figure 12 ci-dessous.

Fig. 12

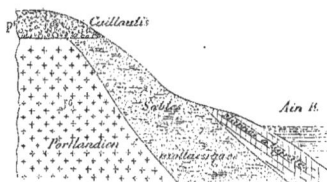

Gîte de Druillat. — Au nord de Varambon, sur le chemin qui va de ce village à Druillat, on aperçoit, tout à côté de la jonction avec la route de Pont-d'Ain, des affleurements de marnes bleues avec lignites. Les assises ont une plongée accentuée du côté du nord; la pente est d'environ 10 degrés. Ces marnes renferment quelques fossiles (*Helix Nayliesi*, *Bithynia Lebero-nensis*, *Pisidium*).

Gîte de Soblay. — Le gîte de Soblay se relie, comme l'a montré M. Marcel Bertrand, à celui de Varambon[1]; on observe, en suivant la vallée du Su-ran, une étroite traînée de sables mollassiques très disloqués, verticaux et parfois même renversés, qui se poursuivent jusqu'à Soblay.

Dans cette localité, on aperçoit un gîte de lignite, en couches généralement horizontales, entouré par l'Astartien fortement incliné. On avait donc admis dans le passé que la Mollasse d'eau douce de Soblay s'était déposée en dis-cordance dans une cuvette creusée au milieu du Jurassique. Cette conclusion serait en désaccord avec les faits que nous avons signalés précédemment; aussi M. Bertrand a-t-il été amené à penser que la discordance signalée n'était qu'apparente, et que le bassin de Soblay correspondait à un effondrement de

[1] *Bulletin de la Société géologique*, 3ᵉ série, t. XII, p. 461.

la Mollasse au milieu de l'Astartien; cette hypothèse nous paraît être très vraisemblable.

Une coupe du gîte de Soblay a été donnée, en 1859, dans le *Bulletin de la Société géologique;* nous croyons devoir la reproduire ici, en la complétant ou la rectifiant sur certains points, d'après nos renseignements personnels.

Limon jaune, terre à tuiles.....................	2ᵐ50
Marne blanc grisâtre, traces de lignites, nombreux Mollusques.................................	2 50
1ʳᵉ couche de lignite, renfermant de nombreux ossements .	3 30
Marne noirâtre, avec branches ou troncs d'arbres de 2 ou 3 mètres de longueur.....................	4 00
2ᵉ couche de lignite tendre.....................	1 50
Marne grisâtre sableuse, avec débris de bois...........	2 50
3ᵉ couche de lignite...........................	1 30
Marnes avec assises de lignites reconnues sur 15 mètres d'épaisseur par des travaux anciens...............	15 00
Sables aquifères reconnus dans les puits et non traversés..	?

La mine de Soblay, concédée en 1843, a été exploitée d'une façon à peu près continue de 1843 à 1884.

Le lignite était de qualité médiocre; il était souvent constitué par du bois dont la forme et la texture étaient encore parfaitement reconnaissables.

Les travaux ont fourni une faune de Mammifères des plus intéressantes (voir *Paléontologie*) et quelques Mollusques (*Melanopsis Kleini, Neritina crenulata*).

Gîte d'Orbagna. — Le gîte de lignite d'Orbagna ou de Vercia a fait l'objet d'une concession en 1859; il a été, à plusieurs reprises, exploité, puis abandonné. Une tentative de reprise des travaux a eu lieu en 1892.

La coupe des terrains, obtenue en combinant les résultats de divers sondages et puits, paraît être la suivante :

Terre végétale...........................	1ᵐ00
Marne bleue, grise et noire, avec débris de lignite.......	11 80
Marne compacte sans lignite....................	6 00
Banc de lignite.............................	1 30
Marne..................................	1 20
Quatre bancs de lignite avec marnes intercalées.........	6 50

Marnes noires et bleues............................	4^{m}75
Marne noire avec lignite............................	0 40
Marnes bleues.................................	4 26
Trois bancs de lignite avec assises d'argiles grises intercalées.	1 70
Grès..	2 50
Marnes jaunâtres...............................	7 24
Grès bleuâtres.................................	1 00
Marnes jaunâtres...............................	5 75

Les couches de lignite, bien que rapprochées de la bordure Jurassique,
plongent à l'est; elles sont probablement renversées près de la lisière.

PALÉONTOLOGIE.

Nous distinguerons dans le Miocène supérieur ou Mollasse d'eau douce miocène deux horizons paléontologiques distincts : l'un inférieur, dont nous pren-
drons le type dans les lignites de Soblay (Ain) et que nous désignerons sous
le nom d'*Horizon de Soblay;* l'autre supérieur, dont le meilleur gisement se
trouve dans les marnes blanches supérieures de la colline de la Croix-Rousse
à Lyon (voir coupes n°* 10 et 11), et que nous nommerons pour cette raison
Horizon de la Croix-Rousse. Nous n'avons pu, il est vrai, constater dans aucune
coupe continue la superposition directe de ces deux horizons; mais, grâce à
la précision paléontologique que donne l'étude du degré d'évolution des faunes
de Mammifères terrestres, nous pouvons affirmer d'une façon certaine que la
faune de Soblay est l'équivalent exact de la faune de Saint-Jean-de-Bournay
(Isère) [1], dont le gisement se trouve dans les niveaux marneux tout à fait
inférieurs de la Mollasse d'eau douce miocène, très peu au-dessus de la zone
saumâtre à *Nassa Michaudi;* tandis que la faune de la Croix-Rousse est tout
à fait identique à la faune des limons rouges du Leberon (Vaucluse) et à celle
des graviers miocènes sous-basaltiques d'Aubignas (Ardèche), qui se placent
stratigraphiquement vers la partie la plus élevée des couches continentales
du Miocène supérieur. Si donc, dans la bordure Bressane, la superposition
de ces deux horizons n'est pas évidente, cela tient aux dislocations qui ont
affecté les couches de la Mollasse d'eau douce, le long de la lisière du Jura, et
ont sans doute fait disparaître ou rejeté en profondeur, sauf sur la colline de
la Croix-Rousse, les terrains les plus élevés de l'étage Pontique.

[1] Depéret, *Recherches sur les succes. des faunes de Vertébrés miocènes du bassin du Rhône* (*Arch.
Mus. Lyon*, t. IV, 1887, p. 50). Voir feuille géologique au 1/80.000^e Saint-Étienne.

IMPRIMERIE NATIONALE.

1° HORIZON DE SOBLAY.

Les couches de lignites de Saint-Martin-du-Mont, près Soblay (Ain) dans le synclinal miocène de la vallée du Suran (voir *ante* p. 39) ont fourni des débris de Mammifères et des Mollusques déjà signalés par Jourdan et Benoit. La majeure partie de ces fossiles se trouve conservée au Muséum de Lyon, et nous avons cru devoir figurer dans ce mémoire les types les plus importants. Quelques autres fossiles proviennent des sables à lignites de Saint-Jean-le-Vieux, de Priay et de Varambon, sur le prolongement au sud des couches de Soblay.

Mammifères.

Sus major Gerv. (pl. I, fig. 1-2).

Jourdan a recueilli à Soblay deux fragments de mâchoire supérieure dont chacun porte la dernière et l'avant-dernière molaire (pl. I, fig. 2). On a recueilli au même endroit une canine très usée et quelques prémolaires supérieures; la 2e et la 3e prémolaires supérieures sont figurées (pl. I, fig. 1). Ces pièces sont identiques à celles du *Sus major* du Leberon, mais de dimensions seulement un peu plus faibles; la dernière molaire supérieure mesure 0^{m}039 de longueur, au lieu de 0^{m}045, ce qui peut rentrer dans la limite des variations individuelles.

Le *Sus major,* proche parent du *Sus Erymanthius* de Pikermi, est connu en France du Leberon, d'Aubignas, de la Cerdagne (Pyrénées-Orientales) et enfin de Montredon (Aude). Il se trouve donc à la fois dans les deux horizons du Miocène supérieur.

Rhinoceros Schleiermacheri Kaup. (pl. I, fig. 3).

Cette détermination ne repose que sur quelques arrière-molaires inférieures isolées, encore à l'état de germe (pl. I, fig. 3) et appartenant à un jeune sujet; elles portent seulement des traces de bourrelet basal en avant et en arrière, et leur taille est relativement petite pour cette espèce, dont le type provient d'Eppelsheim. Pour cette dernière raison, peut-être vaudrait-il mieux rapporter le Rhinocéros de Soblay au *Rhinoceros sansaniensis* Lart., de Sansan, qui n'est d'ailleurs, suivant plusieurs paléontologistes, qu'une petite race ancienne du *R. Schleiermacheri*.

Le *Rhinoceros Schleiermacheri* est une espèce répandue dans tout le Miocène supérieur européen, à Eppelsheim, au Belvédère, à Pikermi, au Leberon, à Aubignas, etc. Elle appartiendrait donc aux deux niveaux de Soblay et de la Croix-Rousse, mais avec une abondance et une taille plus grandes dans l'horizon supérieur.

Hipparion gracile Kaup. (pl. 1, fig. 6).

L'*Hipparion* de Soblay est de petite taille, comme l'est habituellement la race du bassin du Rhône; l'émail de ses prémolaires supérieures (pl. I, fig. 6, 1-3 pm.) est assez fortement plissé, moins cependant que dans les molaires d'Eppelsheim; ces variations de taille et de plissement de l'émail ne paraissent avoir aucune valeur constante.

L'*Hipparion gracile* est commun dans l'ensemble de l'étage Pontique, qu'il caractérise parfaitement; il fait défaut, en effet, dans l'étage Tortonien (faune de la Grive-Saint-Alban), où il est précédé par l'*Anchitherium*. Dans le bassin du Rhône, on le connaît au Leberon, à Visan, à Valréas (Vaucluse), à Aubignas (Ardèche), à Tersanne, à Crépol (Drôme), à Saint-Jean-de-Bournay, à Sonnay (Isère), à la Croix-Rousse (Lyon), à Oussiat, à Soblay (Ain), et il est commun aux deux horizons de la Mollasse d'eau douce.

Mastodon Turicensis Schinz (Syn. *M. tapiroïdes* Cuv. pars) [pl. I, fig. 4].

Ce Mastodonte, du groupe à molaires tapiroïdes, est représenté dans les lignites de Soblay par plusieurs arrière-molaires, parmi lesquelles la 2e supérieure (pl. I, fig. 4, à demi-grandeur), ainsi que la 1re et la 2e arrière-molaires inférieures, et plusieurs autres fragments.

Les molaires du *M. Turicensis* sont assez voisines de celles du *M. Borsoni*, qui le remplace dans le Pliocène. Les caractères différentiels, parfois difficiles à apprécier dans la pratique, sont les suivants : les molaires du *M. Turicensis* sont plus étroites par rapport à la longueur; les crêtes transverses sont plus élevées et leurs deux versants se réunissent au sommet sous un angle plus aigu; le bourrelet crénelé qui entoure la base des molaires est plus saillant et plus continu, surtout du côté interne; les crêtes récurrentes antéro-postérieures, qui se voient dans le fond des vallées transverses, sont plus prononcées; enfin les arêtes tranchantes des collines présentent des crénelures plus petites et plus nombreuses. On pourra se rendre compte de ces différences en comparant la figure 4, pl. , du *Mastodon Turicensis*, avec la figure 3, pl. V, du *M. Borsoni* de Collonges.

Le *M. Turicensis* a une large distribution verticale, qui embrasse l'ensemble du Miocène. Dans le bassin du Rhône, il n'est connu qu'à Soblay et dans les lignites de Pommiers, près Voreppe (Isère).

Dinotherium giganteum Kaup. (pl. I, fig. 5).

Les sables à lignites de Saint-Jean-le-Vieux (Ain), du niveau de Soblay, ont fourni les deux *prémolaires supérieures* (pl. I, fig. 5, à demi-grandeur) d'un grand *Dinotherium*, qui atteint ou dépasse même un peu la taille du type d'Eppelsheim, auquel l'animal de Saint-Jean-le-Vieux ressemble tout à fait, notamment par la forme subcarrée de la 1re prémolaire.

Comme le *Mastodon Turicensis*, le *Dinotherium giganteum* traverse l'ensemble des horizons miocènes, mais paraît acquérir son maximum de taille dans le Miocène supérieur. On trouve, dans le Tortonien de la Grive-Saint-Alban, une race un peu plus petite, dont les molaires présentent quelques légères particularités, et que Jourdan avait désignée sous le nom de *D. lævius*.

Dans le Miocène supérieur du bassin du Rhône, on a trouvé le *Dinotherium* au Leberon (Vaucluse), à Montmirail et à Montrigaud (Drôme), à Saint-Jean-de-Bournay (Isère), à Saint-Clair et à Fourvière (Lyon), à Saint-Jean-le-Vieux (Ain).

Castor Jægeri Kaup (pl. I, fig. 12-13).

Une moitié gauche de mandibule, de Soblay (pl. I, fig. 12), porte la série des quatre molaires, dont la couronne montre pour chacune un pli externe assez profond et oblique, et trois sillons internes moins prononcés. On ne peut voir sur cette pièce si les quatre racines des molaires étaient séparées, caractère important du *Castor Jægeri* et en général des Castoridés miocènes, réunis en raison de ce fait dans une même section, sous le nom de *Chalicomys*. La pièce de Soblay est identique au type d'Eppelsheim, sauf une dimension légèrement plus petite, et à des mandibules de la même espèce provenant de Kapffnach (Suisse) et de Cerdagne (Pyrénées).

On a figuré (pl. I, fig. 13) une 1re molaire supérieure provenant sans doute du même individu.

Le *C. Jægeri* a été trouvé à la fois dans le Miocène moyen et supérieur. On le connaît des lignites de Göriach en Styrie, à la base du 2e étage méditerranéen; de la Mollasse d'eau douce tortonienne de Suisse (Kapffnach) et du Wurtemberg (Steinheim); enfin du Miocène supérieur d'Eppelsheim, d'Orignac et de la Cerdagne (Pyrénées). Dans le bassin du Rhône, il est connu à Saint-Jean-de-Bournay et à Soblay, et il monte dans l'horizon tout à fait supérieur de la Croix-Rousse.

Protragocerus Chantrei Depéret, race **major** (pl. I, fig. 7-11).

L'espèce la plus intéressante de Soblay est, sans contredit, la belle Antilope qui se trouve également à Saint-Jean-de-Bournay et à la Grive-Saint-Alban, et pour laquelle l'un de nous a proposé la création d'un genre nouveau, sous le nom de *Protragocerus*[1]. Ce type peut, en effet, être regardé comme la forme ancestrale du *Tragocerus*, si abondant dans l'horizon plus élevé de la Croix-Rousse (ou de Pikermi), et dont il diffère par les caractères suivants : les chevilles des cornes sont plus courtes et moins comprimées en travers que dans le Tragocère; les molaires inférieures (pl. I, fig. 8, 2e et 3e arrière-molaires) sont moins fortes et surtout *plus étroites et plus comprimées,* pourvues en avant d'un pli transverse d'émail qui manque au Tragocère. Les colonnettes interlobaires sont moins développées et même presque absentes dans le sujet de Soblay (fig. 8); il en est de même aux molaires supérieures (pl. I, fig. 7).

Comparé aux sujets de la Grive-Saint-Alban et de Saint-Jean-de-Bournay, le *Protragocerus* de Soblay s'en distingue par ses molaires de dimensions un peu plus fortes, et surtout par l'atrophie presque complète des colonnettes interlobaires aux molaires inférieures, qui sont encore plus comprimées en travers. Le type de Soblay peut constituer une race locale du *P. Chantrei,* sous le nom de race *major*.

Les os des membres, de Soblay, sont relativement forts et trapus, pour la grandeur des molaires. Le métacarpe (pl. I, fig. 9) est plus court, plus comprimé d'avant en arrière, plus dilaté à ses deux extrémités que dans le *Tragocerus* de la Croix-Rousse; le bout supérieur du métatarse (pl. I, fig. 10) est aussi plus court et plus trapu que dans la forte race du *Tragocerus* de Pikermi. L'astragale (pl. I, fig. 11) est plus fort que celui du petit *Tragocerus* de la Croix-Rousse (pl. II, fig. 2), mais ressemble à celui de la race lourde de Pikermi.

[1] Depéret, *Arch. Mus. Lyon,* t. IV, p. 204.

Le *Protragocerus Chantrei* n'a été trouvé jusqu'ici que dans la faune tortonienne de la Grive-Saint-Alban et dans l'horizon inférieur de la Mollasse d'eau douce de Saint-Jean-de-Bournay et de Soblay. Il est remplacé, dans l'horizon de la Croix-Rousse, par le *Tragocerus amalthæus* qui paraît être son descendant direct. On peut à bon droit s'appuyer sur ce fait d'évolution pour justifier la distinction des deux horizons paléontologiques que nous avons admis dans la Mollasse d'eau douce.

Mollusques.

Melanopsis Kleini Kurr., var. Valentinensis Font. (pl. IV, fig. 11-13).

Cette variété a été distinguée avec raison par Fontannes (*Bassin de Crest*, pl. I, fig. 7-9) du type de la Mollasse d'eau douce *tortonienne* de Suisse et d'Allemagne (in Sandberg., *Land u. Süssw. Conchyl.*, pl. XX, fig. 21, et pl. XXVIII, fig. 15) par sa spire plus courte et son dernier tour légèrement aplati sur le côté; ce dernier caractère lui donne une certaine analogie avec les jeunes de *M. Narzolina* de Cucuron.

Cette espèce est très commune à Soblay et à Oussiat, près Pont-d'Ain; M. Marcel Bertrand nous en a, en outre, communiqué un exemplaire des marnes de Priay, près Pont-d'Ain. Fontannes l'a citée des sables à *Helix Delphinensis* de Montvendre, de Tersanne et d'Heyrieux, qui appartiennent aussi à l'horizon de Soblay.

Neritina crenulata Klein (pl. IV, fig. 14-16).

Fontannes avait cru devoir distinguer du *N. crenulata* Klein (in Sandb., *Land u. Süssw. Conchyl.*, pl. XXVIII, fig. 13) sous le nom de *N. Grasiana* (*Descr. esp. nouv.*, pl. I, fig. 5, et *Bassin de Crest*, pl. II, fig. 9-12) une Néritine des sables d'eau douce miocènes de Visan, de Montvendre, espèce qui se retrouve très typique dans les lignites de Soblay. Les caractères invoqués par l'auteur, tels que la forme un peu plus globuleuse du dernier tour, l'ouverture un peu plus arrondie en avant, les plis un peu plus nombreux du bord columellaire, seraient tout au plus suffisants à nos yeux pour justifier la création d'une variété régionale et ne doivent pas, en tous cas, masquer la parenté étroite et intéressante de la Néritine de la Mollasse d'eau douce pontique du bassin du Rhône avec la *N. crenulata* de la Mollasse d'eau douce tortonienne de Suisse, du Wurtemberg et de Bavière, du Miocène supérieur saumâtre de Tortone, et qui se trouve aussi dans le Sarmatique et le Pontique des environs de Vienne, où nous avons eu l'occasion d'en recueillir plusieurs sujets dans les couches à Congéries de Brunn.

La *N. Dumortieri* Font., de Cucuron, est bien distincte de cette espèce par sa callosité columellaire fortement bombée.

Valvata Sibinensis Neum., var. **Sayni** Font. (pl. IV, fig. 3-3ª).

Les marnes de Saint-Jean-le-Vieux (Ain) contiennent, en assez grande abondance, une petite Valvée pourvue de deux carènes, l'une en dessous, près de l'ombilic, l'autre plus saillante, à une petite distance de la suture; la partie de la spire comprise entre la carène supérieure et la suture est notablement excavée. Ces caractères rapprochent beaucoup l'espèce Bressane de la *Valvata Sibinensis* Neum. (*Abhandl. geol. Reisch.*, 1875, pl. IX, fig. 19) des couches à Paludines de Sibinj, en Slavonie, qui paraît se distinguer seulement de la forme française parce que sa carène inférieure est un peu moins prononcée. Fontannes a décrit (*Diagnos. esp. nouv.*, p. IV, fig. 10) sous le nom de *Valvata Sayni* une espèce des sables d'eau douce miocènes d'Arthemonay (Drôme) qui nous paraît identique aux sujets de Saint-Jean-le-Vieux; le nom *Sayni* peut être conservé pour caractériser la variété régionale du bassin du Rhône.

Nous retrouverons plus loin ce groupe de Valvées carénées dans le Pliocène bressan sous la forme de *Valvata Eugeniæ*.

Valvata Hellenica Tourn., var. **Cabeolensis** Font. (pl. IV, fig. 1-1ª).

Fontannes a déjà décrit (*Bassin de Crest*, p. 181, pl. I, fig. 19) une Valvée des sables d'eau douce miocènes de Montvendre, dont il a fait avec raison une simple variété régionale d'un type du Levantin de l'île de Cos, nommé par Tournouër *Valvata Hellenica*. Nous avons retrouvé en abondance ce même type dans les marnes de Saint-Jean-le-Vieux, de l'horizon de Soblay.

Cette espèce est assez voisine de la *Valvata Sulekiana* Brus. (*Binnen Mol.*, pl. VI, fig. 12) des couches à Paludines de Slavonie, qui en diffère cependant par le pourtour subanguleux de son ombilic, et de la *Valvata Kupensis* Fuchs (*Iahrb. geol. Reichs.*, 1870, t. XX, pl. XXII, fig. 23) des couches à Congéries de Kup (Hongrie), qui a cependant une spire plus surbaissée et son dernier tour moins renflé. La *Valvata depressa* actuelle représente ce même groupe de formes.

Bithynia Leberonensis Fisch. et Tourn. (Voir plus loin, p. 55.)

Assez rare dans les marnes entre Pont-d'Ain et Varambon; nombreux sujets typiques des marnes d'Oussiat.

Bithynia Veneria Font. (Voir plus loin, p. 56.)

Cette forme, plus effilée que *B. Leberonensis*, est commune dans les marnes d'Oussiat.

Hydrobia Avisanensis Font. (pl. IV, fig. 5-7).

Nous avons retrouvé en abondance, dans les marnes d'Oussiat, la petite Hydrobie courte et ventrue décrite par Fontannes (*Descr. esp. nouv.*, pl. II, fig. 2) des sables d'eau douce miocènes de Visan et de Montvendre. L'auteur de cette espèce a déjà fait ressortir (*Bassin de Crest,* p. 180) les affinités intéressantes de l'*H. Avisanensis* d'une part avec l'*H. Tournoueri* Mayer, des faluns de Touraine, de l'autre avec l'*H. sepulchralis* Partsch, des couches à Paludines de Slavonie; cette dernière a pourtant une spire moins renflée que l'espèce miocène du bassin du Rhône. L'*Hydrobia stagnalis* représente actuellement ce groupe de formes.

Helix Nayliesi Mich. (Voir plus loin, p. 71.)

Nous avons trouvé dans des marnes, entre Pont-d'Ain et Varambon, de grands fragments de cette espèce d'Hauterive, bien reconnaissable à son test chagriné.

Helix cf. Larteti Boissy (pl. IV, fig. 18).

M. l'abbé Béroud nous a communiqué des moules d'*Helix* provenant de marnes miocènes à Villereversure, sur le prolongement Nord du synclinal miocène de Soblay. Nous croyons pouvoir reconnaître parmi ces coquilles une forme très voisine au moins d'*H. Larteti* Boissy, reconnaissable parmi les *Helix* miocènes à la forme élevée de sa spire. Cette espèce, répandue dans tout le Miocène inférieur et moyen, n'était pas citée, à notre connaissance, d'un niveau aussi élevé que le Miocène supérieur, ce qui peut laisser encore quelque doute sur l'attribution de ce gisement à l'étage Pontique.

Unio atavus Partsch, var. **Sayni** Font.

M. Marcel Bertrand nous a communiqué, des marnes miocènes de Priay, un exemplaire avec ses deux valves de cet *Unio* à sommets tout à fait rejetés en avant, que Fontannes avait cru devoir séparer du type *U. atavus* Partsch, des couches à Congéries de Vienne (in Hörnes, pl. XXXVII, fig. 2), sous le nom d'*Unio Sayni*, d'après des exemplaires des sables d'eau douce de Mont-vendre. Les caractères différentiels invoqués par l'auteur, tels que les crochets moins renflés, moins antérieurs, l'angle postérieur plus marqué, la fossette cardinale plus grande, l'impression musculaire antérieure plus petite, la pos-térieure plus profonde et plus rugueuse, me paraissent correspondre seule-ment à une variation locale rhodanienne de l'*U. atavus* d'Orient et ne doivent pas faire méconnaître le fait important, au point de vue stratigraphique, de la présence simultanée de ce curieux type dans l'étage Pontique du bassin du Danube, et dans la Mollasse d'eau douce supérieure de la vallée du Rhône et de la Bresse.

Le spécimen de Priay appartient à la variété étroite et allongée que Fon-tannes a décrite sous le nom de *eclata* (*Bassin de Crest*, pl. III, fig. 5).

2° HORIZON DE LA CROIX-ROUSSE.

Les couches marneuses supérieures du Miocène de la Croix-Rousse (n°s 6 à 9 de la coupe, fig. 10) ont fourni à Jourdan, dans la tranchée de l'ancien funiculaire, une belle série de Vertébrés terrestres et de Mollusques conti-nentaux, qui sont conservés au Muséum de Lyon. L'un de nous a recueilli, dans les couches correspondantes du nouveau funiculaire, près de la place Colbert (n° 6 de la coupe, fig. 11) quelques autres débris de Mammifères et quelques coquilles de Mollusques du même horizon. L'ensemble de ces documents constitue la faune suivante :

Mammifères.

Hipparion gracile Kaup. (pl. II, fig. 13).

Les molaires de la Croix-Rousse, comme celles de Soblay, ont pour carac-tère constant une petite taille et un émail peu plissé; elles ressemblent tout à fait à celles de la petite race du Leberon. L'existence à la Croix-Rousse de deux races, l'une *lourde* et l'autre *grêle*, comparables à celles que M. Gaudry a décrites dans l'Attique, paraît indiquée, la première par une omoplate et un fragment de métatarsien (ce dernier provient de Pierre-Scize), l'autre par un tibia, un astragale et un métatarsien.

7

Pour la distribution stratigraphique de l'espèce dans le bassin du Rhône, voir *ante*, p. 42.

Rhinoceros Schleiermacheri Kaup. (pl. II, fig. 14).

Ce type est représenté à la Croix-Rousse par quelques molaires isolées, parmi lesquelles nous avons fait figurer (pl. II, fig. 13) la 1re prémolaire supérieure, identique à celle du type d'Eppelsheim, de forme plus raccourcie que dans les *Rhinoceros brachypus* et *sansaniensis* de la Grive-Saint-Alban, et assez semblable à celle du *R. bicornis* actuel. Les molaires inférieures n'ont point de bourrelet basilaire en dehors; elles sont moins épaisses que dans le *R. pachygnathus* de l'Attique.

Parmi les os des membres, le calcanéum ne diffère de ceux d'Eppelsheim et du Leberon que par une taille un peu plus forte. Un premier métatarsien et une phalange de doigt latéral indiquent une patte plus grêle que dans le *R. pachygnathus*.

Pour la distribution stratigraphique de cette espèce, voir *ante*, p. 42.

Mastodon longirostris Kaup. (pl. III).

Nous avons fait reproduire, en raison de leur importance, les belles pièces du *Mastodon longirostris* de la Croix-Rousse, d'après la planche de MM. Lortet et Chantre (*Arch. Mus. Lyon*, t. II, pl. XIV).

Ces figures montrent les caractères typiques de l'espèce, c'est-à-dire une mandibule pourvue d'une symphyse allongée et possédant en avant de chaque côté un alvéole pour loger une défense ou incisive inférieure (figurée à droite de la planche) trouvée en place dans le sujet de la Croix-Rousse.

Ce caractère important permet de distinguer à coup sûr ce Mastodonte miocène du *M. Arvernensis* si répandu dans le Pliocène bressan et dont la symphyse mandibulaire est courte et dépourvue de défenses. La découverte de la mandibule de la Croix-Rousse est d'autant plus intéressante, que les molaires isolées du *M. longirostris* sont assez difficiles à distinguer de celles du *M. Arvernensis*, étant construites sur le même type à mamelons arrondis (type omnivore) et possédant le même nombre de collines transverses (cinq aux dernières molaires, voir la molaire du bas de la planche). A ce point de vue, les molaires de la Croix-Rousse, par le développement assez prononcé des mamelons secondaires qui s'élèvent dans les vallées de séparation des collines, tendent à se rapprocher de l'*Arvernensis* plus que ne le fait le type d'Eppelsheim, où ces tubercules accessoires sont plus petits et n'obstruent pas autant les vallées transverses; nous n'attachons à ces petites différences que la valeur d'une simple race régionale du *M. longirostris* des bords du Rhin.

Le *M. longirostris* est une espèce tout à fait caractéristique du Miocène supérieur (étage Pontique), où il remplace le *M. angustidens*, qui le précède dans le reste du Miocène depuis la base jusques et y compris le Tortonien et même le Sarmatique d'Autriche. On connaît le *M. longirostris* en Allemagne, des graviers d'Eppelsheim; en Autriche, des cailloutis miocènes du Belvédère; en Grèce, de Pikermi; en France, de Saint-Jean-de-Bournay et de la Croix-Rousse; peut-être en Espagne, des lignites d'Alcoy.

Dinotherium Cuvieri Kaup. (pl. II, fig. 15).

M. Weinsheimer a récemment montré que les caractères tirés de la taille et de la dentition, dans le but de distinguer plusieurs espèces dans le genre *Dinotherium*, étaient loin d'être constants; il n'y aurait en réalité qu'une seule espèce, le *D. giganteum* Kaup., susceptible de variations notables de forme et de grandeur.

Nous continuerons pourtant à désigner sous le nom de *D. Cuvieri*, au moins à titre de race, la petite forme trouvée en divers points de la France, de la Suisse et de l'Allemagne, et à laquelle se rapporte la 1re arrière-molaire inférieure, privée de son 3e lobe, trouvée dans les marnes de la Croix-Rousse (pl. II, fig. 13). La grandeur de cette molaire est à peine supérieure à la moitié des dents du *D. giganteum* d'Eppelsheim.

Castor Jaegeri Kaup. (pl. II, fig. 16).

Nous avons recueilli dans les marnes supérieures de la place Colbert (coupe n° 11) une demi-mandibule avec les trois premières molaires (fig. 16), identique à la mandibule déjà décrite (pl. I, fig. 12) des lignites de Soblay; les dents de la Croix-Rousse sont seulement un peu plus fortes.

Pour la signification stratigraphique de cette espèce, voir *ante*, p. 44.

Tragocerus amalthæus Roth et Wagn. (pl. II, fig. 1-4).

Cet Antilopidé est commun à la Croix-Rousse, où l'on a recueilli une belle cheville osseuse de corne (pl. II, fig. 1 par côté; fig. 1ª par devant) dont la forme rappelle celles que M. Gaudry a désignées sous le nom de *race à cornes écartées*, caractérisée par ses cornes relativement petites, étroites, peu

7.

divergentes, très séparées à leur base, qui existe dans l'Attique et au Leberon.

Quelques os des membres du même gisement, tels que l'astragale (fig. 2), le calcanéum (fig. 3), une moitié supérieure de métacarpien (fig. 4) s'accordent avec la corne précédente, et sont même de dimensions inférieures aux plus petits os du Mont-Leberon. Une autre portion de crâne, trouvée à la Croix-Rousse, porte une cheville de corne qui diffère de celle du *T. amalthœus* type par sa forme moins comprimée en travers et par l'absence de carène antérieure, et se rapproche de la forme de Pikermi que M. Gaudry a fait connaître sous le nom de *T. Valenciennesi*.

Le *T. amalthœus* est un animal caractéristique de l'horizon le plus élevé du Miocène ou *horizon de Pikermi* et du Leberon. On le connaît à ce niveau en Grèce, à Pikermi; en Perse, à Maragha; en Hongrie, à Baltavar; en Autriche, dans les cailloutis du Belvédère; en Espagne, dans les couches à *Hipparion* de Concud, près Teruel; en France, au Leberon, à Aubignas et à la Croix-Rousse. Ce dernier gisement paraît marquer la limite extrême d'extension au Nord de cette espèce méditerranéenne. Nous avons vu plus haut que le Tragocère avait été précédé, dans la vallée du Rhône, dans le Miocène moyen et à la base du Miocène supérieur (Soblay) par une forme ancestrale intéressante, la *Protragocerus*.

Gazella deperdita Gerv. (pl. II, fig. 5).

La petite Gazelle, si commune au Leberon, est représentée à la Croix-Rousse par une unique cheville osseuse de corne (pl. II, fig. 5), de section ovalaire, à grosse extrémité tournée en arrière, à surface couverte de sillons flexueux et irréguliers. M. Gaudry considère cette espèce, spéciale au bassin du Rhône, comme une simple race locale de la *Gazella brevicornis* de Pikermi, de Maragha, de Baltavar et de Concud. Le genre apparaît en Europe pour la première fois à ce niveau.

Hyæmoschus Jourdani Dep. (pl. II, fig. 6-11).

L'un des types les plus intéressants de la Croix-Rousse est certainement un petit Moschidé voisin de l'*Hyæmoschus crassus* de l'horizon de Sansan, mais distinct par ses proportions plus grêles et par ses prémolaires de lait inférieures (pl. II, fig. 10), plus simples et plus raccourcies, plus semblables à celles de l'*H. aquaticus* actuel. Nous avons fait figurer les principales pièces du sujet relativement jeune trouvé à la Croix-Rousse, notamment les molaires supérieures (fig. 9, avec les 3 molaires de lait et les 3 arrière-molaires), la longue canine supérieure (fig. 11), la mandibule avec les 3 arrière-molaires en place et précédées de la 1re et de la 2e molaires de lait (fig. 10); l'astragale (fig. 7) si caractérisé par son allongement et sa torsion; le calcanéum (fig. 8), grêle et allongé; enfin une partie d'une patte de derrière (fig. 6) comprenant les deux métatarsiens médians soudés entre eux seulement dans le tiers supérieur de leur étendue, et les deux extrémités inférieures des deux petits métatarsiens latéraux.

La découverte de l'*H. Jourdani* est intéressante parce qu'elle comble en partie l'intervalle qui séparait l'espèce lourde et trapue du Miocène moyen (*H. crassus*) du svelte représentant actuel de ce groupe (*H. aquaticus* de l'Afrique occidentale). Le *Dorcatherium* d'Eppelsheim a semblé à MM. Rutimeyer et Fraas très voisin de l'*Hyæmoschus*, malgré la présence d'une petite prémolaire inférieure de plus que dans ce dernier.

Micromeryx aff. Flourensianus Lart. (pl. II, fig. 12).

L'indication d'un tout petit Ruminant de ce groupe est fournie seulement par une moitié supérieure de canon de derrière (pl. II, fig. 12), identique à celui de l'espèce de Sansan. M. l'abbé Almera nous a récemment communiqué une demi-mandibule de la même espèce, trouvée dans les limons à *Hipparion* miocènes des environs de Barcelone. Cette double découverte confirme la présence d'un *Micromeryx* dans l'étage Pontique.

Nous signalerons enfin dans la faune de la Croix-Rousse un fragment d'humérus d'un carnassier voisin du *Metcratos* de Pikermi, et un radius d'oiseau de la dimension de *Grus Pentelici* Gaud., de l'Attique.

Mollusques.

Zonites Colonjoni Mich., var. Planciana Font. (pl. IV, fig. 19).

Un bel exemplaire des marnes de la Croix-Rousse montre nettement les caractères, notamment le profond ombilic (pl. IV, fig. 19ª) de cette espèce, dont M. Locard (*Arch. Mus. Lyon*, t. II, p. 214) a indiqué les rapports et les différences avec une forme très voisine, le *Z. umbilicalis* Desh. des faluns de Touraine. Selon Fontannes (*Arch. Mus. Lyon*, t. IV, p. 9), la variété miocène du *Z. Colonjoni* (var. *Planciana*) se distingue du type pliocène d'Hauterive et de la Bresse par sa taille plus grande, sa forme plus déprimée, et par son ombilic moins profond. On constatera aisément ces différences dans le sujet figuré (fig. 19) de la Croix-Rousse.

Helix Valentinensis Font. (pl. IV, fig. 17).

Détermination fondée sur un exemplaire pourvu d'une partie de son test. Le type de cette espèce provient des sables de Montvendre (Font., *Bassin de Crest*, pl. I, fig. 12), mais l'auteur la cite en outre des sables à *Helix* du plateau d'Heyrieux, des sables marins à *Ancilla glandiformis* de Visan, enfin des marnes à *H. Christoli* de Cucuron. L'espèce est très voisine de l'*H. ligeris* des faluns de Pontlevoy.

Les autres moules d'*Helix* de la Croix-Rousse sont indéterminables.

Limnæa Heriacensis Font. (pl. IV, fig. 24-25).

D'assez nombreux sujets, malheureusement en mauvais état, représentent ce type assez voisin du *L. Bouilleti* pliocène, mais séparé avec raison par Fontannes (*Descr. esp. nouv.*, pl. II, fig. 3) à cause de sa forme moins allongée et de ses sutures beaucoup moins obliques. La constance de cette forme spéciale au sommet du Miocène rhodanien (Heyrieux, Montvendre, Visan, Cucuron) est un fait intéressant à faire ressortir au point de vue de l'âge miocène des marnes de la Croix-Rousse. M. Dereims nous a communiqué récemment de beaux exemplaires bien conservés des couches à *Hipparion* des environs de Ternel (Espagne).

Planorbis Heriacensis Font. (pl. IV, fig. 21-23).

Un grand Planorbe, répandu dans toute la Mollasse d'eau douce supérieure de la vallée du Rhône à Visan, Montvendre, Heyrieux (Font., *Bassin de Crest*, pl. II, fig. 6), et que nous retrouverons jusque dans le Pliocène inférieur de la Bresse (pl. VII, fig. 58), appartient au groupe de *Pl. Thiollierei* Mich., d'Hauterive, dont il se distingue aisément par des tours moins élevés, moins carénés en dessous, par un ombilic supérieur moins profond, enfin parce qu'il atteint un diamètre bien plus considérable. Il est également voisin du *Pl. Mantelli* Dunk. (*Pl. præcorneus* F. et T.) de Cucuron, dont il se distingue par ses tours plus nombreux, par son ombilic plus large, par le dernier tour plus étroit.

C'est au *Pl. Heriacensis* que nous attribuons les nombreux Planorbes des marnes blanches de la Croix-Rousse (fig. 21 par-dessous, 22 par-dessus, 23 par côté), qui sont loin de représenter le maximum de taille de l'espèce.

Planorbis Bigueti Font. (*Bassin de Crest*, p. 176) [pl. I, fig. 15].

Ce petit Planorbe appartient à un groupe qui, par suite de la forte convexité de la face inférieure et de l'étroitesse de l'ombilic, prend l'apparence de certaines Valvées à spire plate, au point que Sandberger avait d'abord placé l'espèce oligocène de Mayence (*Pl. pompholycodes* Sandb.) dans le genre *Valvata* (var. *deflexa*).

Le type du bassin du Rhône diffère de ce dernier par ses tours plus nombreux, s'accroissant moins rapidement. Selon Sandberger, ce même groupe est représenté actuellement par le *Pl. bicarinatus* américain.

Il ne nous paraît pas impossible que la coquille des couches à Congéries de Radmanest, décrite par M. Fuchs (*Jahrb. geol. Reisch.*, 1870, pl. XVII, fig. 5-7) sous le nom de *Valvata adeorboides*, appartienne à une forme du même groupe, peut-être même au *Pl. Bigueti*; nous ne pouvons décider ce fait, faute d'échantillons comparatifs.

Nous avons recueilli trois exemplaires de *Pl. Bigueti* dans les marnes supérieures du chemin de fer funiculaire de la place Colbert; le type est des marnes à lignite de Montvendre.

Ancylus Neumayri Font. (pl. IV, fig. 20).

Les différences qui distinguent cette forme des marnes à lignite de Montvendre (Fontannes, *Bassin de Crest*, pl. I, fig. 16) de l'*A. deperditus* Desm. (in Sandb., pl. XXVIII, fig. 28), de la Mollasse d'eau douce tortonienne de Suisse et du Wurtemberg, c'est-à-dire une forme plus déprimée et un sommet rejeté plus en arrière, sont très atténuées dans les exemplaires de la Croix-Rousse, au point de justifier probablement la réunion de ces deux espèces. Par contre, la forme de la Croix-Rousse diffère nettement de l'espèce pliocène d'Hauterive (*A. Michaudi* Loc.), dont la coquille est plus large, avec un sommet subcentral et un peu penché à droite.

Bithynia Leberonensis F. et T. (pl. IV, fig. 4ᵃ, grossie deux fois).

La Bithynie courte et à dernier tour renflé, de Cucuron, se trouve représentée dans les marnes de la place Colbert par de nombreux sujets typiques (fig. 4). L'espèce est très répandue dans l'étage Pontique de tout le bassin du Rhône (Cucuron, Visan, Montvendre, Heyrieux, Croix-Rousse, Oussiat, Varambon). Elle nous paraît aussi très voisine de *B. Vukotinovici* Brus. (*Binnen Moll.*, pl. V, fig. 13), des couches à Paludines de Slavonie, dont la spire est seulement un peu plus allongée et étroite.

Bithynia veneria Font. (pl. IV, fig. 5-7).

Nous croyons devoir séparer à titre d'espèce la forme de Bithynie étroite et allongée, à dernier tour non renflé, que Fontannes (*Bassin de Crest*, pl. I, fig. 17-18) a décrite sous le nom de *B. veneria* comme une simple variété du *B. Leberonensis*. Les spécimens que nous avons recueillis dans les marnes de la place Colbert (fig. 5-7), ainsi que ceux des marnes de Saint-Jean-le-Vieux, exagèrent encore l'allongement de leur spire, si on les compare au type de Montvendre figuré par Fontannes.

La *B. Veneria* nous paraît voisine de *B. croatica* Brus. (*Binnen Moll.*, pl. V, fig. 11-12) du Miocène supérieur de Croatie (Babinja), dont la taille est seulement plus grande et la striation du test plus prononcée.

Unio atavus Partsch (pl. IV, fig. 26-29, voir *ante*, p. 47).

Le genre *Unio* est représenté dans les marnes de la Croix-Rousse par des moules nombreux, mais mal conservés, d'une espèce qui est au moins très voisine de l'*U. atavus* Partsch, des couches à Congéries de Brunn, près Vienne. Plusieurs des sujets de la Croix-Rousse (fig. 28 et 29) se rapprochent même du type de l'espèce plus que les sujets des sables de Montvendre, dont le sommet est plus excentrique en avant (type de l'*U. Sayni* Font., *Bassin de Crest*, pl. III, fig. 4-8); d'autres sujets de la Croix-Rousse (fig. 26) représentent au contraire fort bien cette dernière variété, et même la forme étroite et allongée désignée par Fontannes sous le nom de var. *ectata*.

NIVEAU STRATIGRAPHIQUE DE LA MOLLASSE D'EAU DOUCE DE LA BORDURE BRESSANE.

Grâce à l'abondance relative des fossiles, le niveau de la Mollasse d'eau douce de la Bresse peut être aujourd'hui précisé à la fois par l'étude des Mammifères et par celle des Mollusques.

Les deux faunes de Mammifères, l'une, celle de Soblay et de Saint-Jean-le-Vieux, que nous avons placée vers la base de l'étage, aussi bien que celle de la Croix-Rousse qui appartient aux couches les plus élevées du même étage, possèdent le caractère de faunes miocènes, comme le montre la présence de l'*Hipparion gracile*, du *Dinotherium*, du *Rhinoceros Schleiermacheri*, du *Castor Jægeri*, communs à ces deux niveaux. L'apparition de l'*Hipparion* est particulièrement importante à signaler, parce que ce type, précurseur du genre *Equus*, fait tout à fait défaut dans les faunes du Miocène moyen et inférieur, où il est précédé par l'*Anchitherium*, qui s'élève jusque dans l'étage *Tortonien* et même dans le *Sarmatique*. C'est seulement avec le *Pontique* (couches à Congéries de Vienne) que l'on voit apparaître en Europe l'*Hipparion*, associé presque partout, comme dans le bassin du Rhône, avec le *Mastodon longirostris*, le *Sus major* et de nombreux Antilopidés. La Mollasse d'eau douce miocène de la bordure Bressane est donc *Pontique* et non *Tortonienne*, ainsi qu'on l'a cru jusqu'à présent, et ne saurait être parallélisée avec la Mollasse d'eau douce supérieure (*Obere Süsswasser Mollasse*) de Suisse, du Wurtemberg et de Bavière, caractérisée par l'*Anchitherium*, le *Mastodon angustidens*, le *Listriodon*, c'est-à-dire par la faune de notre formation sidérolithique bressane de Collonges, de Lissieu, de Tournus et de Gray. Elle indique que les conditions du régime marin se sont maintenues plus longtemps dans le bassin du Rhône et sur la lisière du Jura français que dans la région de la Suisse et du haut Danube.

Nous avons essayé d'établir, dans nos descriptions paléontologiques, que les Mammifères de la Croix-Rousse indiquaient un degré d'évolution un peu plus avancé que ceux de Soblay et un peu plus rapproché de la fin des temps miocènes. Ceci résulte surtout de considérations tirées des animaux du groupe des Antilopidés, notamment le *Protragocerus* de Soblay, véritable forme ancestrale du *Tragocerus* de la Croix-Rousse, et de la présence à la Croix-Rousse du genre *Gazella*, type de la faune du Leberon et de Pikermi; c'est d'une manière précise à ce dernier horizon que nous rapportons la faune des marnes blanches supérieures de la coupe de la Croix-Rousse.

L'étude des Mollusques confirme les conclusions précédentes. Prise dans son ensemble, la faune continentale de la Mollasse d'eau douce miocène de la Bresse montre des affinités multiples : 1° d'une part, avec la faune de la Mollasse d'eau douce *tortonienne* de Suisse et d'Allemagne (*Melanopsis Kleini*, *Neritina crenulata*, *Helix* cf. *Larteti*, *Ancylus Neumayri*, voisin de *A. deperditus*); 2° avec celle des faluns de Touraine (*Zonites Colonjoni*, voisin de *Z.*

umbilicalis, *Helix Valentinensis*, voisine de *H. ligeris*, *Hydrobia Avisanensis*, voisine de *H. Tournoueri*), mais surtout : 3° avec la faune de l'étage Pontique du bassin du Danube (*Valvata Hellenica*, voisine de *V. Kupensis*, *Unio atavus*, *Planorbis Bigueti*, voisin de *Valvata adeorboides*, *Bithynia veneria*, voisine de *B. croatica*); 4° et encore plus peut-être, comme l'a déjà indiqué Fontannes, pour la faune de Montvendre, avec la faune des couches à Paludines pliocènes de Slavonie (*Bithynia Leberonensis*, voisine de *B. Vukotinovici*, *Valvata Sibinensis*, *Valvata Hellenica*, voisine de *V. Sulekiana*, *Hydrobia Avisanensis*, voisine de *H. sepulchralis*, *Unio atavus*, var. *Sayni*).

Quant aux rapports de la faune miocène de la bordure Bressane avec la faune du Pliocène inférieur de la Bresse (voir plus loin), ils sont assez étroits pour justifier quelque hésitation dans le classement de ces deux systèmes de couches, séparées pourtant par une importante discordance. C'est ainsi que l'on retrouve dans le Pliocène Bressan le *Planorbis Heriacensis*, le *Zonites Colonjoni*, l'*H. Nayliesi*, l'*Unio atavus*, var. *Sayni*, ainsi que des formes très voisines de Limnées, de Bithynies, de Melanopsis et de Néritines. Il est pour tant possible souvent de reconnaître les variétés miocènes de ces espèces qui constituent de véritables mutations ascendantes, ayant alors une véritable valeur stratigraphique, comme la var. *Planciana* du *Zonites Colonjoni*, la *Valvata Sibinensis*, précurseur de la *Valvata Eugeniæ*, la *Limnæa Heriacensis* annonçant le *L. Bouilleti*, etc. Mais il faut bien reconnaître que l'étude seule des Mammifères a pu fournir, pour justifier la distinction du Pontique et du Pliocène, un criterium de certitude paléontologique indiscutable.

RÉSUMÉ STRATIGRAPHIQUE SUR LE MIOCÈNE.

Nous pouvons résumer comme il suit ce que nous connaissons sur la Mollasse marine et la Mollasse d'eau douce.

La Mollasse marine sableuse (sables à Térébratulines), qui couvre de grandes étendues et présente une forte épaisseur dans l'Isère et la Drôme, est peu développée aux environs de Lyon et dans la région de la Bresse. On n'observe à Lyon qu'une mince assise comprise entre le Granit et la Mollasse d'eau douce, et il est probable qu'il y a là une diminution dans les épaisseurs des assises tenant soit à la proximité du littoral de la mer, soit à la transgression des couches les plus élevées seulement du Miocène marin.

Sur la lisière du Bugey, on ne trouve, au-dessous des assises à Lignites, à partir de Pont-d'Ain, que des Mollasses presque dénuées de fossiles; on y a seulement signalé des dents de Squales, fossiles qui ne sauraient caractériser un niveau précis.

Un fait important paraît être bien établi, c'est qu'après le dépôt de l'Oligocène, la cuvette s'est affaissée du côté de la lisière du Jura. C'est seulement, en effet, dans cette région que se sont effectués les dépôts mollassiques. Sur la lisière Ouest de la Bresse, il n'existe, à partir du pont de Collonges, aucun affleurement de Mollasse, et il est probable qu'il en serait resté des traces si les dépôts s'y étaient réellement effectués.

Cet affaissement le long du Jura et du Bugey s'est d'ailleurs continué après le dépôt de la Mollasse d'eau douce, car nous avons montré que sur bien des points ces couches étaient renversées au voisinage du terrain jurassique; nous avons vu, notamment, qu'à Douvres et à Orbagna, les bancs de lignite plongeaient du côté de la lisière jurassique. La Mollasse d'eau douce s'est donc effondrée le long de la bordure du Jura.

Ajoutons encore les observations suivantes qui nous paraissent présenter quelque intérêt.

L'Oligocène est, comme nous l'avons dit précédemment, constitué essentiellement, près des bordures jurassiques, par des conglomérats dont les éléments ont parfois, comme ceux de la gare de Dijon, de grandes dimensions. Ce phénomène, qui s'observe sur la rive Ouest de la Bresse, aussi bien que sur la rive Est, démontre que la cuvette Bressane était déjà constituée et que ses rivages ne différaient pas d'une manière bien notable des rivages actuels. L'existence des conglomérats dénote, en effet, la proximité du rivage du lac Oligocène.

Pour le Miocène, il en est tout autrement; les limites de la formation diffèrent complètement de celles de la cuvette Bressane.

Enfin, pour ce qui concerne les derniers dépôts de la période miocène, nous savons que la Mollasse d'eau douce de la vallée du Rhône se termine par de puissants dépôts caillouteux qui renferment des galets de gros volume, notamment des quartzites. M. Delafond avait déjà mentionné ce phénomène sur la feuille de Lyon, et M. Depéret l'a depuis constaté d'une façon très nette sur la feuille de Forcalquier.

Ces faits conduisent à admettre que la fin du Miocène dans la vallée du Rhône a été marquée par des phénomènes torrentiels.

8.

Dans la vallée de la Saône, ces dépôts torrentiels de la fin du Miocène n'ont pas été reconnus jusqu'à présent.

Enfin, disons encore que dans la vallée du Rhône, le Miocène contient, notamment à sa partie supérieure, des galets alpins abondants. Ces derniers font au contraire défaut dans tout le Miocène qui longe la lisière du Jura.

On peut même dire, en exceptant les galets problématiques du Mont-d'Or Lyonnais, que le Miocène Bressan ne contient pas de galets alpins.

Cette constatation est intéressante; elle permet, en effet, de dire, lorsque des galets de provenance alpine sont rencontrés dans la cuvette Bressane, qu'il n'est guère possible d'en expliquer la présence par l'hypothèse d'un démantèlement du Miocène du Jura. Nous mettrons ultérieurement cette remarque à profit, lorsque nous étudierons les cailloutis pliocènes de la Dombes.

CHAPITRE III.

PLIOCÈNE.

———

CONSIDÉRATIONS GÉNÉRALES.

Le Pliocène occupe toute la cuvette Bressane et il y présente un développement considérable; il offre cette particularité intéressante que les assises anciennes sont surtout lacustres, tandis que les assises récentes sont essentiellement fluviatiles.

Les couches fluviatiles ne sont pas superposées régulièrement aux couches lacustres, elles sont au contraire emboîtées dans ces dernières par suite de phénomènes d'érosions qui ont précédé leurs dépôts; enfin les assises fluviatiles se ravinent elles-mêmes les unes les autres; il y a eu à ce moment des phénomènes assez complexes résultant des variations des niveaux des cours d'eau.

Le Pliocène lacustre constitue le Pliocène inférieur, et le Pliocène fluviatile représente le Pliocène moyen et le Pliocène supérieur.

PLIOCÈNE INFÉRIEUR.

Le Pliocène inférieur est constitué par une alternance de marnes et de sables blancs fins micacés; ces derniers offrent fréquemment l'aspect mollassique, par suite de la présence de bancs de grès résultant de l'agglomération des sables, et de la stratification oblique de ces bancs.

La partie inférieure et la partie supérieure de la formation sont principalement marneuses, tandis que la partie moyenne est constituée par une alternance de marnes et de sables.

Nous avons, sur la carte de la Bresse, séparé ces trois zones du Pliocène inférieur.

Nous allons les décrire successivement.

A. Zone inférieure.

Marnes de Mollon.

STRATIGRAPHIE.

La zone inférieure est connue seulement dans la vallée de l'Ain et la vallée du Rhône; elle est surtout observable près du hameau de Mollon, aussi est-ce le nom de cette localité que nous avons adopté pour désigner la formation.

EXAMEN DE DIVERS GISEMENTS.

Gîte de Mollon. — A l'est de Mollon, sur la rive droite de l'Ain, la berge montre un affleurement de marnes grises avec lignites subordonnés; ces marnes renferment une faune intéressante, dans laquelle dominent les grands *Planorbes*. La faune de ce niveau comprend :

> *Planorbis Heriacensis* Font.
> *Limnæa Bouilleti* Mich.
> *Helix Nayliesi* Mich.
> *Bithynia Leberonensis* F. et T. var.
> et une Limnée du groupe *L. auricularia* L.

Si on remonte le ravin de Mollon, à l'ouest, on aperçoit, au-dessous d'une puissante formation de sables fins, un affleurement de marnes avec lignites qui renferment des *Paludines* à profusion; un banc de plusieurs centimètres d'épaisseur constitue une véritable lumachelle de *Paludines*. On recueille à ce niveau supérieur :

Vivipara leiostraca Brus.	*Bithynia veneria* Font.
Neritina Philippei Loc.	*Nematurella Lugdunensis* Tourn.
Melanopsis flammulata Stef., var. *Rhodanica.*	*Valvata Vanciana* Tourn.
Bithynia Leberonensis F. et T. var.	*Unio Miribellensis* Loc.

Ces deux affleurements de marnes sont situés verticalement à une distance d'environ 3o mètres. L'inspection du sol ne laisse voir dans cet intervalle aucun autre affleurement, mais il est possible de combler cette lacune en

PLIOCÈNE. 63

partie, grâce aux renseignements fournis par le creusement d'un puits destiné
à rechercher des lignites.

Cet ouvrage de 18 mètres de profondeur aurait, d'après les renseignements
approximatifs que nous avons pu nous procurer, recoupé, au-dessous des
sables précités, les assises suivantes :

Marnes avec lignite................................. 2ᵐ60
Sables.. 3 20
Marnes... 1 60
Lignite terreux..................................... 1 00
Marnes... 1 90
Sables.. 1 50
Lignite... 0 80
Marnes coquillères.................................. 1 30
Marnes dures.. 4 10

La zone de 12 mètres environ comprise entre le fond de l'ancien puits de
Mollon et l'affleurement des marnes de l'Ain nous est inconnue, mais l'absence
de sources dans cette région permet de penser qu'elle est surtout marneuse.

Un puits de 7 mètres de profondeur creusé dans les marnes qui affleurent
dans le lit de la rivière d'Ain a recoupé encore 7 mètres de marnes et a rencontré au-dessous des sables très aquifères.

Il est difficile de savoir quelle est la nature des sables rencontrés au fond
de ce dernier puits; il est très possible qu'ils soient miocènes. Cette hypothèse est d'autant plus justifiée, qu'à peu de distance de Mollon, à Priay, les
marnes à lignite qui forment la continuation de celles de Mollon reposent sur
la Mollasse miocène.

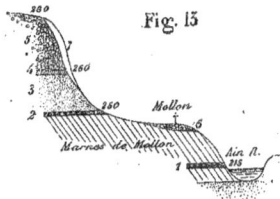

Fig. 15

1. Lignites inférieurs. — 2. Lignites supérieurs. — 3. Sables exploités en carrière. — 4. Marne.
5. Cailloutis, glaciaire et limon. — 6. Cailloutis quaternaires. — 7. Éboulis.

Il résulterait des indications ci-dessus que les marnes de Mollon auraient environ 40 mètres de puissance, et qu'elles renfermeraient à divers niveaux des bancs de lignite. La figure n° 13 ci-dessus représente la disposition observée à Mollon.

Les lignites de Mollon ont motivé jadis l'institution d'une concession (1842), mais ils n'ont jamais été exploités, par suite de leur faible puissance et de leur mauvaise qualité; la concession a été supprimée en 1887.

Cette formation des marnes de Mollon s'observe dans diverses autres localités que nous allons mentionner successivement.

Gîte de Martinaz. — En face de Mollon, sur la rive gauche de l'Ain, notamment à Martinaz, on constate pendant les basses eaux la présence de marnes à *Planorbes* qui sont le prolongement de celles mentionnées ci-dessus, près du hameau de Mollon. Ces marnes se prolongent vraisemblablement sur toute la rive gauche de l'Ain jusqu'à Pont-d'Ain; dans les fondations d'un pont construit, il y a peu d'années, dans cette localité, on a rencontré, en effet, des marnes contenant les mêmes *Planorbes* que ceux du Bas-Mollon.

Gîte d'Ambérieu. — A la gare d'Ambérieu, un puits à eau a recoupé également les marnes de Mollon contenant divers Mollusques (*Zonites Colonjoni* Mich., *Helix Nayliesi* Mich.) et des molaires de *Rhinoceros* cf. *leptorhinus.*

La coupe des terrains traversés était la suivante : .

Graviers et galets............................... 8ᵐ00
Argile jaune.................................... 0 50
Marne verte avec concrétions calcaires................ 0 50
Marne verte fossilifère (*Planorbes, Helix*, dents de *Rhinoceros*). 6 00
Marne noirâtre avec lignites........................ 0 50
Marne jaune verdâtre traversée sur.................... 1 80

Mentionnons incidemment qu'une dent de Squale aurait été trouvée dans le 1ᵉʳ banc de marne verte; ce fossile ne peut provenir que d'un remaniement du Miocène.

Dans le puits précité, les bancs présentaient une pente du côté de l'ouest.

Gîte de Saint-Denis-le-Chosson. — A Saint-Denis-le-Chosson, tout près d'Ambérieu, dans une tranchée de chemin de fer, on a recoupé des marnes à *Paludines* correspondant vraisemblablement à la partie supérieure de la formation des marnes de Mollon. Nous n'avons pas étudié les fossiles de cette localité.

Gîte de Loyes. — Un peu au sud de Mollon, à Loyes, affleurent des marnes qui, par leur niveau, se rattachent aux marnes supérieures de Mollon et contiennent :

> *Vivipara Neumayri* Brus. (= *Tardyi* Loc.).
> *Valvata Vanciana* Tourn.
> *Bithynia Leberonensis* F et T. var.
> *Melanopsis flammulata* Stef., var. *Rhodanica.*
> *Clausilia* cf. *Falsani* Loc.
> *Limnæa Bouilleti* Mich.
> *Sphærium Normandi* Mich.
> *Unio* groupe *atavus* Partsch.

Gîte de Pérouges. — Le même horizon se retrouve à Meximieux, où l'on voit, sur le talus de la route qui va à Pérouges, affleurer des marnes bleues dans lesquelles ont été pratiquées jadis, par M. Falsan, des fouilles qui ont permis de recueillir de nombreux Mollusques[1].

La liste des coquilles de Pérouges est la suivante :

Helix Chaixi Mich.	*Planorbis filocinctus* Sandb.
— *Nayliesi* Mich.	— *Mariæ* Mich.
Strobilus labyrinthiculus Mich.	— *umbilicatus* L.
— *Duvali* Mich.	*Limnæa Bouilleti* Mich.
Clausilia Terveri Mich.	*Bithynia Leberonensis* F. et T. var.
— *Falsani* Loc.	*Vivipara ventricosa* Sandb.
Testacella Deshayesi Mich.	*Valvata Kupensis* Fuchs.
Vertigo myrmido Mich.	— *Vanciana* Tourn., var. *Neyronensis* Loc.
Carychium pachychilus Sandb.	
Planorbis Heriacensis Font.	*Michaudia Falsani* Tourn.
— *Philippei* Loc.	*Craspedopoma conoidale* Mich.

Il faut ajouter, en outre, d'après M. Locard :

Helix Amberti Mich., *H. Godarti* Mich., *Clausilia Loryi* Mich., *Valvata marginata* Mich., *Tudora Baudoni* Mich., *Sphærium Normandi?* Mich., *Pisidium Tardyi* Loc., que nous n'avons pu y retrouver.

Gîte de Neyron. — Au hameau du Bas-Neyron, on exploite une gravière

[1] Falsan, *Étude sur la position stratigraphique des tufs de Meximieux* (*Arch. du Muséum de Lyon*, t. I, p. 29).

située sur le bord de la route nationale; au-dessous des graviers affleurent des marnes bleues qui renferment des coquilles et en particulier les grands *Planorbes* caractéristiques des marnes de Mollon. La faune de ce gisement est la suivante :

Helix Chaixi Mich.	*Planorbis Falsani* Loc.
— *Amberti* Mich.	*Limnæa Bouilleti* Mich.
— *Delphinensis* Font.	*Bithynia Leberonensis* F. et T. var.
Clausilia Terveri Mich.	*Vivipara ventricosa* Sandb.
Planorbis Heriacensis Font.	*Nematurella Lugdunensis* Tourn.
— *Thiollierei* Mich.	*Valvata Kupensis* Fuchs.
— *Philippei* Loc.	— *Vanciana* Tourn. var. *Neyronensis.*
— *filocinctus* Sandb.	

M. Locard cite, en outre, de Bas-Neyron :

Helix Tersannensis Loc., *H. Jourdani* Mich., *Planorbis Falsani* Loc., *Sphærium Normandi* Mich., *Pisidium amnicum* Loc., var. *Idanicum*, que nous n'avons pu y retrouver.

Gîte de Collonges. — Dans le tunnel de Collonges, à Saint-Clair, on a trouvé à peu de distance de la vallée de la Saône, au contact du Calcaire à gryphées, à l'altitude de 175 mètres, des marnes bleues très fossilifères qui paraissent devoir être, par leur faune, rattachées à la zone de Mollon. Cette faune comprend :

Helix Chaixi Mich.	*Limnæa Bouilleti* Mich.
— *Nayliesi* Mich.	*Bithynia Leberonensis* F. et T. var.
Zonites Colonjoni Mich.	*Vivipara ventricosa* Sand.
Testacella Deshayesi Mich.	*Valvata Kupensis* Fuchs.
Clausilia Terveri Mich.	*Craspedopoma conoidale* Mich.
— *Baudoni* Mich.	*Pomatias Lugdunensis* Dep.
— *Cuvieri* Dep.	*Sphærium Normandi* Mich.
Planorbis Thiollierei Mich.	

Ces marnes ont fourni, en outre, une dent de *Mastodon Borsoni* et une mandibule de *Rhinoceros leptorhinus*.

Disons incidemment, à cette occasion, que le *Rhinoceros? leptorhinus* d'Ambérieu, que le *Mastodon Borsoni* et le *Rhinoceros? leptorhinus* du tunnel de Collonges sont les seuls Mammifères qu'on connaisse dans la zone des marnes de Mollon. Ils constituent d'ailleurs des documents précieux, parce qu'ils permettent d'attribuer cette formation au Pliocène, conclusion qui ne serait pas suffisamment établie par la seule faune des Mollusques.

LIMITES DE L'EXTENSION DES MARNES DE MOLLON.

Au sud d'une ligne allant de Lyon à Saint-Denis-le-Chosson, on n'a pas, jusqu'à ce jour, constaté la présence des marnes de Mollon.

Au nord de Pont-d'Ain, les cailloutis de la Dombes masquent complètement les terrains sous-jacents, de telle sorte qu'on ne voit aucun affleurement du Pliocène inférieur, pas même dans le ravin de Ceyzériat dont les bords escarpés se prêtent cependant bien aux observations.

Entre Ceyzériat et Treffort, au village de Meillonnas, on aurait, d'après M. Tardy[1], trouvé, en creusant un puits à eau, des marnes noires renfermant de nombreuses coquilles; ces dernières, déterminées par Tournouer, renfermaient, entre autres Mollusques, le *Planorbis Heriacensis*. Or, au hameau de Sanciat, où ledit puits a été creusé, on voit affleurer des argiles rouges qui se relient à la série de la zone moyenne du Pliocène inférieur. Si donc les marnes de Mollon existent dans cette localité, elles n'affleureraient pas et elles seraient recouvertes par la zone moyenne du Pliocène inférieur. Au delà de Treffort, dans la région de Coligny et de Saint-Amour, où les terrains sont moins recouverts par les cailloutis, on voit bien nettement la zone moyenne venir reposer soit contre le Miocène ou l'Oligocène, soit contre le Jurassique, et l'on n'a jamais mentionné la présence de marnes à *Planorbes*, même dans les fonçages de puits.

De ces considérations, il résulte que les limites des affleurements des marnes de Mollon, au nord de la vallée du Rhône, seraient approximativement comprises dans l'intérieur d'un triangle ayant pour sommets Lyon, Ambérieu et Treffort.

Au sud de la vallée du Rhône, on ne connait, comme nous l'avons déjà mentionné, aucun affleurement des marnes de Mollon; il est probable d'ailleurs que cette formation s'étendait peu au sud; la dépression Bressane était en effet située à l'intérieur de la ligne brisée reliant les dépôts miocènes de Lyon, de Vénissieux, de Toussieux, de Satolas et de Tignieux, et les formations jurassiques de Lagnieu. Il est impossible de fixer actuellement les anciennes

[1] *Bulletin de la Société géologique*, 3e série, t. XI, p. 575.

limites du lac Bressan du côté Sud; nous ne saurions donc émettre qu'une impression personnelle, en supposant que cette limite ne devait pas s'éloigner beaucoup d'une ligne brisée allant d'Ambérieu à Meyzieu et de Meyzieu à Caluire.

Les eaux de ce lac devaient se déverser dans la vallée du Rhône, déjà constituée à cette époque, par une coupure opérée dans le Miocène, et située entre Lyon et Vénissieux; elles se rendaient ainsi dans le *Fiord* où se déposaient les marnes pliocènes marines.

DISCORDANCE ENTRE LE PLIOCÈNE INFÉRIEUR ET LE MIOCÈNE.

Il existe entre le Pliocène inférieur et le Miocène une discordance manifeste qui résulte nettement du fait suivant :

Les marnes de Mollon ne reposent pas toujours sur les mêmes assises : au tunnel de Collonges, elles sont en contact avec le Calcaire à gryphées; au Bas-Neyron, elles sont situées à si peu de distance du promontoire de la Croix-Rousse, qu'elles peuvent être considérées comme butant contre le Miocène; dans la vallée de l'Ain, entre Ambérieu, Mollon et Pont-d'Ain, elles reposent sur des assises fortement disloquées et plissées du Miocène, et comme elles n'ont elles-mêmes, dans cette région, qu'une inclinaison assez faible, il en résulte qu'elles sont forcément en contact avec des assises différentes du Miocène.

Le Miocène était donc non seulement disloqué, mais encore raviné lorsque les marnes de Mollon se sont déposées. Il s'est par suite écoulé un espace de temps plus ou moins long pendant lequel il ne s'est effectué aucun dépôt dans la Bresse; il y a eu au contraire alors une période d'érosion pendant laquelle la partie supérieure du Miocène a été plus ou moins démantelée. Il y a donc une lacune soit dans les terrains Miocènes, soit dans les terrains Pliocènes, peut-être même dans les deux étages.

Le même fait se présente d'ailleurs dans la majeure partie, sinon dans la totalité de la vallée du Rhône; le Pliocène marin s'y est déposé dans une vallée d'érosion creusée après le plissement des terrains Miocènes. Ainsi, à Loire, le Pliocène marin se montre dans une vallée creusée au milieu des terrains anciens; la Mollasse d'eau douce repose à Seyssuel, à Sainte-Colombe et à Vienne [1] sur les plateaux granitiques, à l'altitude d'environ 300 mètres, et le

[1] Seyssuel est situé sur notre carte de la Bresse; Vienne et Sainte-Colombe sont, au contraire, situés en dehors des limites de cette carte, mais à très peu de distance au sud.

sommet des dépôts est à la cote d'au moins 350 mètres. Le Pliocène marin ne dépasse pas la cote de 150 mètres, et il descend certainement beaucoup plus bas.

Une coupe transversale au Rhône faite dans la région précitée donnerait la figure schématique ci-dessous :

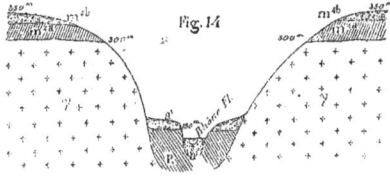

γ Granit. — m^ss Miocène sableux et marneux. — m^sil Miocène caillouteux.
P, Pliocène marin. — a^t Quaternaire.

Il y a donc eu dans cette vallée du Rhône, aux environs de Givors et de Vienne, après le dépôt du Miocène, un creusement d'au moins 200 mètres; ce chiffre est même assurément très inférieur à la réalité, parce que, d'une part, les érosions du Miocène ont pu être considérables, et que, d'autre part, la cuvette dans laquelle est déposé le Pliocène marneux peut avoir une profondeur importante.

Cet exposé montre, en tout cas, combien est grande l'amplitude des phénomènes de ravinement et d'érosion qui se sont accomplis entre le Miocène supérieur et le Pliocène, et combien peut être étendue la lacune qui existe dans la région entre les dépôts Miocènes et les dépôts Pliocènes.

PALÉONTOLOGIE.

Mammifères.

Les débris de Mammifères sont jusqu'ici fort rares dans les marnes de l'horizon Bressan inférieur, comme du reste dans tout le facies lacustre du Pliocène de la Bresse. Tout se borne à la découverte d'une molaire de *Mastodon Borsoni* dans les marnes du tunnel de Collonges, et à quelques fragments de mâchoires ou de dents de *Rhinoceros* cf. *leptorhinus* trouvées dans ce même tunnel et dans un puits d'Ambérieu; ces espèces suffisent néanmoins à indiquer l'âge nettement pliocène des marnes de l'horizon de Mollon.

Mastodon Borsoni Hays. (pl. V, fig. 3).

M. F. Cuvier, chef de section du chemin de fer, a recueilli dans les marnes à *H. Chaixi* du tunnel de Collonges une belle dernière molaire supérieure, à laquelle manque en arrière la 4ᵉ colline transverse et qui présente nettement les caractères qui permettent de distinguer le *M. Borsoni* de son congénère miocène du même groupe tapiroïde, le *M. Turicensis*, savoir : une plus grande largeur de la couronne, des crêtes transverses plus basses, formant au sommet un angle dièdre moins aigu, à crénelures moins nombreuses; un bourrelet basilaire moins complet, surtout du côté externe. On se rendra compte de ces différences en comparant la figure 3 de la planche V avec la figure 4, pl. I, du *M. Turicensis* de Soblay.

Le *M. Borsoni* est une espèce à signification nettement pliocène. On voit qu'il apparaît en Bresse dès l'extrême base du Pliocène inférieur; nous le retrouverons un peu plus haut dans l'horizon moyen, celui des minerais de fer de la Haute-Bresse, où il devient très abondant; enfin il s'élève jusque dans l'horizon des graviers ferrugineux de l'horizon de Chagny, aux environs de Lyon.

L'espèce est connue dans le Pliocène d'Auvergne, de Perpignan, d'Italie et d'Autriche.

Rhinoceros leptorhinus? Cuv. (pl. V, fig. 5).

M. Cuvier a recueilli, dans le tunnel de Collonges, une portion de mandibule d'un jeune sujet de *Rhinoceros* présentant quelques dents de remplacement à l'état de germe. Cette pièce a malheureusement été brisée et nous ne pouvons aujourd'hui figurer (pl. V, fig. 5) qu'une seule molaire inférieure, tout à fait insuffisante pour une détermination spécifique précise. Il est notamment difficile de décider si cette molaire, pourvue en avant et en arrière d'un faible bourrelet basilaire, appartient plutôt au *R. leptorhinus* qu'au *R. Schleiermacheri* du Miocène supérieur ou au *R. etruscus* du Pliocène supérieur. Nous avons adopté le nom de *leptorhinus* à cause de la présence plus certaine de cette espèce dans les sables de Sermenaz, à une très faible distance verticale au-dessus des marnes de Mollon.

M. Mermier a bien voulu nous remettre quelques fragments de molaires supérieures de *Rhinoceros* trouvés à la gare d'Ambérieu dans un puits qui a atteint les marnes de Mollon à une profondeur de 8 mètres : ces débris sont malheureusement indéterminables.

Mollusques.

Les divers gisements de Mollusques ont été décrits plus haut dans la partie stratigraphique. Ces gisements sont, en s'éloignant de Lyon vers le nord : *le tunnel de Collonges, Bas-Neyron, Pérouges, Loyes, Martinaz, Mollon, Ambérieu.* La faune de ces divers gisements est assez uniforme pour que nous les groupions dans une étude d'ensemble. Nous distinguerons cependant dans cette masse marneuse, qui atteint à Mollon 40 mètres d'épaisseur : 1° un *horizon fossilifère inférieur* caractérisé surtout par l'abondance du grand *Planorbis Heriacensis* et par la *Vivipara ventricosa* d'Hauterive, niveau auquel nous rattachons les gisements de Mollon-Rivière, de Martinaz, de Pérouges, de Bas-Neyron, du tunnel de Collonges; 2° un horizon supérieur, caractérisé par l'abondance des Paludines (*Vivipara Neumayri, V. leiostraca*), auquel se rattachent les gisements de Loyes et de Mollon-Ravin.

1° HORIZON INFÉRIEUR OU DE MOLLON-RIVIÈRE.

Helix (Mesodon) Chaixi Mich. (pl. VII, fig. 56-57).

Nous n'insisterons pas sur cette espèce très connue, dont le type provient des marnes pliocènes d'Hauterive (Drôme). Le type de l'*H. Chaixi* débute dans le Miocène supérieur du Bas-Dauphiné et se continue jusque dans le Pliocène moyen de Trévoux.

Gisements. — Tunnel de Collonges (fig. 56-57), Bas-Neyron, Pérouges.

Helix (Macularia) Nayliesi Mich. (pl. VII, fig. 66-67).

Ce type d'Hauterive est facilement reconnaissable à son épiderme chagriné, même à l'état de fragments, à la protraction de son dernier tour, à sa spire pyramidale. Il est possible, mais non certain, que le type de l'*H. Nayliesi* débute dès le Miocène supérieur (Croix-Rousse).

Gisements. — Tunnel de Collonges (fig. 67), Bas-Neyron (fig. 66), Pérouges, Mollon, Ambérieu.

Helix (Monacha) Amberti Mich. (pl. VII, fig. 59-60).

C'est encore une espèce d'Hauterive, reconnaissable à sa forme déprimée, à son étroit ombilic, à son péristome réfléchi.

Ce type est précédé, dans le Miocène supérieur du Bas-Dauphiné, par l'*H. Escoffieræ* Font. (*Bassin de Crest*, p. 173; *Vallon de la Fuly*, pl. I, fig. 7), qui, fort voisine de l'*H. Amberti*, en diffère par son dernier tour plus large et plus embrassant. Le même groupe est représenté actuellement par l'*H. incarnata* Müll.

Gisements. — Bas-Neyron (fig. 59-60), Pérouges.

Helix (Hemicycla) Delphinensis Font.

Cette espèce du Miocène supérieur du Bas-Dauphiné (Font., *Vallon de la Fuly*, pl. I, fig. 4) est représentée abondamment à Bas-Neyron par une forme plus petite, moins robuste, à péristome moins évasé, mais conforme au type dans son ensemble; on distingue bien les bandes spirales colorées, analogues à celles de l'*H. Turonensis*.

Gisement. — Bas-Neyron (coll. Sayn).

M. Locard (*Rech. paléont. sur les dépôts du Plioc. inf. de l'Ain*, 1883) cite, en outre, du gisement de Bas-Neyron, l'*H. Tersannensis* Loc., et *Jourdani?* Mich., et de Pérouges, l'*H. Godarti*, espèces que nous n'avons pas retrouvées.

Zonites Colonjoni Mich. (pl. VII, fig. 64-65).

Cette belle espèce, des marnes d'Hauterive, a la même grande extension verticale que l'*Helix Chaixi*. Elle débute dans le Miocène supérieur du Bas-Dauphiné et de la Croix-Rousse par une variété à ombilic étroit (voir pl. IV, fig. 19-19ª), se continue dans le Pliocène inférieur de la Bresse et s'élève jusque dans le Pliocène moyen de Trévoux.

Gisements. — Tunnel de Collonges (fig. 64-65), Ambérieu.

Strobilus Duvali Mich. (pl. VII, fig. 50, grossie deux fois).

Ce type d'Hauterive et de Cellneuve a été déjà signalé par M. Locard dans les marnes de Pérouges. Nous avons retrouvé dans la collection Tournouër (Mus. Paris), de la même localité, deux spécimens montrant bien la bouche bidentée de cette espèce (fig. 50).

Gisement. — Pérouges.

Strobibus labyrinthiculus Desh.

Type des marnes d'Hauterive et de Cellneuve. Nous en avons vu un seul spécimen brisé des marnes de Pérouges.

Testacella Deshayesi Mich. (pl. VII, fig. 68-69).

Type d'Hauterive bien caractérisé par sa spire courte, bien détachée, et par la forme allongée de la coquille.

Gisements. — Pérouges, tunnel de Collonges (fig. 68-69).

Clausilia (Triptychia) Terveri Mich.

Nous n'avons pu nous procurer aucun spécimen digne d'être figuré de cette espèce d'Hauterive, qui accompagne à tous les niveaux les *Helix Chaixi* et *Zonites Colonjoni*, depuis le Miocène supérieur jusque dans le Pliocène moyen de Trévoux.

Gisements. — Tunnel de Collonges, Bas-Neyron, Pérouges.

Clausilia Baudoni Mich. (pl. VII, fig. 34, grossie).

Cette espèce d'Hauterive est bien caractérisée par sa forme cylindroïde, ses tours ornés de costules longitudinales serrées, sa bouche munie d'un pli columellaire petit, d'une lame pariétale mince, bifide à la base, avec deux petits plis interlamellaires très petits, et deux autres plis plus forts sur la paroi inférieure de l'ouverture buccale.

L'espèce a été citée par M. Locard, de l'horizon moyen, à Condal.

Gisement. — Tunnel de Collonges (M. Cuvier).

Clausilia Falsani Locard.

Nous n'avons vu qu'un dernier tour avec l'ouverture buccale de cette coquille caractérisée par ses costules longitudinales écartées, par un pli columellaire fort, une lame pariétale mince, longue, saillante, bifide à la base, avec 2-3 petits plis interlamellaires peu prononcés.

Gisements. — Cette espèce a été décrite par M. Locard (*Rech. paléont.*, p. 71, pl. I, fig. 11-12) des marnes de Pérouges, d'où nous avons vu une bouche unique (coll. Tournouër). M. Locard la cite dans l'horizon moyen à Condal.

Clausilia Cuvieri n. sp. (pl. VII, fig. 33).

Nous ne connaissons de cette belle espèce que les trois derniers tours, se rapportant à une coquille de 4 millimètres de diamètre, à surface lisse, même à la loupe, avec une bouche sénestre, garnie d'un pli columellaire et d'un pli pariétal saillants avec 4 petits plis interlamellaires et le rudiment d'un 5e; et en outre possédant 8 autres plis détachés au-dessous de la lamelle pariétale, sur le plancher inférieur de la bouche. On compte donc en tout 14-15 plis buccaux dans cette Clausilie, qui ne ressemble à aucune autre espèce décrite et que nous dédions à M. Cuvier, qui a recueilli l'unique exemplaire figuré (fig. 33).

Gisement. — Tunnel de Collonges.

Nous n'avons pu retrouver la *Clausilia Loryi* Mich., d'Hauterive, citée par M. Locard, des marnes de Pérouges (*Rech. paléont.*, p. 71).

Vertigo myrmido Mich. (pl. VII, fig. 44-45).

Type des marnes d'Hauterive.

Gisement. — Marnes de Pérouges (fig. 44-45).

Carychium pachychilus Sandb. (pl. VII, fig. 51-55, grossie).

Ce petit Auriculidé, des marnes d'Hauterive, a été retrouvé en abondance dans les marnes de Pérouges, d'où proviennent les spécimens des figures 51-55, pl. VII.

L'espèce, bien caractérisée par sa columelle bidentée, ainsi que l'a fait remarquer M. Locard, et non unidentée, comme l'indique Sandberger, est assez variable au point de vue du degré d'allongement de la spire.

Planorbis (Hemisoma) Heriacensis Font. (pl. VII, fig. 58)
[syn. **Pl. Tournoueri** Locard].

Cette grande espèce déprimée, à tours nombreux, à stries accentuées, a été décrite par Fontannes (*Vallon de la Faly,* pl. I, fig. 9) d'après des spécimens jeunes du Miocène supérieur du Bas-Dauphiné, puis d'après des sujets adultes (*Bassin de Crest,* pl. II, fig. 6) des sables d'eau douce de Montvendre (Drôme). Plus tard, M. Locard (*Rech. paléont. dép. de l'Ain,* p. 13, pl. XI, fig. 1-3) a décrit à nouveau la même espèce, du gisement du Bas-Neyron, sous le nom de *Pl. Tournoueri.*

Le *Pl. Heriacensis* débute dans le Miocène supérieur du Bas-Dauphiné et de la Croix-Rousse, et se retrouve dans les couches les plus inférieures seulement du Pliocène Bressan (horizon de Mollon); nous ne le retrouverons pas plus haut.

Gisements. — Bas-Neyron, Mollon-Rivière (fig. 58).

Planorbis (Hemisoma) Thiollierei Mich. (pl. VII, fig. 61-63).

Le Planorbe à tours élevés, à ombilic profond, si commun à Hauterive, se retrouve typique dans les marnes de l'horizon de Mollon, mais ne monte pas plus haut dans le Pliocène Bressan.

Gisements. — Tunnel de Collonges (fig. 61-63), Bas-Neyron.

Planorbis (Hemisoma) Philippei Locard (pl. VII, fig. 25-27).

M. Locard (*Rech. paléont. Plioc. Ain*, p. 15, pl. II, fig. 4-5) a séparé avec raison cette espèce du *Pl. Thiollierei*, dont elle est voisine, mais dont on la distingue aisément par ses tours moins hauts, sa face supérieure plus concave, au lieu que la face inférieure est au contraire moins profonde, par ses tours à croissance plus rapide. Ce Planorbe est un intermédiaire entre le *Pl. Thiollierei* et le *Pl. Heriacensis,* ce dernier ayant une forme plus déprimée encore que le *Pl. Philippei.*

Gisements. — Bas-Neyron (fig. 25-27), Pérouges, Sermenaz (horizon Bressan moyen).

Planorbis (Segmentina) filocinctus Sandb. (pl. VII, fig. 28-29).

Type bien caractérisé des marnes d'Hauterive, voisin du *Pl. Larteti* miocène et du *Pl. nitidus* actuel.

Gisements. — Bas-Neyron, Pérouges (fig. 28-29).

Planorbis (Gyrorbis) Mariæ Mich. (pl. VII, fig. 13).

Nous n'avons pu faire figurer qu'un mauvais spécimen de cette espèce des marnes d'Hauterive, très voisine du *Pl. rotundatus* actuel.

Gisement. — Pérouges (fig. 13).

Planorbis (Anisus) umbilicatus L. (pl. VII, fig. 14-15)
[syn. **Pl. submarginatus** Mich.].

M. Locard a réuni avec raison au type actuel du *Pl. umbilicatus* le Planorbe caréné d'Hauterive nommé par Michaud *Pl. submarginatus,* et considéré par Sandberger comme une variété du *Pl. carinatus.*

Gisement. — Ce même type se retrouve en abondance dans les marnes de Pérouges (fig. 14-15).

10.

Planorbis Falsani Locard.

M. Falsan nous a communiqué de bons spécimens de ce Planorbe décrit par M. Locard (*Rech. paléontol.*, pl. II, fig. 6-7) et voisin du *Pl. rotundatus* actuel.

Gisement. — Marnes du Bas-Neyron (coll. Falsan).

Limnæa Bouilleti Mich. (pl. VII, fig. 9-10).

Cette grande Limnée des marnes d'Hauterive se distingue de *L. Heriacensis* Font., du Miocène supérieur, par sa spire plus effilée et ses sutures bien plus obliques. Nous avons recueilli dans les marnes inférieures de Mollon de très grands sujets écrasés, aussi forts que ceux d'Hauterive; les jeunes sont fréquents partout dans l'horizon de Mollon. L'espèce monte dans l'horizon Bressan moyen à Condal.

Gisements. — Tunnel de Collonges (fig. 9-10), Bas-Neyron, Pérouges, Mollon.

Limnæa cf. auricularia L. (pl. VII, fig. 23-24).

Nous avons recueilli dans les marnes de Mollon-Rivière un seul sujet d'une Limnée à dernier tour renflé, à spire très courte, rappelant le groupe de *Limnæa auricularia* actuelle; l'état défectueux de ce spécimen ne permet pas de décrire cette forme, qui est peut-être nouvelle.

Bithynia Leberonensis F. et T., pl. VII, fig. 17-19 (var. Neyronensis) et fig. 16 (var. Delphinensis) [syn. B. Neyronensis Loc. et B. Delphinensis Loc.].

Nous croyons devoir réunir à la Bithynie de Cucuron et des marnes de la Croix-Rousse (voir pl. IV, fig. 4) une Bithynie très commune dans les marnes de Bas-Neyron, et que M. Locard (*Rech. paléontol.*, p. 18, pl. III, fig. 8) a figurée sous le nom de *B. Neyronensis.* Nous ne voyons aucune différence appréciable entre les deux formes, sinon peut-être que dans les spécimens pliocènes l'avant-dernier tour est souvent un peu moins convexe; on trouve d'ailleurs des variétés assez différentes au point de vue du degré d'allongement de la spire et de la forme plus ou moins ventrue de la coquille. Nous avons figuré des spécimens effilés de Bas-Neyron (fig. 17-19) et à côté un spécimen très grand et très renflé du tunnel de Collonges (fig. 16). Cette forme renflée a reçu de M. Locard le nom de *B. Delphinensis*, mais il existe tous les passages entre les deux formes, qui ne sont que des variations autour du type *Leberonensis*. Cette espèce diffère d'ailleurs assez peu du *B. tentaculata* actuel, qu'elle représente dans le Miocène supérieur et le Pliocène inférieur et moyen de la Bresse.

Gisements. — Tunnel de Collonges, Bas-Neyron, Pérouges, Mollon.

Vivipara ventricosa Sandb. (pl. VII, fig. 30-32).

M. Locard a rapporté avec raison à la *V. ventricosa* d'Hauterive la grosse Paludine renflée des marnes de Neyron et de Pérouges, dont il ne connaissait que de gros fragments. M. Cuvier a pu recueillir dans le tunnel de Collonges deux beaux individus, presque entiers, qui confirment cette détermination. Ainsi, la *V. ventricosa* se montre dès le niveau Bressan le plus inférieur et se retrouvera plus haut dans l'horizon de Trévoux; le groupe se continue dans le niveau de Mollon supérieur par la *V. Neumayri* des marnes de Loyes. Cette dernière espèce, dont le type provient de la vallée de la Save, en Slavonie (Neumayr et Paul, *Paludin. Schichten*, pl. IV, fig. 1), est une forme assez voisine de *V. ventricosa*, à tours cependant un peu moins convexes.

Gisements. — Tunnel de Collonges (fig. 31-32), Bas-Neyron, Pérouges.

Nematurella Lugdunensis Tourn. (voir plus loin p. 122).

Nous discuterons les caractères de cette espèce à propos des spécimens provenant de l'horizon Bressan moyen; mais on trouve le *N. Lugdunensis* dès la base de la formation lacustre Bressane, qu'elle traverse en entier.

Gisement. — Bas-Neyron.

Valvata Kupensis Fuchs (pl. VII, fig. 41-42).

Il existe en grand nombre à Bas-Neyron et nous avons recueilli dans les marnes de Pérouges un sujet d'une Valvée très déprimée, à large ombilic, à tours étroits, qui nous paraît identique à la *Valvata Kupensis* Fuchs, des couches à Congéries de Kup (Hongrie) (*Jahrb. geol. Reichs.*, t. XX, pl. XXII, fig. 23-25) et des couches lacustres pliocènes de Mégare (*Denksch. Wien*, 1877, pl. V, fig. 1-4). Cette Valvée est évidemment voisine de *V. Hellenica* du Miocène supérieur de la Croix-Rousse (voir pl. IV, fig. 4), mais plus déprimée et à tours moins gros. D'autres sujets du tunnel de Collonges se rapprochent davantage de ce dernier type. M. Locard (*Rech. paléont.*, p. 22) a considéré cette Valvée comme une simple variété lisse de *V. Vanciana*, mais

la forme moins plate de la spire, sans compter l'absence totale de carène,
justifie à nos yeux la séparation de ces deux formes.

Gisements. — Bas-Neyron, Pérouges; tunnel de Collonges.

Valvata Vanciana Tourn., var. Neyronensis (pl. VII, fig. 40).

Parmi les nombreux sujets de *V. Kupensis* de Bas-Neyron, on en observe
quelques-uns qui tendent à prendre une carène au-dessus des tours et dont
la spire est en même temps plus plate (fig. 40). On peut considérer cette
variété comme une forme de passage entre la *V. Kupensis* des niveaux inférieurs et la *V. Vanciana* à carènes multiples du sommet de l'horizon de Mollon,
ainsi que l'a déjà fait M. Locard.

Gisement. — Bas-Neyron.

Nous n'avons pu retrouver la *Valvata marginata* Michaud, type d'Hauterive,
signalée à Pérouges par MM. Tournouër et Locard.

Valvata (Michaudia) Falsani Tourn. (pl. VII, fig. 47-49).

Cette coquille, attribuée d'abord par Tournouër au genre *Lithoglyphus*,
est devenue pour M. Locard le type du genre *Michaudia,* caractérisé par une
columelle creusée d'une profonde rainure qui s'enfonce dans l'axe de la coquille.

Cette coquille est certainement voisine de *Valvata variabilis* Fuchs, des
couches à Congéries de Radmanest (*Jahrb. geol. Reichs.*, t. XX, pl. XIV, fig. 10-
12), qui, à en juger par les figures, présente une rainure ombilicale semblable; mais l'espèce de Pérouges en diffère par ses tours aplatis au milieu,
au lieu d'être ronds, et par sa spire plus élevée.

Gisement. — Pérouges (coll. Tournouër).

Craspedopoma conoïdale Michaud (pl. VII, fig. 20-22).

Cette coquille d'Hauterive, placée par les uns près des Valvées, par d'autres dans les Cyclophoridés, et remarquable par son ombilic en fente, se
retrouve typique dans l'horizon inférieur et moyen de la Bresse; la spire est
plus ou moins allongée.

Gisements. — Tunnel de Collonges (fig. 20-22), Pérouges.

Pomatias Lugdunensis n. sp. (pl. VII, fig. 43, grossie deux fois).

Diagnose. — Coquille conique, allongée, longue de 9 millimètres, avec un diamètre maximum de 4 millimètres, à sommet obtus; tours étroits, au nombre de 7, légèrement convexes, séparés par des sutures peu profondes, presque transverses, ornés de fines costules irrégulières, légèrement obliques, visibles à l'œil nu; ombilic réduit à une fente; bouche arrondie légèrement allongée dans le sens vertical un peu anguleux en haut; labre non épaissi.

Cette coquille a quelques rapports avec le *Cyclostoma Falsani* Font., du Miocène supérieur d'Heyrieux (*Vallon de la Fuly*, pl. I, fig. 13), dont la spire est plus aiguë, les tours plus hauts que larges, plus convexes, le dernier tour en proportion plus important, les costules moins apparentes. Il rappelle également le *Pomatias Cieuracensis* Noulet (*in* Sandb., pl. XVIII, fig. 21), de l'Aquitanien de Cieurac (Lot), dont la forme générale est plus courte, plus ventrue, les tours moins nombreux, les sutures plus obliques.

Gisement. — Tunnel de Collonges (1 exemplaire, fig. 43).

Nous n'avons pas retrouvé le *Tudora Baudoni* Mich., coquille d'Hauterive, citée à Pérouges par M. Locard (*Rech. paléont.*, p. 83).

Sphærium Normandi Michaud (pl. VII, fig. 11-12).

Coquille des marnes d'Hauterive, aux valves très bombées, aux sommets proéminents, ornée de stries concentriques, fines et régulières dans le jeune, à croissance inégale dans l'adulte, ce qui donne lieu à des bandes concentriques plus ou moins déformées.

Gisement. — Tunnel de Collonges (fig. 9-11-12), Bas-Neyron, Pérouges.

Nous n'avons pas retrouvé le *Pisidium amnicum*, var. *Idanicum* Loc., de Bas-Neyron, cité par M. Locard (nous le retrouverons aux Boulées), ni le *Pisidium Tardyi*, de Pérouges.

2° HORIZON SUPÉRIEUR OU DE MOLLON-RAVIN.

Vivipara Neumayri Brus. (pl. VII, fig. 1-2), syn. *V. Tardyana* Tourn. [in Locard, *Rech. paléont.*, pl. II, fig. 8-9].

Le groupe des Paludines à tours fortement convexes est représenté à Loyes, vers le sommet des marnes de l'horizon de Mollon, par une forme qui se rattache de très près à la *V. ventricosa* du niveau inférieur, dont elle diffère par une spire plus allongée, par son dernier tour sensiblement moins renflé, enfin par son ouverture moins arrondie, plus rétrécie dans le haut. Cette espèce a été décrite par M. Locard, d'après Tournouër, sous le nom de *V. Tardyana*, mais elle est certainement identique, sauf des différences insignifiantes, à la *V. Neumayri* Brusina (*in* Neumayr et Paul, *Paludinen Schichten*, pl. IV, fig. 1), des couches à Paludines de Slavonie, dont nous avons recueilli des exemplaires dans le ravin de Malino.

En Slavonie, comme en Bresse, cette espèce caractérise donc les couches inférieures du facies Levantin, et c'est là un point important au point de vue des comparaisons stratigraphiques.

Gisement. — Loyes, chemin de la Croisette à la plaine (fig. 1-2).

Vivipara leiostraca Brusina (pl. VII, fig. 3-5).

On trouve en extrême abondance dans le ravin de Mollon, vers la limite supérieure des marnes à lignite, une Paludine qui, par ses tours subaplatis et sa spire allongée, appartient à un groupe différent des *V. ventricosa* et *Neumayri*, mais auquel se rapporte la *V. Burgundina* du niveau Bressan supérieur.

Cette Paludine est identique à la *V. leiostraca* Brusina (*Binnen-Mollusken*, pl. I, fig. 13-14), des couches à Paludines de Slavonie; elle est particulièrement remarquable par le méplat de son dernier tour et par son ombilic profond et large. En Slavonie, comme en Bresse, la *V. leiostraca* caractérise les couches à Paludines inférieures, fait du plus haut intérêt au point de vue stratigraphique.

Gisement. — Ravin de Mollon (fig. 3-4).

Bithynia Leberonensis F. et T. (voir *ante*, p. 76).

La forme effilée de cette espèce et sa forme renflée, telles qu'elles sont représentées pl. VII, fig. 16-19, se retrouvent assez communément dans les couches à *V. Neumayri*, de Loyes, et dans les couches à *V. leiostraca*, de Mollon.

Bithynia veneria Font. (voir *ante*, p. 55).

Un individu des marnes de Loyes et un de Mollon.

Nematurella ovata Bronn (pl. VII, fig. 46, voir plus loin, p. 154).

Un seul sujet des marnes supérieures de Mollon.

Limnæa Bouilleti Mich. (voir *ante*, p. 76).

Plusieurs jeunes sujets des marnes de Loyes.

Valvata (Tropidina) Vanciana Tourn. (pl. VII, fig. 36-39).

M. Locard (*Rech. paléont.*, p. 22) a parfaitement étudié les variations de cette jolie Valvée carénée, plate, à large ombilic, voisine de plusieurs espèces des couches à Congéries de Tihany et de la *V. Baicalensis* Gerts. actuelle du lac Baïkal (Tournouër, *Bull. Soc. géol.*, 3ᵉ série, t. III, p. 744).

Le type normal d'ornementation consiste en cinq carènes (fig. 39), dont trois plus importantes que les deux autres; ce nombre se réduit souvent à quatre (fig. 38), quelquefois à trois, et même à une, qui est la carène supérieure (fig. 40).

L'espèce débute à Bas-Neyron par la variété unicarénée, mais possède ses caractères typiques au sommet de l'horizon de Mollon; elle passe dans le niveau Bressan moyen, aux Boulées de Miribel.

Gisements. — Mollon, Loyes.

Nous avons recueilli dans les marnes de Loyes des *Helix* écrasés et des fragments indéterminables d'une *Clausilia* de la taille de *Cl. Falsani* Locard.

Melanopsis flammulata de Stefani, var. **Rhodanica** Tourn. (pl. VII, fig. 6-7).
[Syn. *M. Rhodanica* Locard.]

Tournouër (*in* Falsan et Locard, *Note format. tert. envir. de Miribel*, 1878) avait d'abord considéré le *Melanopsis* lisse et à callosité épaisse des formations Bressanes comme une simple variété du *M. prærosa* L. actuel de Perse. Sandberger avait, de son côté, attribué avec quelque doute à ce type vivant le *Melanopsis* du Pliocène de Sienne (Sand., pl. XXXII, fig. 13), dont M. de Stefani a fait en 1876 son *M. flammulata* (*Molluschi contin. Plioc. d'Italie*, pl. II, fig. 7). C'est seulement en 1883 que M. Locard (*Rech. paléont.*, p. 44, pl. III, fig. 6) a décrit le type de la Bresse sous le nom de *M. Rhodanica*. Ce dernier ne diffère du type italien de Terni (Ombrie), dont nous possédons plusieurs exemplaires, que par des différences très faibles, notamment par une taille, en général, plus petite et par un dernier tour un peu plus ventru, un peu plus aplati dans le voisinage de la suture; il nous paraît suffisant de considérer le *Melanopsis* de la Bresse comme une simple variation régionale du *M. flammulata*, sous le nom de var. *Rhodanica* donné par Tournouër.

Ce type est d'ailleurs également assez voisin de plusieurs espèces à forte callosité des couches à Paludines de Slavonie, telles que *M. Sandbergeri* Neum., dont les tours sont plus nombreux et la spire plus élancée; *M. Visianiana* Brusina, dont les tours sont également plus nombreux et le profil de la spire moins aplati; enfin *M. eurystoma* Neum., dont le dernier tour est plus renflé et la bouche plus largement dilatée.

Le *M. prærosa* actuel diffère du type Pliocène surtout par sa callosité plus faible, non renflée vers le haut.

Le *M. flammulata* débute au sommet de l'horizon de Mollon et se continue dans le niveau Bressan moyen.

Gisements. — Loyes, Mollon.

Neritina (Theodoxus) Philippei Tournouër (pl. VII, fig. 8).

Cette Néritine a été indiquée par Tournouër (*in* Falsan et Locard, *Not. format. tert. envir. de Miribel*, p. 8 et 10), sous le nom de *Neritina Philippiana*, et décrite ensuite par M. Locard (*Recherches paléontol.*, p. 37, pl. III, fig. 10-11).

Elle est très voisine de la *N. crenulata* Klein, du Miocène supérieur de la Croix-Rousse (pl. IV, fig. 14-16), dont on pourrait à la rigueur la considérer comme une simple *mutation* pliocène; elle s'en distingue seulement par une dimension qui devient plus forte, et surtout par son dernier tour plus globuleux, sa spire moins saillante.

Il nous paraît probable que cette même espèce existe dans les couches à Paludines de Slavonie, d'où elle a été citée par M. Brusina (*Binnen Moll.*, p. 90), sous le nom de *N. Grateloupi*.

L'espèce apparaît au sommet de l'horizon de Mollon et monte dans le niveau Bressan moyen aux environs de Condal.

Gisements. — Loyes, Mollon.

Sphærium Normandi Mich. (voir *ante*, p. 79).

Un seul sujet jeune des marnes supérieures de Loyes.

Unio sp.

Fragments peu déterminables du groupe *atavus*. Loyes, Mollon.

NIVEAU STRATIGRAPHIQUE DE L'HORIZON DE MOLLON.

La faune de l'horizon de Mollon est nettement caractérisée comme faune pliocène par le *Mastodon Borsoni*, découvert dans le tunnel de Collonges, associé en ce point à un *Rhinoceros*, qui est probablement le *leptorhinus* et a été également trouvé à Ambérieu. Mais ces espèces de Mammifères ne suffiraient pas à nous indiquer avec précision le niveau des marnes de Mollon dans la série pliocène, car elles traversent l'épaisseur à peu près entière de ce terrain.

La faune de Mollusques, plus nombreuse et plus variée, nous fournira des points de repère plus détaillés. Dans son ensemble, la faune de l'horizon de Mollon, et plus spécialement celle du niveau inférieur, présente une ressemblance frappante avec la faune des marnes d'Hauterive (Drôme), type le plus riche des faunes pliocènes lacustres du bassin du Rhône. Sur un total de 34 espèces déterminées de l'horizon de Mollon, 20 ou plus de la moitié sont communes avec la faune d'Hauterive, et cette analogie pourrait faire pencher au premier abord l'esprit en faveur de l'hypothèse d'un parallélisme exact de ces deux horizons; c'est cette opinion qui, adoptée par Fontannes, a entraîné le classement des marnes bressanes dans le Pliocène moyen (p°) sur les feuilles détaillées du *Service de la Carte géologique de France*. Nous pensons, au contraire, que les marnes bressanes, en particulier l'horizon de Mollon, sont un peu plus anciennes que les marnes d'Hauterive et représentent un faciès lacustre d'une partie au moins des couches marines pliocènes (Plaisancien, P_1) sur lesquelles repose cette dernière formation. On trouve en effet dans le niveau de Mollon, à côté des espèces d'Hauterive, un certain nombre de formes à cachet plus ancien, identiques ou peu s'en faut à des espèces du Miocène supérieur du bassin du Rhône, telles que : *Helix Delphinensis*, *Planorbis Heriacensis*, *Bithynia Leberonensis*, *Bithynia veneria*, *Valvata Kupensis*, *Neritina Philippei*, voisine de *N. crenulata*, *Unio* du groupe *atavus*; or, ces espèces à cachet miocène font justement défaut dans la faune d'Hauterive. Nous sommes donc amenés à penser que beaucoup d'espèces de cette dernière faune, notamment les grandes espèces *Helix Chaixi*, *H. Nayliesi*, *H. Amberti*, *Clausilia Terveri*, *Planorbis Thiollierei*, *Limnæa Bouilleti*, et beaucoup d'autres,

11.

sont des formes banales dans le Pliocène et ne sauraient servir à caractériser un horizon précis de ce terrain.

Nous avons découvert ailleurs, dans les couches à Paludines de Slavonie (étage *Levantin*), des termes de comparaison nouveaux et importants avec la faune des horizons lacustres de la Bresse. C'est ainsi que les *Vivipara Neumayri* et *leiostraca*, que nous avons citées vers le sommet de l'horizon de Mollon, caractérisent les *couches à Paludines inférieures* de la vallée de la Save et nous permettent d'établir ainsi pour la première fois le parallélisme de la base de la série Bressane avec la base des couches levantines d'Orient. Ce parallélisme, fondé surtout sur les Vivipares, est d'ailleurs confirmé par l'existence en Bresse de *types représentatifs* extrêmement voisins de ceux de Slavonie parmi les *Melanopsis*, les *Neritines*, les *Bithynies* et les *Valvées* (voir les descriptions paléontologiques). Nous reviendrons plus loin, dans un chapitre général, sur ces comparaisons du faciès Levantin de la Bresse avec ceux de la vallée du Danube.

B. Zone moyenne.

Marnes de Condal. Sables et argiles réfractaires. Argiles à minerai de fer.

STRATIGRAPHIE.

CONSIDÉRATIONS GÉNÉRALES.

La formation décrite dans le paragraphe précédent est essentiellement marneuse et relativement puissante; celle qui la surmonte est constituée par une alternance de marnes ou d'argiles parfois réfractaires et de sables fins, siliceux, blancs, renfermant de nombreuses paillettes de mica blanc; en outre, elle présente une grande épaisseur.

Nous allons passer successivement en revue les diverses localités où s'observent des témoins de ces assises.

GÎTES DE LA BORDURE SUD DE LA DOMBES.

Sables de Mollon. — Au-dessus des marnes de Mollon, on observe dans cette localité une assise de sables de 10 mètres d'épaisseur (fig. 13), dans laquelle est ouverte une carrière. Ces sables ont été souvent mentionnés dans les travaux de divers géologues, parce qu'ils renferment d'assez nombreux mollusques, tels que *Helix Collongeoni, Helix Chaixi,* etc.

Ils sont blancs, fins, micacés, s'agglomèrent par places et forment des bancs de grès qui ont, avec leur stratification souvent entrecroisée, un aspect mollassique. En remontant le ravin de Mollon, on aperçoit au-dessus de ces sables un petit banc marneux, de 1 à 2 mètres d'épaisseur environ, recouvert par le cailloutis et le limon.

Sables de Rignieux. — Lorsqu'on suit le ravin qui passe au sud de Loyes et qu'on remonte jusqu'à Rignieux, on rencontre une série de sablières ouvertes dans des assises semblables à celles de Mollon, mais situées à un niveau plus élevé; ces sables sont supérieurs aux marnes du sommet de la sablière de Mollon. Il paraîtrait même que cette assise marneuse a été constatée dans les carrières de Rignieux, au-dessous du niveau des sables.

Les sables de Rignieux s'observent sur une épaisseur d'environ 20 mètres et s'élèvent jusqu'à l'altitude de 280 mètres environ; au-dessous, on observe des cailloutis et du limon.

Si on résume par une coupe schématique les observations faites à Mollon et dans le ravin de Rignieux, on a la disposition représentée par la figure 15.

Fig. 15

Dans le ravin qui part de Meximieux et passe près de Saint-Éloi, on observe une série de sablières qui correspondent à celles qui existent dans la vallée de Rignieux.

Gîte de Sermenaz. — Entre Sermenaz et Neyron, dans un ravin, on observe une série d'affleurements discontinus de marnes et de sables qui paraissent pouvoir constituer la coupe approximative suivante (fig. 16).

Les sables B nous paraissent devoir être considérés comme étant le prolongement de ceux de la sablière de Mollon, et les marnes C représenteraient le faisceau marneux intercalé entre les sables de Mollon et ceux de Rignieux ; mais ils seraient, à Sermenaz, à un niveau inférieur d'une vingtaine de mètres à celui qu'ils occupent à Mollon. Ce résultat n'a rien que de naturel ; nous montrerons ultérieurement, en effet, que l'ensemble des assises du Pliocène inférieur plonge du côté de l'ouest.

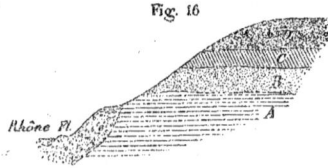

Fig. 16

A. Marnes de Mollon. — B. Sables. — C. Marnes. — D. Cailloutis et limon.

Gîte de Villette. — Au nord de Mollon, on observe le prolongement des assises sableuses et marneuses ; dans la région de Villette notamment, on peut relever la coupe suivante (fig. 17) :

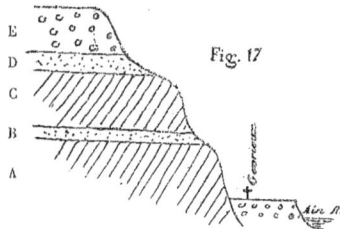

Fig. 17

A. Marnes. — B. Sables. — C. Marnes. — D. Sables. — E. Cailloutis et limon.

Cette coupe montre deux assises de sables : l'assise inférieure, peu puissante, apparaît seulement près du hameau de Gevrieux ; elle est intercalée au milieu de marnes lignitifères et nous paraît devoir être attachée à la zone de Mollon. Les sables supérieurs seraient le prolongement de ceux de la carrière de Mollon et constitueraient la base de la zone moyenne.

PLATEAUX DE LA DOMBES.

Dans le massif même de la Dombes, le recouvrement par les cailloutis et par le glaciaire est trop épais pour qu'il soit possible d'observer de nombreux affleurements.

Nous devons cependant mentionner les localités suivantes, où a été constatée la présence de sables et de marnes :

A Saint-André-d'Huiriat, au hameau de la Darbonnière, on exploite des sables blancs, très fins, micacés, qui autrefois ont fourni quelques coquilles parmi lesquelles Tournouër avait reconnu : *Pyrgidium Nodoti* Tourn., *Nematurella Lugdunensis* Tourn., *Bithynia labiata* Neum., *Valvata inflata* Sandb., var. *subpiscinalis* (coll. Mus. Paris), c'est-à-dire une faune analogue à celle des environs de Saint-Amour.

Dans la vallée de la Chalaronne, on observe sur la route de Thoissey à Châtillon, au hameau de Ville-Solier, près de Dompierre, deux carrières situées à des niveaux différents, exploitant des sables fins micacés; dans la carrière située au niveau le plus bas, ces sables reposent sur des argiles ou marnes jaunâtres; des sources se montrent au contact.

A Clémentiat, on retrouve deux carrières de sables fins micacés; de même au hameau de Grabot, commune de Saint-Étienne, on exploitait jadis une carrière de même nature.

La présence de diverses zones de marnes au milieu des sables, dans la vallée de la Chalaronne, paraît résulter d'ailleurs de l'existence de nombreuses sources situées à des altitudes diverses.

A Mogneneins, on trouve à flanc de coteau une petite sablière; les sables reposent sur des marnes, et le contact détermine la présence de sources. Il y a, au-dessus des sables, une nouvelle assise de marnes; les puits à eau ont trouvé, en effet, au-dessous des cailloutis et du limon, 2 mètres de sable fin, 2 mètres de marne, puis 6 mètres de sable fin.

Au nord de Saint-Étienne-sur-Chalaronne, au hameau de Barbarelle, un puits de 30 mètres de profondeur aurait recoupé, dans sa partie inférieure, 10 mètres de sables fins reposant sur des marnes blanchâtres.

A Illiat, au hameau de Tang, on exploite des sables fins qui sont intercalés dans des marnes, car un puits à eau a recoupé 6 mètres de marne bleue avant de rencontrer les sables.

A Guéreins, les puits à eau ont trouvé 7 mètres de sables fins.

A Bey et à Cormoranche, les puits ont traversé 15 à 18 mètres de marnes avant de rencontrer des sables fins.

Dans le reste de la Dombes, les constatations sont encore moins nombreuses à cause de l'abondance des cailloutis et du glaciaire. Nous mentionnerons seulement les faits suivants :

Les puits à eau ont recoupé des marnes ou argiles jaunes ou bleues à Messimy, à Fareins, à Lurcy, à Montceaux, à Sandrans, à Saint-Germain de Renom, à Saint-André-le-Bouchoux, à Saint-Denis, sur le plateau de la gare de Bourg, à Saint-Trivier-sur-Moignans, à Villeneuve, Savigneux, Mizérieux, Sainte-Euphémie et même Ambérieu-en-Dombes. Un puits aurait, dans cette dernière localité, d'après les témoignages recueillis, trouvé, à la profondeur de 8 mètres, une assise de 25 mètres de marnes bleues; toutefois ce fait ne doit être accepté qu'avec une certaine réserve [1].

On constate également des affleurements de marnes à Reyrieux, à Frans, où elles donnent lieu à des sources importantes; celles de Reyrieux sont ferrugineuses.

Il est assez singulier que dans les coupes des puits à eau du centre de la Dombes, on n'ait pas signalé la présence de sables fins micacés; cette circonstance tient probablement à ce que les puisatiers n'ont pas distingué ces sables de ceux qui accompagnent les cailloutis, et qu'ils ont, dans les renseignements qu'ils nous ont fournis, confondu le tout sous le nom de sables et cailloutis.

La présence des sables résulte d'ailleurs du fait qu'on a, dans les puits qui ont traversé des marnes, trouvé de l'eau; cette dernière ne pouvait provenir que des bancs de sables inférieurs.

ZONE SUD DE LA BRESSE ENTRE LE JURA ET LE MÂCONNAIS.

Entre Pont-d'Ain et Meillonnas, le recouvrement des cailloutis empêche de voir les terrains sous-jacents.

---

[1] Nous n'avons pas, dans cette énumération, mentionné les puits du fort de Vancia qui ont fourni des fossiles étudiés par M. Falsan et par Tournouër (*Bull. Soc. géol.*, 3ᵉ série, t. III, p. 727 et 741). On avait admis que tous les fossiles avaient été remaniés; nous serions disposés à penser que les *Paludines* et *Valvées* étaient en place et provenaient de marnes rencontrées à la partie inférieure des puits, mais toute preuve fait actuellement défaut pour justifier cette opinion.

Gîte de Meillonnas. — Mais à Meillonnas on observe, au hameau de la Razza, une série de carrières exploitant des terres réfractaires dans lesquelles on peut relever la coupe suivante, prise de haut en bas :

Cailloutis et sables de recouvrement; à la base se trouvent
    parfois de gros rognons siliceux rappelant ceux de l'argile à
    silex; ces rognons siliceux proviennent peut-être du déman-
    tèlement de l'Oligocène. . . . . 3^{m}00
Marnes bleues (non utilisées). 0 30
Sable blanc fin, micacé 4 00
Marne bleue avec lignite (non utilisée). 2 00
Argile le plus souvent rougeâtre, servant à la fabrication de la
    poterie. 2 00
Argile blanche très micacée, utilisée pour la fabrication de
    produits réfractaires; elle porte le nom local de *terre d'En-*
    gobe. 2 00
Sables fins non traversés.

L'examen de l'ensemble des carrières montre que les assises plongent du côté de l'ouest. Présentons incidemment, au sujet de cette région, l'observation suivante :

A très peu de distance des carrières précitées et à l'est, au hameau de Plantaglay, on observe d'autres carrières dans lesquelles on exploite des assises de sables jaunes grossiers, presque verticales, qui appartiennent au Miocène.

De cette constatation, il résulte que les assises réfractaires de Meillonnas doivent être en contact avec le Miocène, et que les marnes de Mollon ne sauraient, si elles se prolongent jusque-là, exister qu'en profondeur.

Sondage de Bourg. — Un sondage exécuté à Bourg, en 1845, sur la place appelée *Champ de Foire*, en vue de rechercher des eaux jaillissantes, a rencontré une série d'assises contenant des terres réfractaires. Ce sondage a été poursuivi infructueusement jusqu'à la profondeur de 100 mètres.

La coupe des terrains traversés est la suivante :

Quaternaire :
Galets calcaires mélangés de sables siliceux. . . . . 3^{m}70
Sable fin jaunâtre. 2 91
Marnes et sables. 1 75
Marnes jaunâtres. 1 35

Argile bleuâtre peu micacée........................ 9ᵐ 24
Gravier avec gros galets calcaires blancs ou noirs........ 10 98
Marne jaunâtre avec graviers.................... 0 96

Pliocène :

Marne blanche et verte........................ 2 21
Sable micacé siliceux........................ 13 18
Argile panachée, assises de couleurs variables, jaune, grise,
    brune, rose, rouge, blanche, bleue, verte, quelques
    minces filets de sable très fin...................... 17 46
Sable siliceux très fin........................ 2 19
Argiles et marnes panachées (jaune, gris, bleu, blanc).... 8 74
Sable micacé très fin, parfois argileux, argile verdâtre sa-
    bleuse. (Fin du sondage.)...................... 25 23

La partie supérieure du sondage est dans le terrain quaternaire; la présence, mentionnée dans la coupe, de galets calcaires noirs et blancs ne laisse subsister aucun doute à cet égard. Toute la partie inférieure est au contraire située dans une alternance de sables fins, d'argiles et de marnes panachées qui rappellent les assises observées à Meillonnas.

A la profondeur de 100 mètres, le sondage n'avait pas encore rencontré la formation des marnes de Mollon; ces dernières s'élevant à Mollon jusqu'à l'altitude de 240 à 250 mètres, et le fond du forage étant à la cote d'altitude d'environ 125 mètres, on voit qu'entre Mollon et Bourg le niveau de ces marnes s'abaisse de plus de 120 mètres.

Si on se dirige de la lisière Sud du Jura jusqu'à la bordure du Mâconnais, on observe une série d'affleurements de marnes et de sables; les marnes, n'étant pas utilisées, ne donnent lieu à l'ouverture d'aucune carrière; mais les sables sont exploités dans diverses localités. Enfin, les forages de puits à eau ont fourni également diverses indications.

Environs de Meillonnas. — Au nord de Meillonnas, à l'ouest de Courmangoux, existent deux carrières de sables blancs fins, micacés, ayant au moins 8 à 10 mètres de puissance.

A Villemotier, on retrouve des sables fins qui reposent sur des marnes à lignite; ces dernières affleurent au nord, près de la gare de Moulin-des-Ponts, dans une tranchée de la route Nationale; un puits les a recoupées sur une épaisseur de 10 mètres.

A Saint-Étienne-du-Bois, les puits à eau ont rencontré des marnes bleues ou noires avec lignites; on aurait observé la coupe suivante :

Gravier. . . . . 1^m 00
Marnes bleues avec lignites et débris de fossiles. 17 00
Sables non traversés.

Gîtes divers entre Bourg et la Saône. — A Polliat, au nord de Bourg, au hameau de la Forêt, un puits a donné la coupe suivante :

Limon. . . . . 1^m 00
Sable rouge et gravier. 5 00
Marne bleue non fossilifère. 12 00
Niveau d'eau.

A Viriat et à Attignat, les puits ont également rencontré des marnes.

A 2 kilomètres environ à l'ouest de Polliat, au hameau de la Tour, un puits a recoupé :

Limon rouge. . . . . 1^m 00
Sable rouge 3 00
Sable blanc fin, micacé 11 00
Niveau d'eau.

Les deux coupes précitées montrent que les couches ont une plongée notable, puisque deux puits qui auraient dû, en cas d'horizontalité de la formation, trouver les mêmes assises, en rencontrent qui sont dissemblables.

A l'ouest de Polliat, à 3 kilomètres environ, près de la route Nationale, existe une carrière dans laquelle on extrait du sable siliceux, micacé, blanc, très fin, renfermant quelques rognons gréseux et rappelant comme aspect celui de Mollon.

Une carrière semblable existe à 1 kilomètre de celle-ci, au sud de la route Nationale, sur un chemin allant à Mézériat; il y en a encore d'analogues sur la commune de Confrançon.

A Mézériat, près du cimetière, on observe une carrière de sable identique à celles qui viennent d'être mentionnées et qui d'ailleurs représente peut-être la même assise. Le sable y a été reconnu sur une épaisseur d'au moins 10 mètres.

La tranchée du chemin de fer a recoupé ces sables; des marnes bleues sont situées au-dessous des sables.

Sur le plateau qui domine la tranchée du chemin de fer, on a pratiqué des puits qui auraient recoupé des argiles ou des marnes, ou des argiles de couleur rougeâtre, sur une hauteur de 12 à 13 mètres.

La coupe des terrains dans cette région serait alors celle représentée par la figure 18.

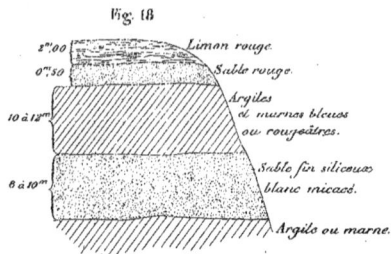

Fig. 18

Les sables de Mézériat ne se retrouvent plus à Vonnas, où la colline longeant le chemin de fer paraît être constituée, sur une hauteur de 25 mètres environ, par des marnes et des argiles renfermant dans leur partie médiane une assise de sable fin ne dépassant pas 2 à 3 mètres.

Au sud de Vonnas, près du château de Béost, un puits a eau a rencontré, au-dessous d'une couche de limon de 1 mètre, des sables fins, micacés, avec quelques assises d'argiles rouges présentant une épaisseur de 15 mètres.

A Perrex, on a, dans des puits, reconnu la succession suivante :

Limon rouge	4^m 00
Sable blanc fin, micacé	4 00
Argile bleue et rouge	3 00
Sable blanc fin	2 00
Niveau d'eau.	

A Saint-Cyr-sur-Menthon, on a recoupé 13 ou 14 mètres de marnes ou argiles bleues ou rouges.

A l'est de Bagé, à l'endroit dit *La Teppe-de-Biche*, on a jadis exploité pour poteries de l'argile bleuâtre; des puits creusés non loin de cet endroit (hameau du Petit-Loëze) auraient recoupé cette formation sur 8 ou 10 mètres d'épaisseur.

A Saint-André-de-Bagé, les puits auraient, au-dessous d'une couche de 1 à 2 mètres de limon, rencontré 5 mètres de sable fin.

A Bagé-la-Ville, les puits auraient constaté une coupe analogue; mais les sables fins y ont été reconnus sur une épaisseur de 7 à 8 mètres.

Au nord et au nord-est de Bagé-la-Ville, existent diverses carrières de sable fin blanc, notamment au hameau dit *du Sablon*.

A l'ouest de Bagé, à Manziat et à Feillens, on a reconnu également la présence d'assises de marnes ou d'argiles; une carrière située au sud et près du bourg de Manziat exploitait jadis de l'argile bleuâtre pour poteries.

Résumé. — Dans la zone méridionale de la Bresse que nous venons d'examiner, on observe donc les affleurements d'une série de marnes ou d'argiles et de sables blancs fins, micacés, dans laquelle on peut reconnaitre, de l'est à l'ouest, les principales assises suivantes :

Zone des argiles réfractaires de Meillonnas;

Zone des marnes et argiles à lignites de Saint-Étienne-du-Bois, d'Attignat et de Polliat, avec quelques assises de sable fin intercalé;

Zone des sables de Mézériat, de Béost et de Confrançon;

Zone des marnes et argiles de Vonnas, de Perrex, de Saint-Cyr et de Bagé-Est;

Zone des sables de Bagé;

Zone des marnes et argiles de Manziat.

Cette succession d'assises diverses montre, comme nous l'avons déjà dit plus haut, que ces dernières sont inclinées, sans quoi on ne rencontrerait pas, vu la presque horizontalité du sol, une série aussi variée. Il faut donc en conclure qu'il y a dans cette région, entre le Jura et la vallée de la Saône, une alternance d'assises inclinées d'argiles ou de marnes et de sables fins, blancs, micacés, les argiles étant parfois assez pures pour être utilisées pour la poterie, soit même pour la fabrication des produits réfractaires, surtout au voisinage du Jura.

Les diverses couches de sables ont toujours le même aspect, celui déjà mentionné pour les sables de Mollon, et ne renferment qu'exceptionnellement des fossiles.

Examinons maintenant les résultats fournis par l'étude d'une autre zone transversale, allant approximativement des environs de Coligny et Saint-Amour aux environs de Pont-de-Vaux.

Gîtes des environs de Saint-Amour et de Condal. — Près de Coligny, de Saint-Amour et de Cuiseaux, le Pliocène inférieur est beaucoup moins recouvert par des sables et des cailloutis superficiels que dans le reste de la Bresse; les observations y sont plus faciles. Ajoutons que dans cette région, une étude attentive du terrain Pliocène a déjà été opérée par M. de Chaignon et que de nombreux fossiles ont été recueillis; une note publiée dans le *Bulletin de la Société géologique* a résumé les résultats observés [1].

C'est pour les motifs qui viennent d'être énoncés que nous avons choisi le nom de la localité de Condal pour désigner l'ensemble de la formation de l'étage moyen.

Nous admettons pleinement les indications fournies par M. de Chaignon en ce qui concerne les fossiles rencontrés, mais nous ne pensons pas qu'il y ait, comme l'a admis ce géologue, un seul niveau de sables fins, micacés, et un seul niveau de marnes. Lorsque M. de Chaignon a publié sa note (1883), on considérait alors et nous considérions nous-mêmes les couches du Pliocène inférieur comme étant sensiblement horizontales et ne présentant qu'un faible relèvement du côté du Jura. Nous avons été depuis conduits, par nos études ultérieures, à reconnaître que ces assises avaient, au contraire, une plongée assez accentuée du côté de l'ouest.

Le fait d'une plongée peut d'ailleurs s'observer directement non loin de Saint-Amour, dans une carrière située près de la gare de Coligny. On observe là des sables fins, micacés, ayant, paraît-il, au moins 12 mètres; la présence d'une assise marneuse à la partie supérieure dénote nettement leur plongée; cette dernière serait d'environ de 20 à 30 pour 100 du côté de l'ouest.

L'existence d'une plongée permet seule, d'ailleurs, d'expliquer la succession d'assises qu'on observe dans la région de Saint-Amour et de Condal;

[1] *Bulletin de la Société géologique*, t. XI, p. 610.

elle explique également les quelques divergences qui existent entre les faunes recueillies en divers points.

Zone entre le Jura et Condal. — A Nanc, hameau des Rippes (ou du Vernay), à l'altitude d'environ 270-275 mètres, un puits a rencontré des marnes renfermant de nombreux fossiles colorés en vert ou en bleu, parmi lesquels MM. Charpy et Lafond, de Saint-Amour, ont recueilli :

Pyrgidium Nodoti Tourn. (de grande taille).	*Bithynia labiata* Neum.
Vivipara Burgundina Tourn.	*Nematurella Lugdunensis*, Tourn.
Valvata Eugeniæ Neum. (= *Ogerieni* Loc.).	*Valvata inflata* Sandb.
	Sphærium Lorteti Loc.

La coupe de ce puits aurait été la suivante :

Limon.......................................	3ᵐ 00
Marne blanche, bleue, verte ou noire, avec coquilles et lignites....................................	7 00
Argile blanche...............................	4 00

Le puits n'a pas donné d'eau, circonstance due à l'absence de niveaux sableux.

Au hameau des Granges-Vides, situé non loin des Rippes, existe une carrière de sable fin, blanc, micacé; on retrouverait ces mêmes sables un peu à l'ouest des Rippes, dans le bois de Pisscloup; ils seraient supérieurs aux marnes fossilifères signalées ci-dessus.

Au hameau du Domaine-Noir, commune de Saint-Amour, on exploite de la terre réfractaire blanche, très plastique, surmontée d'une mince assise de marnes avec lignite; ces marnes ont une teinte bleu verdâtre rappelant celle des fossiles des Rippes; elles ont d'ailleurs une plongée assez bien marquée du côté de l'ouest.

Ces terres réfractaires auraient, d'après les résultats fournis par un ancien puits, une épaisseur d'au moins 10 mètres; au-dessous, on aurait trouvé un niveau d'eau, ce qui semblerait indiquer la présence d'une assise sableuse, probablement celle mentionnée ci-dessus aux Granges-Vides.

Au hameau de Saint-Sulpice, entre Condal et Saint-Amour, des carrières exploitent du sable blanc, fin, micacé, paraissant avoir une épaisseur notable.

En face de Saint-Sulpice, au hameau de Mailly, on exploite des sables qui paraissent être le prolongement, vers le sud, de ceux de Saint-Sulpice.

Les sables de ces deux carrières n'ont fourni jusqu'à présent aucun fossile.

A l'ouest de Saint-Sulpice, on trouve, sur un mamelon occupé par un terrain communal, des marnes fossilifères qui ont déjà été signalées par M. Falsan sous le nom de *marnes de la Croix du communal de Condal*. La faune de ces marnes est la suivante :

Helix Ducrosti Loc.	*Clausilia Falsani* Loc.
— *Chaignoni* Loc.	— *Baudoni* Mich.
— *Godarti* Mich. var.	*Limnæa Bouilleti* Mich.
Carychium pachychilus Sandb.	*Planorbes, Sphærium, Unio* sp.
Ferussacia lævissima Mich.	

M. Locard y signale en outre :

Hyalinia cristallina Mull.	*Vertigo Dupuyi* Mich.
Helix exstincta Rambur. var.	*Succinea* sp.

espèces que nous n'avons pas eues entre les mains.

En continuant à suivre la route qui conduit à Condal, on observe que la colline qui porte le hameau de Condal est essentiellement constituée par du sable fin, micacé, qui est exploité au hameau de Montgardon. Cette carrière a fourni divers fossiles dont la liste est la suivante :

Mastodon Arvernensis Cr. et Job.	*Helix exstincta* Ramb. var.
Rhinoceros leptorhinus Cuv.	*Clausilia Terveri* Mich.
Zonites Colonjoni Mich.	*Melanopsis Brongniarti* Loc.
Helix Chaixi Mich.	*Craspedopoma conoidale* Mich.
— *Amberti* Mich.	*Unio* sp.
— *Godarti* Mich. var.	

Si on franchit la rivière du Solnan, on arrive au hameau de Petit-Condal, dans lequel des puits à eau ont démontré l'existence de marnes fossilifères ayant une épaisseur de 4 à 5 mètres, et surmontant une assise de sable reconnue sur 10 mètres de puissance [1].

---

[1] Note précitée de M. de Chaignon, page 613.

Ces marnes du Petit-Condal ont été recoupées un peu plus au sud, au hameau de Bevet, et ont également fourni de nombreux fossiles, tels que :

> *Valvata inflata* Sandb.
> *Bithynia labiata* Neum.
> *Unio* sp.

La succession des assises que nous venons d'énumérer nous paraît devoir être représentée par la coupe suivante (fig. 19).

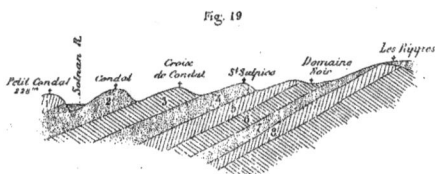

Fig. 19

1. Marnes du Petit-Condal.
2. Sables de Montgardon.
3. Marnes de la Croix du Communal.
4. Sables de Saint-Sulpice.

5-6. Terres réfractaires du Domaine-Noir et marnes supérieures.
7. Sables des Granges-Vides.
8. Marnes des Rippes.

Le substratum des marnes des Rippes est inconnu; les cailloutis empêchent les observations au contact du Tertiaire et du Jurassique. Ces marnes reposent probablement soit sur l'Oligocène, soit sur le Jurassique.

Gîtes de Cormoz, du Villard et de Niquedet. — Au sud-est de Condal, on observe divers affleurements de marnes renfermant la même faune que celle des marnes de Condal, mais il n'est pas établi que les gîtes de ces localités appartiennent à la même couche.

La faune de Condal serait également la même, d'après M. de Chaignon, que celle qu'on observe dans un affleurement de marnes au hameau du Villard, situé à 2 kilomètres environ au sud-est de Beaupont. La faune du Villard comprend les espèces suivantes :

Helix Chaixi Mich.
Vivipara Burgundina Tourn. (jeunes).
Bithynia labiata Neum.
—   *tentaculata* L. var.
Pyrgidium Nodoti Tourn.
Hydrobia Slavonica Brus.

Nematurella Lugdunensis Tourn.
Valvata inflata Sandb.
Sphærium Lorteti Loc.
Pisidium Tardyi Loc.
Unio atavus Partsch. (= *Ogerieni* Loc.).

M. Lafond a, en outre, recueilli à Beaupont des os des membres d'une grande Loutre (*Lutra Bressana* n. sp.) et des vertèbres de poissons osseux indéterminés. M. Sayn y a trouvé une molaire de *Mus Donnezani* Dep.

Cependant nous sommes portés à penser que les marnes du Villard sont à un niveau un peu inférieur à celui des marnes du Petit-Condal, à cause de leur moindre distance de la lisière du Jura; en outre, des puits à eau creusés à l'ouest du Villard, dans le village de Beaupont, auraient rencontré surtout une formation sableuse qui semblerait être la continuation de celle de Condal et de Montgardon.

Au Niquedet, situé sur une ligne droite joignant Condal et Domsure, et à peu près à égale distance de ces deux villages, un gisement de marnes fossilifères a été découvert jadis par Ogérien. Ces marnes renferment une faune un peu différente de celle observée dans les autres assises des marnières de la région; on y recueille les espèces suivantes :

Vivipara Sadleri Partsch (= *Bressana* Oger.).	*Melanopsis Ogerieni* Loc.
	Unio Nicolasi Font.
Neritina Philippei Loc.	— *atavus* Partsch (*Ogerieni* Loc.).

Enfin, dans ce même gîte, on aurait trouvé jadis une molaire de *Mastodon Arvernensis*, déterminée par Jourdan, mais qu'il nous a été impossible de retrouver.

Il est fort difficile, vu l'impossibilité de suivre sur le terrain les affleurements des diverses assises de marnes et de sables, de savoir à quel niveau correspondent les marnes de Niquedet; nous serions assez disposés à croire qu'elles peuvent représenter le prolongement, vers le sud, des marnes de la Croix du Communal de Condal, et qu'elles seraient ainsi comprises entre les sables de Saint-Sulpice et de Mailly et ceux de Montgardon; elles s'alignent assez bien, en effet, avec les marnes de la Croix du Communal de Condal. En tout cas, il résulte de l'exposé qui vient d'être présenté pour les environs de Saint-Amour et de Condal, que les diverses assises sont assez difficiles à séparer par le seul examen de leur faune; cette dernière paraît avoir subi peu de variations : dans les sables, on trouve essentiellement des *Helix*, des *Clausilies*; dans les marnes, on trouve des *Paludines*, des *Pyrgidium*, des *Bithynies*.

Cependant nous croyons devoir faire observer dès à présent que si les *Pyrgidium* se rencontrent dans la région de Condal et de Saint-Amour, ils y sont relativement assez rares, tandis que les *Paludines* y abondent. Nous verrons plus loin que dans la zone supérieure du Pliocène inférieur, les *Pyrgidium* sont au contraire particulièrement abondants.

Région entre Cormoz et Pont-de-Vaux. — Reprenons maintenant la suite de notre coupe à l'ouest de Cormoz, en allant du côté de la vallée de la Saône.

On ne peut observer à peu près aucun affleurement, de telle sorte que nous aurons à nous baser presque exclusivement sur les renseignements, peu précis d'ailleurs, recueillis dans les fonçages des puits à eau.

Au hameau des Granges-Milliat, situé au nord-ouest de Cormoz, un puits aurait recoupé, au-dessous du limon d'une épaisseur de 2 m. 50, 17 mètres de marnes bleues avec coquilles et lignites; ces marnes doivent se relier à celles de Cormoz, seulement elles y acquièrent par suite de la pente, à l'ouest, une épaisseur plus considérable. A Cormoz, on n'aurait que la partie inférieure de la formation.

La faune de ces divers gisements des environs de Cormoz est la suivante :

Vivipara Burgundina Tourn.	*Valvata inflata* Sandb.
Bithynia labiata Neum.	*Sphærium Lorteti* Loc.
Pyrgidium Nodoti Tourn.	*Pisidium Clessini* Neum. (*Charpyi* Loc.).
Nematurella Lugdanensis Tourn.	— *Tardyi* Loc.

Au hameau de Mépillat, situé entre Cormoz et Saint-Nizier-le-Bouchoux, un puits de 10 mètres aurait recoupé 8 mètres de sable fin.

A Saint-Nizier-le-Bouchoux, certains puits ont rencontré également des sables fins, épais d'une dizaine de mètres et reposant sur des marnes.

Au sud de Saint-Nizier, à Lescheroux, les puits ont rencontré 15 mètres de sable blanc fin.

A Vernoux, on exploite des carrières de sable blanc fin, dont l'épaisseur serait d'au moins 10 mètres. Une carrière semblable existe à Courtes.

A Saint-Trivier, on exploite en carrière, pour tuileries, des argiles bariolées, principalement rouges, ayant au moins 4 ou 5 mètres d'épaisseur; elles reposeraient sur des sables fins.

A Servignat, un puits de 17 mètres a recoupé 15 mètres de marnes bleuâtres reposant sur des sables.

Au nord-est de Chavannes-sur-Reyssourze, on a, à la profondeur de 4 mètres, rencontré des marnes bleues.

Enfin, à Pont-de-Vaux, on aperçoit des affleurements de marnes dont il

13.

sera question dans le chapitre suivant, parce que ces dernières nous paraissent devoir être rattachées à l'étage supérieur.

Sondage de Pont-de-Vaux. — Dans cette localité, on a foré, vers 1845, un sondage destiné à fournir de l'eau jaillissante. La coupe de cet ouvrage, qui a atteint la profondeur de 135 mètres, est intéressante à consulter; nous la reproduisons ci-dessous aussi exactement que le comportent les documents que nous avons pu examiner au musée de Pont-de-Vaux, où on a eu le soin de conserver les échantillons du forage :

	ÉPAISSEUR.	PROFONDEUR TOTALE.
Quaternaire :		
Graviers........................	3ᵐ 30	3ᵐ 30
Marnes tourbeuses.................	1 55	4 85
Marnes et sables.................	4 25	9 10
Marnes.........................	1 35	10 45
Graviers.......................	0 10	10 55
Sables gris....................	2 60	13 15
Marne tourbeuse................	3 90	17 05
Marne grise....................	8 25	25 30
Sable gris....................	3 80	29 10
Lignite ou tourbe..............	0 55	29 65
Pliocène :		
Marne sableuse.................	0 60	30 25
Sable fin.....................	15 38	45 63
Marne grise...................	24 63	61 00
Marne bariolée................	21 08	81 08
Sable.........................	0 60	81 68
Marne jaune...................	0 82	82 50
Sable.........................	0 50	83 00
Marne.........................	22 00	105 00
Argiles et marnes bariolées (le blanc et le rouge dominent)................	30 00	135 00

Cette coupe donne lieu aux remarques suivantes :

1° La partie supérieure doit être quaternaire, vu la situation topographique du sondage et vu la présence de marnes tourbeuses.

Il est assez difficile de savoir où finit le quaternaire; cependant nous avons pensé qu'il y avait lieu de fixer à 29 m. 65 la base de cette formation.

2° Le reste du sondage, sur plus de 105 mètres de hauteur, ne montre qu'un seul banc important de sable fin situé à la partie supérieure; au-dessous, on n'aurait rencontré que des marnes ou des argiles qui deviennent de plus en plus bariolées à mesure qu'on descend.

Ces marnes ou argiles rappellent, par leur coloration, celles de l'étage moyen et ne sauraient être rattachées aux marnes de l'étage supérieur.

L'abondance et la puissance de ces assises de marnes bariolées nous paraissent motiver l'observation suivante. Sans doute, il est possible que les échantillons recueillis dans le forage ne soient pas la reproduction exacte des assises rencontrées; cependant on n'aurait pas omis de mentionner des assises de sables un peu épaisses; il faut donc admettre que les assises supérieures de l'étage moyen sont plus argileuses ou plus marneuses que celles de la partie inférieure du même étage; nous avons mentionné, en effet, du côté de la lisière du Jura, d'importantes assises de sables fins, micacés, et nous avons constaté également, dans la coupe du sondage de Bourg, de nombreux et épais bancs de sables.

Le sondage de Pont-de-Vaux serait donc resté constamment dans des marnes et argiles bariolées supérieures à la zone sableuse et argileuse des environs de Bourg et de Meillonnas, et ne serait pas arrivé à la partie inférieure de la formation de l'étage moyen.

Au nord de la région de Saint-Amour, les recouvrements de cailloutis sont plus épais, de telle sorte que les observations deviennent difficiles.

Nous nous bornerons donc à présenter les considérations suivantes.

RÉGION COMPRISE ENTRE CUISEAUX ET LOUHANS.

Dans la région de Frontenaud et du Miroir, on observe une succession de marnes et de sables qui donne la coupe suivante (fig. 20), dirigée suivant la route de Cuiseaux à Louhans.

Fig. 20

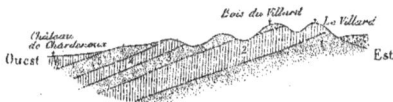

Les sables (1) ont été reconnus par des puits foncés au hameau de Villard (commune de Miroir).

Les marnes (2) s'observent au hameau de Villard; elles renferment des lignites et des débris de coquilles.

Les sables (3) sont exploités en carrière au sommet du plateau du Bois du Villard et près du village du Miroir; ils sont fins, blancs et micacés.

Les marnes (4) s'observent dans les environs de Frontenaud, au-dessous des sables (5); elles donnent lieu à un niveau d'eau; elles n'auraient, d'après le dire des gens du pays, que 3 à 4 mètres d'épaisseur.

Les sables (5) s'observent au village de Frontenaud; ils ont une épaisseur de 7 à 8 mètres.

Les marnes (6) ont été rencontrées par des puits creusés sur le plateau de Frontenaud; on les aperçoit d'ailleurs dans les tranchées des chemins; on les retrouve à Bruailles. Dans cette dernière localité, les puits ont rencontré 15 ou 16 mètres de marnes reposant sur des sables fins.

A Louhans, on trouve des sables fins, dont nous parlerons dans le paragraphe suivant.

A l'est du hameau de Villard, jusqu'à la lisière du Jura, l'observation de la surface ne fournit aucun renseignement.

RÉGION ENTRE LONS-LE-SAUNIER ET LOUHANS.

Entre Savigny-en-Revermont et Courlaoux, on observe, sur la rive droite de la Vallière, un escarpement de sables micacés avec rognons de grès ayant une épaisseur de 15 à 20 mètres.

Sur le plateau de Savigny, on exploite des argiles blanches utilisées comme matières réfractaires.

A 2 kilomètres à l'ouest de Savigny, près de l'étang de Velleron, on retrouve des sables exploités en carrière.

Au delà de ce point, en allant à l'ouest, on observe ensuite une assise marneuse assez épaisse; puis, à partir du point de croisement de la route de Savigny avec la route de Lons-le-Saunier à Louhans, on rencontre une série de carrières de sables fins (hameau des Grues, des Savions, des Nielles, des Vincens, du Villars).

A partir de Montagny et de Château-Renaud, on retrouve des marnes qui auraient, à Château-Renaud, au moins 14 ou 15 mètres d'épaisseur.

Entre Louhans et Branges, la colline qui borde la vallée de la Seille est exclusivement constituée par des sables micacés.

Au delà de Branges, on n'observe plus d'affleurements de sables; les forages de puits indiquent que la formation est surtout marneuse; nous arrivons alors à la zone supérieure du Pliocène inférieur, dont il sera parlé dans le chapitre suivant.

Les sables des environs de Louhans s'observent non seulement à Branges, mais encore à Vincelles, où ils sont exploités en carrière. Ce sont ces sables à aspect mollassique que nous avons à tort, sur la feuille de Chalon-sur-Saône, figurés comme mollasse marine, d'après une indication de fossiles erronée donnée par le frère Ogérien dans sa *Géologie du Jura*.

Si on résume par une coupe les indications que nous venons de donner, il semble qu'on pourrait représenter schématiquement comme il suit (fig. 21) la succession des terrains entre le Jura et Louhans :

Fig. 21

1. Sables à aspect mollassique de Savigny.	5. Sables de Ratte.
2. Argiles blanches de Savigny.	6. Marnes de Château-Renaud.
3. Sables de l'Étang de Velleron.	7. Sables de Louhans et de Branges.
4. Marnes de l'Étang des Claies.	8. Marnes de la zone supérieure.

ENVIRONS DE BLETTERANS.

A Bletterans, on exploite des argiles et des sables mollassiques situés au-dessous de ces dernières.

La coupe de la carrière est la suivante :

Cailloutis..	0^{m}3o à 0^{m}5o
Argiles grasses non calcaires, panachées (blanches, bleues, vertes, noires), avec débris de bois dans la partie médiane.	4 00 5 00
Sables à aspect mollassique.	

Ces sables sont exploités dans une carrière près du cimetière; nous y avons trouvé jadis, dans une course faite avec Fontannes, quelques débris d'ossements, mais ces derniers étaient indéterminables.

A l'est de Bletterans, à Coges [1], à Tartre, on retrouve une série de carrières exploitant des sables fins; mais à Sens, on voit des sables recouverts par des marnes.

On aurait donc, à partir de Bletterans, la succession suivante, plongeant du côté de l'ouest :

Sables mollassiques de Bletterans;
Argiles panachées de Bletterans;
Sables de Coges;
Marnes de Sens.

RIVES DU DOUBS ET DE L'ORAIN.

Entre Oussières et la lisière du Jura, les cailloutis empêchent les observations.

A Oussières, on trouve des carrières de sable fin, blanc, micacé, reconnu au moins sur 8 ou 10 mètres d'épaisseur; les mêmes sables sont exploités à Chateley, au lieu dit *Sablonnière*.

A Bretenières, on exploite pour poteries des argiles bleues non lignitifères; ces argiles y ont 3 ou 4 mètres d'épaisseur; au-dessous, on trouve, paraît-il, des sables fins.

Au sud-ouest de Bretenières, aux Fays, on exploite pour poteries, près de l'église, des argiles panachées de noir, de bleu, de vert, rappelant tout à fait celles de Bletterans; comme ces dernières, elles renferment des débris de lignite; elles ont, aux Fays, une épaisseur reconnue d'environ 3 mètres.

Ces argiles reposent sur des sables micacés, blancs, fins, qu'on exploite également en carrière, à l'est de la carrière précitée.

A l'ouest de Bretenières, on trouve des terrains absolument différents, qui appartiennent, comme nous le dirons plus loin, au Pliocène moyen. Ces terrains, qui sont constitués par des cailloutis, occupent toute la partie basse de

---

[1] Ogérien prétend, dans sa *Géologie du Jura*, que des dents de Squales ont été trouvées jadis dans les sables de Coges (*Histoire naturelle du Jura*, t. Iᵉʳ, pages 470-471); aussi avait-il considéré ces sables à aspect mollassique de Bletterans et de Coges comme appartenant à la mollasse marine. C'est en présence de cette affirmation d'Ogérien, relative à la découverte de dents de Squales, que nous avions, sur la feuille de Chalon, rangé dans la mollasse marine les sables à aspect mollassique affleurant sur les rives de la Seille. Une étude plus complète de la Bresse a démontré que cette assimilation était erronée; les fossiles cités par Ogérien ne pouvaient provenir que d'un remaniement.

la vallée de l'Orain; on ne retrouve le Pliocène inférieur qu'à Saint-Baraing,
où il se présente sous forme de marnes bleuâtres. Ces dernières constituent
tout le coteau situé du côté du Doubs, et se poursuivent du côté d'Asnans,
mais elles s'abaissent progressivement en s'avançant du côté de l'ouest; elles
sont, au sommet du plateau d'Asnans, recouvertes de sables fins, micacés, à
aspect mollassique, qui se poursuivent jusqu'à Neublans, où ils forment un
bel escarpement au-dessous de la gare.

Ces sables sont recouverts par des marnes bleues, qu'on peut apercevoir
dans un chemin neuf partant de la gare de Neublans.

En bas de l'escarpement existent des sources dues au contact des sables
précités avec des marnes. Ces dernières sont difficilement observables, vu la
faible élévation de leurs affleurements au-dessus de la plaine alluviale du
Doubs, mais quelques fouilles ont établi leur présence; elles renferment des
lignites. Ces marnes représentent probablement le prolongement de celles de
Saint-Baraing; elles sont, à Neublans, situées à 10 mètres plus bas qu'à Saint-
Baraing; la distance entre ces deux points étant de plus de 10 kilomètres, la
pente serait inférieure à 1 mètre par kilomètre; mais il faut remarquer qu'une
ligne joignant Neublans et Saint-Baraing est presque parallèle à la bordure
jurassique, et par suite presque normale à la plongée des assises pliocènes.

Nous croyons devoir fournir ci-dessous la coupe de l'escarpement de Neublans, qui a été bien souvent citée par les géologues ayant étudié la Bresse.

Nous la reproduisons ci-dessous, à peu près telle qu'elle a été donnée par
M. Marcel Bertrand [1].

Limon et sables avec mâchefer à la base.............. 2ᵐ 00
Marnes bleues.................................. 7 00
Sables blancs, fins, micacés, avec bancs gréseux et stratifi-
  cations parfois entrecroisées, sables caillouteux à la partie
  inférieure................................... 13 00
Marnes ou argiles avec lignites reconnues sur.......... 4 00

Les sables caillouteux ont fourni à M. Bertrand divers Mollusques étudiés
par Tournouër [2], savoir :

Helix Chaixi Mich.
H. Nayliesi Mich.

[1] *Bulletin de la Société géologique de France*, 3ᵉ série, t. X, p. 256.
[2] Tournouër (*Bull. Soc. géol.*, 3ᵉ série, t. X, p. 258).

Limnœa Bouilleti Mich.

Clausilia suturalis Sandb.

Melanopsis Brongniarti Loc., etc.

Nous n'avons pu retrouver qu'une partie des fossiles recueillis par M. Bertrand (Mus. Paris).

Les marnes ou argiles inférieures auraient, d'après Ogérien [1], fourni des dents de *Palæotherium* qui en feraient des dépôts Éocènes. Pareille conclusion est absolument erronée; les marnes à lignite de Neublans occupent seulement la partie moyenne du Pliocène inférieur et ne sauraient renfermer le *Palæotherium*.

C'est donc à une grave erreur qu'il faut attribuer cette affirmation d'Ogérien, qui n'a pas été sans entraîner jadis, dans l'étude de la géologie bressane, de fâcheuses conséquences.

Le terrain éocène existe bien en Bresse, comme nous l'avons dit antérieurement, mais il y présente des caractères tout différents de ceux des marnes de Neublans.

C'est d'ailleurs à la suite de cette erreur d'Ogérien que nous avions, avec ce géologue, considéré comme représentant le Miocène (Mollasse marine) les sables de Neublans et que nous avons figuré comme tel, dans l'angle Nord-Est de la feuille de Chalon, le prolongement de ces sables.

Au delà de Neublans, on trouve une succession de marnes qui appartiennent à la zone supérieure dont nous parlerons plus loin (marnes d'Auvillars).

RÉGION DU DOUBS EN AMONT DE DÔLE. — MINERAIS DE FER.

Sur la rive droite du Doubs, entre Fraisans et Éclans, on observe, au-dessus des calcaires qui constituent les escarpements de la vallée, divers affleurements de terres plus ou moins réfractaires.

Les gîtes les plus importants sont situés à Étrepigney.

Des carrières, situées dans le village même, présentent la coupe suivante :

Cailloutis..............................	$3^m\,00$ à	$4^m\,00$
Argile bleue à poterie...........................		0 60
Argile blanche (terre à creusets)...................		1 00
Sable blanc réfractaire..........................		14 00
Argile jaune..............................		0 70

[1] Ouvrage précité, p. 476.

Au sud du hameau, à la lisière des bois, on trouve la succession suivante :

Cailloutis............................ 3^m 00 à 4^m 00
Argiles bleues avec lignites...................... 0 66
Argile noire à poterie.......................... 1 50
Argile blanche micacée........................ 4 00
Argile jaune. (Épaisseur inconnue.)

Ces dépôts nous paraissent devoir être rattachés à la série des assises de sables et d'argiles réfractaires que nous avons, dans le paragraphe précédent, montré exister tout le long de la lisière du Jura.

Sur la rive droite du Doubs, au bois d'Arne, au nord de Dampierre et d'Orchamps, on trouve des terrains de compositions assez différentes; on arrive dans la zone des minerais de fer.

Pendant une longue période, on a, dans la forêt d'Arne, exploité des minerais de fer en grains, pour la consommation des usines de Fraisans.

Les puits destinés à l'extraction de ce minerai avaient des profondeurs assez variables, et les coupes des terrains traversés différaient sensiblement d'un point à l'autre.

On peut cependant admettre, comme représentant la moyenne, la coupe suivante :

Cailloutis............................ 3^m 00 à 8^m 00
Argiles jaunes avec lignites...................... 2 00
Minerai de fer accompagné de concrétions calcaires 0^m 50 à 1 50
Argile rouge.......................... 1^m 00 à 4 00

La présence de lignite en bancs minces était un fait assez constant dans les gisements de la forêt d'Arne.

Le minerai était, comme tous ceux que nous allons mentionner dans les paragraphes suivants, en grains sphéroïdaux, présentant des couches concentriques bien accusées. Ces divers grains n'avaient qu'un faible volume, ne dépassant guère celui d'un pois. La teneur des minerais en fer métallique, après lavage, atteignait en moyenne 40 à 45 p. 100.

C'est la première fois, dans le présent chapitre, que nous signalons la présence des minerais de fer; on est donc amené à se demander si ces minerais sont bien dans la zone moyenne du Pliocène inférieur, ou si au contraire ils appartiennent à des formations d'âge différent. Les gîtes du bois d'Arne ne nous fournissent aucune indication, car on n'y a jamais signalé de fossiles et on constate, en outre, que les minerais existent seulement sur la rive droite du Doubs, tandis que sur l'autre rive on observe des gîtes de terres réfractaires; il peut donc paraître peu justifié de classer dans le même étage géologique des gîtes dissemblables.

Aussi n'est-ce qu'après avoir achevé l'étude des gisements de minerais de fer, qu'il nous sera possible de justifier notre classification.

GÎTES DES MINERAIS DE FER DE LA BORDURE DU JURA, DE DÔLE À PESMES.

Près de Dôle, à Foucherans, on a exploité jadis du minerai de fer en grains; le lambeau contenant ce gîte forme d'ailleurs une cuvette de très faible étendue enclavée dans le Jurassique.

A Sampans et à Biarne, on a extrait du minerai; à l'ouest de Sampans existent deux carrières exploitant du sable blanc, fin, micacé, identique comme aspect avec les sables dont nous avons parlé dans les paragraphes précédents.

A Peintre et aux environs existaient aussi des exploitations de minerais; ces extractions étaient d'ailleurs très superficielles. A Peintre, les travaux ne descendaient guère à plus de 5 mètres au-dessous de la surface; la couche allait en plongeant du côté de l'ouest.

Au nord-ouest de Peintre, entre ce village et celui de Flammerans, au hameau de Bise, existe une carrière de sable blanc, fin, micacé.

Près de Dammartin, on a également extrait du minerai.

En résumé, sur la lisière du Jura, entre Dôle et Pesmes, existe une série de gîtes de minerais de fer alignés suivant la bordure et situés à peu de distance de cette dernière; ces gîtes plongent à l'ouest, et à leur toit existe une formation de sable blanc, à aspect parfois mollassique.

GÎTES DE MINERAIS DE FER DE LA HAUTE-SAÔNE.

Le département de la Haute-Saône a été autrefois le siège d'importantes exploitations de minerais de fer, tant sur la rive droite que sur la rive gauche de la Saône.

A la Résie, à la Fresse, à Lieucourt, à Montseugny, à Aubigney, à Sauvigney-les-Pesmes, l'extraction des minerais a été très active et a motivé la création des usines de Pesmes et de Valay.

Nous avons pu voir encore, en 1891, deux minières en activité, situées, l'une à Lieucourt, l'autre à Montseugny. La coupe des puits était la suivante :

PUITS DE LIEUCOURT.

Limon et mâchefer...........................	$1^m 20$
Sable fin, blanc, aquifère.......................	5 00
Argile rouge et blanche..........................	1 00
Argile grise et bleue............................	2 50
Castillot (concrétions calcaires)....................	7 00
Minerai (empâté dans le Castillot)........... $0^m 50$ à	0 75
Castillot reconnu sur une épaisseur de..............	3 00

PUITS DE MONTSEUGNY.

Limon et mâchefer.........................	$7^m 00$
Sables fins.................................	1 50
Argile rouge (lignite à la base).......	0 65
Castillot...................................	10 00
Marne blanche.............................	0 60
Argile jaune..............................	1 20
Minerai dans le Castillot.................. $0^m 30$ à	0 50
Castillot. (Épaisseur inconnue.)	

Les coupes de ces deux puits montrent que le minerai de fer est situé au milieu de concrétions calcaires, jaunâtres ou blanchâtres, dites *Castillot;* tout le Castillot renferme des grains de minerai, mais il y a des zones où ces derniers sont beaucoup plus abondants et deviennent exploitables.

A la Résie, les anciens puits offraient, d'après Thirria[1], la coupe suivante :

Argile verdâtre.............................	$1^m 00$
Sable fin..................................	0 60
Rognons calcaires et argile verdâtre..................	2 60
Sable fin, jaunâtre.................................	1 16
Argile jaunâtre un peu sablonneuse.................	1 60
Argile onctueuse, jaune verdâtre...................	1 30
Argile verdâtre avec rognons calcaires et minerais en grains.	0 60
Minerai en amas dans des argiles ocreuses............	1 00
Marne blanche, argile verdâtre et rognons calcaires......	3 00
Jurassique.	

[1] *Statistique minéralogique de la Haute-Saône.*

A Cresancey, dans les bois de la Fiolle, il y avait des minières importantes.

D'après les renseignements recueillis, on rencontrait successivement les assises suivantes :

> Limon et mâchefer.
> Sable fin, jaunâtre, aquifère.
> Argile jaune et blanche.
> Castillot.
> Minerai (0^{m}50 à 0^{m}80).

La profondeur des puits ne dépassait guère 10 mètres.

A Cresancey, une petite sablière permet de relever la coupe suivante :

> Limon...................................... 1^{m}00
> Argile bleuâtre.............................. 0 20
> Sables très fins, jaunâtres, découverts sur....... 3^{m}00 à 4 00

Il est probable que ce sable est le même que celui qui recouvre le minerai de fer.

Au nord de ces localités existent encore de nombreux points où le minerai a été exploité; nous les avons figurés sur la carte de la Bresse, en les empruntant principalement aux indications fournies par M. Marcel Bertrand sur la feuille de Gray.

Nous nous bornerons à énumérer les localités suivantes : Noiron, Esmoulin, Germigney, la Chapelle-Saint-Quillain, Beaujeux.

A la Chapelle-Saint-Quillain, on aurait rencontré, d'après Thirria, la succession suivante :

> Argile rouge, grise ou verdâtre.................... 2^{m}00
> Sable blanc................................ 1 20
> Argile rouge............................... 1 30
> Minerai dans une argile ocreuse, avec plaquettes de calcaire
>   siliceux, renfermant des moules de *Lymnées.*

Sur la rive droite de la Saône, les extractions de minerai ont été encore plus développées que sur la rive gauche.

Nous mentionnerons notamment, d'après les indications fournies par M. Marcel Bertrand et celles, peu nombreuses d'ailleurs, recueillies par nous, les localités suivantes, où ont été ouvertes des minières : Delains, Écuelles,

Voyrières, Montureux, Broyes-les-Loups, Poyans, Renève, Talmay, Champagne-sur-Vingeanne, Atricourt, Saint-Seine-sur-Vingeanne, Fontaine-Française, Autrey, Dampierre-sur-Vingeanne, Blagny, Mirebeau, Charmes, Montmançon, Arc-sur-Tille, Lamarche-sur-Saône.

Nous croyons devoir fournir quelques détails sur le gisement de la Marche-sur-Saône, afin de préciser la nature des terrains qui surmontent le minerai de fer.

A Vonges, on exploite, près du chemin de fer et au sud du village, une carrière d'argile pour tuileries; elle est bien litée, jaunâtre, parfois rougeâtre, avec quelques filets sableux intercalés; les assises sont visibles sur 5 ou 6 mètres.

A la Marche, tout à côté de la station, existe une carrière de sable très fin, blanc, utilisé pour les fonderies; l'épaisseur de cette assise paraît être notable.

Les sables reposent sur des glaises qui s'aperçoivent dans les tranchées des chemins; ces argiles paraissent représenter le prolongement de celles exploitées à Vonges; ces dernières plongeraient ainsi sensiblement vers le sud.

Le minerai de fer, autrefois exploité, était situé plus bas que les sables fins et devait être intercalé dans les glaises mentionnées ci-dessus.

Au sud-ouest de la Marche, près de la route de ce village à Magny, à un niveau supérieur à celui des sables, on exploite pour tuileries des argiles grasses, peu calcaires, présentant des couleurs variées (rouge, blanc, bleu).

On aurait donc, dans cette région, la succession suivante, à partir du promontoire miocène de Vonges :

> Argiles jaunes de Vonges avec minerai de fer subordonné à la Marche.
> Sables blancs fins de la Marche.
> Argiles bariolées de la Marche.

L'ensemble des assises plonge vers le sud.

Au sud de la Marche, on trouve des marnes grisâtres ou bleuâtres exploitées à Villers-les-Pots et recoupées par la tranchée du chemin de fer près de la station.

Ces marnes renferment, dans cette tranchée, des coquilles (*Paludines*) et paraissent devoir être rattachées à la zone supérieure (*marnes d'Auvillars*).

MODE DE FORMATION DES MINERAIS DE FER DU JURA
ET DE LA HAUTE-SAÔNE.

Il nous paraît opportun de présenter, au sujet des divers gîtes de minerais de fer que nous venons de passer en revue, quelques considérations relatives à leur mode de formation.

L'examen de la carte de la Bresse montre (ce que confirme d'ailleurs la visite des lieux) que le minerai de fer existe surtout au voisinage presque immédiat des calcaires, et qu'il est toujours accompagné de concrétions calcaires.

Il semble qu'il y ait eu à cette époque, sur le pourtour de la cuvette Bressane, dans toute la région située au nord d'Auxonne, des plaines basses marécageuses, dans lesquelles les eaux pluviales chargées de calcaires et de sels de fer empruntés aux terrains des bords de la cuvette, laissaient déposer leur calcaire et leur minerai de fer. Ce dernier serait ainsi un véritable minerai de marais.

Peut-être cependant quelques-uns des gîtes auraient une origine un peu différente. Les concrétions calcaires dites *Castillot* rappellent absolument, en effet, celles qu'on observe de nos jours sur les coteaux marneux ou calcaires; ces dernières sont le plus généralement aussi accompagnées de grains de minerais de fer.

Il est donc possible que le Castillot ferrugineux se soit parfois formé sur place aux dépens des calcaires sous-jacents. Des assises calcaires situées dans des régions humides plus ou moins marécageuses, nous paraissent, en effet, réaliser des conditions particulièrement favorables à la formation de concrétions ferrugineuses. La présence de silex avec moules de *Lymnées* dans le minerai de la Chapelle Saint-Quillain, silex empruntés à la roche sous-jacente, semble établir que les minerais de cette région se sont effectués dans les conditions indiquées ci-dessus.

GÎTES DE MINERAIS DE FER DE LA BORDURE OUEST DE LA BRESSE.

Sur la bordure Ouest de la Bresse existent également, dans la Côte-d'Or, divers gîtes de minerais de fer sur lesquels nous croyons devoir donner quelques détails succincts.

Le gîte le plus au nord est celui de Varois; le minerai y repose sur le calcaire à *Helix Ramondi*.

A Sennecey, Crimolois, Fauverney et Magny, on avait ouvert diverses minières.

A Magny, le minerai reposait parfois directement sur le calcaire à *Helix Ramondi*. Le même fait se présentait au nord-ouest de Crimolois.

A une certaine distance des affleurements du calcaire lacustre, le minerai ne se rencontrait qu'en profondeur.

Un puits de Crimolois a fourni la coupe suivante :

Limon....................................	1ᵐ à 1ᵐ 50
Sable fin....................................	5 00
Argile jaune et noire..............................	12 00
Minerai dans le Castillot............................	0 70
Argile (non traversée)............................	?

A Tart-le-Haut, un puits d'exploitation a rencontré la série ci-après :

Limon et minerai de fer............................	2ᵐ 50
Sables fins (exploités jadis pour sable de fonderie)........	6 50
Argiles jaunes....................................	1 50
Argiles bleues....................................	2 00
Minerai de fer et Castillot.........................	1 25

A Saint-Philibert, où apparaît un affleurement de calcaire lacustre, on a extrait également des minerais. Tout près du village, à l'ouest, le minerai était à une très faible profondeur et s'exploitait à ciel ouvert; au sud de ce point, notamment à Épernay, l'extraction devait être opérée par puits, à cause de la plus grande profondeur du gîte.

A Épernay, certains des puits avaient une profondeur de 17 mètres et avaient recoupé les assises suivantes :

Limon....................................	1ᵐ 50
Sable fin....................................	2 00
Argile bleue....................................	1 00
Argile jaune....................................	1 50
Sable fin....................................	3 50
Argile bleue....................................	1 00
Sable....................................	2 50
Argile bleue....................................	3 50
Minerai de fer et Castillot.........................	0 50

IMPRIMERIE NATIONALE.

Entre Crimolois et Saint-Philibert, on n'a pas reconnu la présence de minerais de fer, mais on aperçoit du sable fin, blanc, micacé, exploité en carrière à Barges et à Saulon. Ce sable rappelle tout à fait, par son aspect, celui qui a été déjà signalé dans la série de la zone moyenne du Pliocène inférieur.

Disons incidemment que c'est dans une sablière de Saulon qu'a été trouvé, pour la première fois, en Bresse, le *Pyrgidium Nodoti*[1].

Au sud d'Épernay et de Saint-Philibert, on ne retrouve pas le prolongement des gîtes de fer. On a bien extrait jadis, à Argilly, à Ruffey et à Montmain, des minerais; mais ces derniers étaient tout à fait superficiels et étaient associés au Limon; ils nous paraissent donc devoir être séparés des minerais de Crimolois et de Saint-Philibert, auxquels ils seraient bien postérieurs.

Les sables fins micacés se poursuivent au contraire un peu au delà d'Épernay; on les retrouve exploités en carrière à Gerland, au hameau de la Chocelle, où on observe 3 mètres de sable fin reposant sur des argiles bleuâtres.

Mais au sud de cette localité, il n'y a plus de carrières de sable fin micacé; il faut aller jusqu'à Bagé, en face de Mâcon, pour retrouver avec certitude des sables semblables.

LIMITES DE LA FORMATION DES MINERAIS DE FER.

Si on examine l'ensemble de la formation des minerais de fer que nous venons de passer en revue, on voit que ces derniers constituent en somme une zone régulière commençant au nord-est de Dôle, dans la forêt d'Arne, se continuant près de Dôle par le petit lambeau de Foucherans et se poursuivant ensuite par une traînée continue le long de la bordure orientale de la Bresse; dans la région de Gray, les minerais occupent à peu près toute la cuvette; puis la traînée suit le bord occidental de la Bresse, mais elle va en diminuant progressivement de largeur et elle n'existe déjà plus en face de Nuits.

En un mot, le minerai de fer est localisé dans la partie Nord de la cuvette Bressane et il forme tout le pourtour de cette dernière.

Cette localisation paraît, au premier abord, singulière; cependant il est aisé, croyons-nous, d'en trouver la raison.

La carte de la Bresse montre que dans la partie Nord, la dépression est peu profonde; des affleurements du Jurassique, de l'Oligocène s'observent jusque

---

[1] Tournouër (*Bulletin de la Société géologique*, 2ᵉ série, t. XXIII, p. 789).

dans le centre de la Bresse; au nord de Pontailler, les rives de la Saône sont presque constamment taillées dans le Jurassique. Il y avait donc, dans la partie Nord de la Bresse, de grandes plages peu profondes qui se prêtaient admirablement, comme nous l'avons exposé précédemment, à la formation du minerai de fer.

Au sud de la ligne reliant les deux villes de Nuits et de Dôle, il n'existe plus, dans la dépression Bressane, d'affleurements du terrain jurassique ou de calcaires lacustres; la cuvette y est profonde, aussi n'y trouve-t-on plus de minerai.

C'est donc exclusivement à la configuration des bords de la cuvette Bressane et à la nature calcaire des terrains de bordure qu'il y a lieu d'attribuer la présence ou l'absence de minerai; ce dernier existe partout où les bords étaient presque plats et où les eaux n'avaient qu'une profondeur minime; ils font, au contraire, défaut lorsque les bords étaient notablement escarpés.

ÂGE DES GÎTES DE MINERAIS DE FER.

Les gîtes de minerais de fer ont fourni de nombreux débris de Mammifères qui les classent nettement dans le Pliocène ancien. Mais ces ossements ne suffiraient pas à eux seuls pour bien définir la position de ces gîtes dans la série du Pliocène inférieur Bressan; il faut avoir recours aux indications fournies par la stratigraphie.

Nous avons, dans les divers paragraphes qui précèdent, insisté à plusieurs reprises sur ce que, au-dessus des gîtes, il y avait des glaises et surtout des sables fins, micacés, identiques à ceux qui existent d'une manière continue dans toute la Bresse méridionale et centrale, depuis Miribel et Mollon jusqu'à Neublans.

Cette grande zone, constituée par des alternances de sables fins, micacés, avec des marnes ou des argiles bariolées, ne saurait s'arrêter brusquement à Neublans; elle doit se continuer au nord de la vallée du Doubs, et si elle change de composition par suite de la présence des minerais de fer, cela tient aux causes spéciales dont il a été parlé dans le paragraphe précédent. La continuation des assises de sables fins et des argiles colorées établit d'ailleurs entre les formations de la Bresse du nord et celles de la Bresse centrale et méridionale un trait d'union suffisant.

Ajoutons que la zone la plus ancienne du Pliocène inférieur Bressan, celle des marnes de Mollon, ne dépasse guère la latitude de Bourg, et que la zone supérieure que nous avons à étudier dans le chapitre suivant ne s'étend pas en amont d'Auxonne; c'est donc seulement dans la zone moyenne qu'on peut ranger les minerais de fer du nord de la Bresse.

PALÉONTOLOGIE.

La zone moyenne du Pliocène inférieur occupe en Bresse une étendue considérable. Nous y distinguerons au point de vue paléontologique :

Le *facies lacustre*, qui comprend tout le centre et le sud de la cuvette et qui est constitué par une alternance de sables, de marnes et de terres réfractaires,

Et le *facies subcontinental* ou *de marécage,* qui correspond aux dépôts à minerai de fer pisolithique de la Côte-d'Or, de la Haute-Saône et du Doubs, et forme une lisière autour de la partie septentrionale du bassin Bressan.

Dans le facies lacustre, nous avons à séparer au point de vue faunique :

1° Un *horizon inférieur* fossilifère sur la bordure Sud de la Dombes (Sermenaz, les Boulées, Riguieux, Mollon); ce niveau fossilifère, placé à peu de distance verticale au-dessus des marnes de Mollon, contient une faune qui a de grands rapports avec celle de l'horizon inférieur de Loyes et de Mollon-Ravin. Nous désignons cet horizon sous le nom d'*horizon de Sermenaz* et nous y rattachons les gisements des puits de Treffort (Ain), qui font le passage géographique entre les stations de la Dombes et celles des environs de Saint-Amour;

2° Un *horizon moyen* fossilifère dans la région de Saint-Amour (Jura) et comprenant une série complexe de sables et de marnes dont nous avons établi plus haut la succession (voir coupe fig. 19). Bien que cet horizon n'ait pu être observé en superposition directe sur l'horizon de Sermenaz, en raison de la grande distance qui sépare les deux régions, nous n'avons aucun doute sur l'âge plus récent de l'*horizon de Saint-Amour,* dont la faune a de grands rapports avec celle du niveau Bressan supérieur. Nous y rattachons le gisement des sables de Saint-André-d'Huiriat, près Pont-de-Veyle;

3° Un *horizon supérieur* developpé dans le centre et le nord de la Bresse, entre Louhans et Dijon, et pauvre en fossiles, sauf dans le gisement de Neublans-sur-le-Doubs, exploré par M. Bertrand, et dans celui de Saulon-la-Rue, au sud de Dijon.

FACIES LACUSTRE.

A. Gisements du sud de la Dombes (Sermenaz, les Boulées, Rignieux, Mollon).

Mammifères.

Rhinoceros leptorhinus Cuv. (pl. V, fig. 4).

Le seul débris de Mammifère qui ait jamais été trouvé dans cet horizon est une dernière prémolaire supérieure gauche (Muséum de Lyon), provenant des sables du ravin de Sermenaz. Bien que la couronne de cette dent soit déjà fortement entamée par la détrition, il est possible d'attribuer cette pièce, en raison de sa forte taille, au *R. leptorhinus* Cuv., du Pliocène ancien de Montpellier, du Roussillon, d'Italie, plutôt qu'au *R. Etruscus* Falc., du Pliocène plus récent du val d'Arno et d'Auvergne; pour la grandeur, la forme des collines, la disposition du bourrelet basilaire interne continu, cette dent est identique à celles des sujets de Montpellier.

Mollusques.

Helix (Galactochilus) Falsani Locard (pl. VIII, fig. 1-2).

Cette grosse *Helix,* facile à reconnaître à sa forme globuleuse, à l'absence d'ombilic, à son test épais, à sa bouche presque circulaire, et surtout à son péristome épais, réfléchi, épaissi et presque denté près de l'ombilic, avait d'abord été désignée par Tournouër sous le nom d'*H. Locardi* (*Note format. tert. Miribel,* p. 8), déjà employé avant pour une espèce quaternaire; M. Locard (*Rech. paléontol.,* p. 27, pl. I, fig. 1-3) a remplacé ce nom par celui d'*H. Falsani.*

Ce type a pour analogue, dans l'Aquitanien des environs d'Ulm, l'*H. Ehingensis* Klein, qui est cependant plus grosse, moins globuleuse, et a une bouche moins ronde; ce même groupe est représenté à l'état actuel par l'*H. cornu militare* L., de Saint-Domingue.

Gisement. — Sables de Sermenaz (altitude, 225 mètres), fig. 1-2.

Helix (Macularia) Magnini Locard (pl. VIII, fig. 3-5).

Cette espèce, décrite par M. Locard (*Recherches paléontol.*, p. 29, pl. I, fig. 4-6), est extrêmement voisine de l'*H. sylvana* Klein, de la Mollasse d'eau douce supérieure de Suisse, d'Allemagne et du sud-est de la France, dont elle se distingue à peine par ses tours plus plats en dessus et par son ouverture un peu plus arrondie; on doit, à notre avis, considérer l'*H. Magnini* comme le descendant pliocène du type *sylvana*, si répandu dans le Miocène supérieur. Parmi les *Helix* pliocènes de la Bresse, on reconnaîtra toujours l'*H. Magnini* à sa spire très élevée.

Gisement. — Sables de Sermenaz (225 mètres), fig. 3-5.

Helix (Hemicycla) Tersannensis Locard (pl. IX, fig. 6-7).

Cette espèce, du groupe de l'*H. Turonensis* Desh., des faluns de Touraine, et de l'*H. Delphinensis* Font., du Miocène supérieur du Bas-Dauphiné (*Vallon de la Fuly,* pl. I, fig. 4), doit être considérée comme le représentant pliocène de ce dernier type. Elle a été décrite par M. Locard (*Arch. Mus. Lyon*, t. II, pl. XIX, fig. 29-31) d'après des spécimens d'Hauterive, que Michaud rapportait à tort à l'*H. splendida* actuelle; mais le nom de *Tersannensis* peut prêter à quelque confusion, puisque à Tersanne, localité voisine d'Hauterive, on n'observe que les sables d'eau douce miocènes avec *H. Delphinensis*. On distinguera en tous cas la coquille pliocène de cette dernière à sa forme plus surbaissée, à son dernier tour plus aplati et comme subcaréné, à sa bouche plus transverse, moins arrondie; il vaudrait mieux peut-être rattacher l'*H. Tersannensis* au type *Delphinensis,* à titre de *mutation* pliocène.

Les spécimens que nous avons recueillis dans les marnes du ravin de Sermenaz ont une couleur brun-rosé et montrent des traces de bandes spirales colorées, analogues à celles de l'*H. Turonensis.*

Gisements. — M. Locard et Tournouër ont cité l'*H. Tersannensis* dans les marnes de Bas-Neyron (horizon Bressan inférieur); nous en avons trouvé de nombreux spécimens dans un niveau marneux intercalé dans les sables du ravin de Sermenaz, vers l'altitude de 233 mètres.

Helix (Fruticicola) Sermenazensis Locard (pl. VIII, fig. 14-16).

Cette espèce de petite taille, à test mince, à tours nombreux, finement striés, à ombilic étroit, à ouverture buccale presque circulaire, à péristome simple, représente dans le Pliocène Bressan le groupe si nombreux des *Fruti-cicola* actuelles (*H. hispida, sericea, rufescens*, etc.).

Elle est voisine de l'*H. Jourdani* Michaud, d'Hauterive (*Journ. conchyl.*, 1862, pl. III, fig. 12-13), dont elle diffère par son ombilic plus petit et sa forme générale moins déprimée.

Gisement. — Ravin de Sermenaz, marnes à 233 mètres.

Helix (Mesodon) Chaixi Mich. (voir *ante* p. 71).

A l'état de fragments bien reconnaissables dans les sablières de Mollon.

M. Locard signale dans ces mêmes sables des fragments d'*Helix Nayliesi* et de *Zonites Colonjoni*, que nous n'avons pas observés nous-mêmes.

Clausilia (Triptychia) Terveri Mich. (pl. VIII, fig. 29-31).

La grande *Clausilia*, d'Hauterive, n'est pas rare dans les sables de Rignieux et de Mollon, mais toujours très fragile et presque impossible à obtenir en bon état. Nous figurons à titre de document un gros fragment voisin de la base (fig. 31), un sommet (fig. 30) et une section longitudinale montrant le double pli de la columelle (fig. 29).

Nous ne connaissons pas la *Clausilia (Triptychia) Bourguignati*, décrite par M. Locard (*Rech. paléont.*, p. 32, pl. I, fig. 13), des sables de Sermenaz.

Vivipara Fuchsi Neumayr Tourn. (pl. VIII, fig. 17-22)
[syn. **V. Dresseli** Tourn.].

Tournouër (*Bull. Soc. géol.*, 3ᵉ série, t. III, p. 743, pl. XXVIII, fig. 2) a décrit sous le nom de *V. Dresseli* une Paludine dont il connaissait seulement trois échantillons non adultes, venant du puits de Vancia. Cette même espèce est extrêmement abondante dans le gisement des Boulées, près de Miribel, où l'on peut recueillir des spécimens adultes en parfait état. Tournouër avait déjà indiqué les affinités de la *V. Dresseli* avec la *V. Fuchsi* Neum., des couches à Paludines inférieures de Slavonie (Neumayr et Paul, *Paludinen Schichten*, pl. V, fig. 4-6), tout en séparant l'espèce bressane « dont les tours seraient plus arrondis et la spire plus développée ». Mais lorsqu'on a sous les yeux une nombreuse série de Paludines des Boulées, il est facile de voir que ces différences ne sont pas constantes et que certains sujets de Miribel sont tout à fait identiques, par le degré d'aplatissement des tours, par la brièveté de la spire, par l'étroitesse de l'ombilic, avec les formes typiques du *V. Fuchsi*, de Slavonie. Nous figurons (pl. VIII, fig. 17) l'un de ces sujets à spire courte et plate, à côté de la forme plus commune à spire plus allongée (fig. 19) et à tours plus convexes qui avait servi de type à l'espèce *Dresseli*.

Gisement. — Marnes des Boulées, près Miribel, à 227 mètres d'altitude.

Bithynia Leberonensis F. et T. (pl. VIII, fig. 23-26), voir *ante* p. 76.

On trouve dans les marnes et les sables la forme allongée, à dernier tour peu ventru (var. *Neyronensis* Locard, fig. 23-24), et la forme plus courte à dernier tour plus ventru (fig. 25-26).

Gisements. — Ravin de Sermenaz (sables, marnes à 234 mètres d'altitude); rare aux Boulées.

Nematurella ovata Bronn (pl. VIII, fig. 27).

On trouve à ce niveau une Nematurelle plus ventrue que la *N. Lugdunensis* Tourn., et qui nous a paru identique à la *N. ovata* Bronn, du val d'Arno, à laquelle nous l'avons comparée directement.

Gisements. — Ravin de Sermenaz (marnes à 234 mètres); marnes des Boulées (à 227 mètres).

Valvata Vanciana Tourn. (pl. VIII, fig. 32), voir *ante* p. 81.

Cette espèce, très typique à ce niveau, se rencontre surtout dans la terre qui remplit la bouche des grosses Paludines.

Gisements. — Les Boulées, Vancia.

Planorbis Philippei Locard (pl. VIII, fig. 28), voir *ante* p. 75.

Ce Planorbe, de l'horizon de Bas-Neyron, se rencontre dans les sables de Sermenaz (coll. Tournouër, 2 sujets).

Selon M. Locard, on trouve en outre dans les sables de Sermenaz plusieurs autres Planorbes de l'horizon de Mollon (*Pl. Heriacensis, Pl. Falsani*) que nous n'avons pas retrouvés.

Tournouër indique (*Bull. Soc. géol.*, t. III, 1875, p. 742, pl. XXVIII, fig. 1) dans les marnes des Boulées un petit Planorbe du groupe des *Giraulus*, voisin des *Pl. tenuis* et *micromphalus* Fuchs, des couches à Congéries de Hongrie; nous n'avons pas vu cette espèce.

Neritina (Theodoxus) Philippei Tourn (pl. VIII, fig. 33-34, voir *ante* p. 82).

Cette espèce, déjà citée de l'horizon de Mollon, devient très commune à ce niveau, dans les marnes des Boulées; M. Locard la cite également à Sermenaz.

Melanopsis flammulata de Stef., var. **Rhodanica** Loc.
(pl. VIII, fig. 36-38, voir *ante* p. 81).

Déjà apparu au sommet de l'horizon de Mollon, ce *Melanopsis* devient très abondant dans les marnes des Boulées.

Unio Miribellensis Locard (pl. VIII, fig. 8-10).

M. Locard (*Rech. paléont.*, p. 38, pl. IV, fig. 13) a décrit cette *Unio* assez commune dans les marnes des Boulées, mais sans faire connaître son caractère le plus important, qui est la présence d'une carène assez marquée qui va du sommet à l'angle rostral placé en arrière. Une valve intacte recueillie par M. Sayn (fig. 9) nous permet de faire ressortir ce point; la forme bombée des sommets, leur position près du bord antérieur, l'angle assez aigu qui termine en arrière cette coquille permettent aussi de la reconnaître facilement.

Parmi les formes fossiles décrites, nous ne voyons d'autre rapprochement à faire qu'avec l'*U. Rakovecianus* Brus., des couches à Paludines moyennes de Slavonie (*Binnen Moll.*, p. 115, pl. VII, fig. 3-4), qui a la même forme étroite, rostrée en arrière, les sommets encore plus bombés, et qui s'en distingue surtout par la présence de deux carènes postérieures au lieu d'une seule : la deuxième est, il est vrai, très peu marquée.

Gisements. — Marnes des Boulées, Sermenaz.

Pisidium amnicum Müll., var. **Idanicum** Locard (pl. VIII, fig. 11-13).

Cette Pisidie ne se distingue du *P. amnicum* actuel que par une taille plus petite et son épiderme plus lisse; M. Locard (*Rech. paléont.*, p. 24, pl. IV, fig. 10-11) l'a décrite sous le nom de *P. Idanicum*, qui nous paraît une simple variété du type vivant. M. Brusina cite le *P. amnicum* des couches à Paludines de Slavonie.

Gisement. — Les Boulées (coll. Sayn); M. Locard l'a cité des marnes de Bas-Neyron.

B. Gisements de la Bresse proprement dite (Treffort).

Les fossiles de ce gisement proviennent d'un puits aux Rippes de Treffort, où ils ont été recueillis par M. Tardy et envoyés à Tournouër.

Helix (Macularia) Ogerieni Tourn. in coll. (pl. VIII, fig. 46).

Cette espèce, désignée sous ce nom inédit dans la collection de Tournouër (Mus. Paris), est très voisine de l'*H. Nayliesi* du niveau de Mollon, dont nous la considérons comme une mutation ascendante : elle se distingue du type d'Hauterive et de Mollon inférieur par une taille de moitié plus petite, par une spire plus déprimée, par une striation plus apparente, enfin par la tendance plus prononcée à la formation d'une carène sur le dernier tour; mais on retrouve sur la face inférieure l'apparence chagrinée si caractéristique du test de l'*H. Nayliesi*.

Gisement. — Marnes d'un puits à Treffort (Ain).

Vivipara Treffortensis Tourn. in coll. (pl. VIII, fig. 45).

Nous avons trouvé dans la collection Tournouër (Mus. Paris) un échantillon unique, venant des marnes d'un puits aux Rippes de Treffort, d'une Paludine à spire très courte, à tours très convexes, à sutures très profondes, à ombilic profond, qui, tout en ayant quelque analogie avec la *V. ventricosa*, en diffère par l'exagération, en quelque sorte, de tous les caractères ci-dessus énumérés; il en résulte que la Paludine de Treffort prend, jusqu'à un certain point, l'apparence d'une *Ampullaria*.

Parmi les formes fossiles décrites, la seule qui montre quelque analogie avec la *V. Treffortensis* est la *V. ampullacea* Bronn, du val d'Arno (de Stefani, *Mol. contin. plioc. d'Italia*, pl. III, fig. 21) qui en diffère par sa spire beaucoup moins déprimée, ses tours moins convexes, par ses sutures relativement peu profondes, par son ombilic plus étroit.

Gisement. — Marnes d'un puits aux Rippes de Treffort (coll. Tournouër).

Nematurella Lugdunensis Tourn. (pl. VIII, fig. 42-44).

Cette Néماturelle, que nous retrouvons à tous les niveaux de la formation bressane, depuis les marnes de Mollon jusqu'à l'horizon d'Auvillars, a été nommée par Tournouër d'après des spécimens des sables de Sermenaz et décrite par M. Locard (*Rech. paléont.*, p. 20, pl. III, fig. 7).

Les sujets dont nous figurons ici plusieurs spécimens relativement de grande taille (fig. 42-44) sont très typiques, à spire un peu plus allongée que ceux de Mollon (pl. VII, fig. 48-49); ils ont quelques rapports avec les *N. ovata* Bronn et *Etrusca* de Stefani, du val d'Arno (de Stefani, *Moll. contin. plioc. d'Italia*, pl. III, fig. 1 et 3), mais en diffèrent par des tours moins nombreux, un profil plus élancé, par un ombilic plus apparent et surtout par l'ouverture buccale plus détachée de la spire et plus projetée en dehors.

Gisement. — Puits des Rippes de Treffort (coll. Tournouër).

Valvata Vanciana Tourn., var. **Neyronensis** (voir *ante* p. 81).

Un individu unicaréné identique à ceux de Bas-Neyron (coll. Tournouër).

Valvata Kupensis Fuchs (pl. VIII, fig. 40-41), voir *ante* p. 77.

Cette espèce, des couches à Congéries de Hongrie et du Levantin de Mégare (Fuchs, *Jung. Tert. Bildung.*, pl. V, fig. 1-4), a été déjà indiquée par nous dans l'horizon de Mollon; nous la retrouvons typique à ce niveau; elle est très voisine aussi du *V. Sulekiana* Brus., des couches à Paludines de Slavonie.

Gisement. — Puits des Rippes de Treffort (coll. Tournouër).

Planorbis cf. Heriacensis Font.

Nous avons vu dans la collection Tournouër un fragment de grand Planorbe qui paraît voisin du *Pl. Heriacensis* de Mollon et de Bas-Neyron. Ce fragment provient des marnes du puits des Rippes de Treffort; il nous paraît insuffisant pour établir sûrement l'existence en ce point de l'horizon bressan inférieur.

Planorbis umbilicatus L. (pl. VIII, fig. 39), voir *ante* p. 75.

Nous retrouvons (coll. Tournouër) un seul sujet de cette forme actuelle déjà citée d'Hauterive et de l'horizon de Mollon.

Gisement. — Puits des Rippes de Treffort.

Neritina (Theodoxus) Philippei Tourn. (pl. VIII, fig. 35), voir *ante* p. 82.

Un sujet (coll. Tournouër) des marnes du puits des Rippes de Treffort.

Nous comprenons dans cet horizon l'ensemble des fossiles recueillis par MM. de Chaignon, Laffont, Tardy dans les environs de Saint-Amour; ces couches fossilifères sont, de bas en haut : 1° Marnes des Rippes de Nanc ou du Vernay; 2° Marnes de la Croix-de-Condal; 3° Sables de Condal et de Montgardon; 4° Marnes du Petit-Condal; 5° Marnes de Cormoz.

Vertébrés.

Mastodon Arvernensis Cr. et Job.

M. de Chaignon a recueilli dans les sables de Condal, près la maison Benoit, une portion de membre de derrière, comprenant le fémur, le tibia et le péroné, d'un Mastodonte de grande taille dont les proportions s'accordent bien avec celles de *M. Arvernensis;* le fémur est moins large et moins aplati d'avant en arrière que celui de *M. Borsoni.*

Une molaire du *M. Arvernensis* aurait également été trouvée autrefois dans les marnes du Niquedet et déterminée par Jourdan; cette pièce a malheureusement été égarée.

Nous pensons qu'il ne saurait exister de doute sur la présence du *M. Arvernensis* dans l'horizon de Saint-Amour.

Rhinoceros leptorhinus Cuv. (voir *ante* p. 70).

Nous attribuons à cette espèce, déjà citée plus haut dans les sables de Sermenaz, plutôt qu'au *R. Etruscus,* toute une série d'os des membres d'un grand Rhinocéros trouvé par M. de Chaignon dans les sables de Condal, près du moulin de Montgardon. L'animal entier devait se trouver enfoui dans ces sables, mais on n'a pu extraire qu'une partie de mandibule où les dents sont brisées, des parties du fémur, les deux tibias, les calcanéums, divers os du tarse, enfin des métatarsiens incomplets. Les proportions de ces os s'accordent bien avec celles du *R. leptorhinus* du Roussillon.

Mus Donnezani Depéret (pl. VIII, fig. 57).

M. Sayn a recueilli, en lavant les marnes de Villard-de-Domsure, une dent de Rongeur extrêmement petite, qui est une 2° molaire supérieure d'un Rat intermédiaire par sa taille entre le *Mus Alexandrinus* et le *Mus musculus* actuels, et voisin du premier par ses caractères dentaires. Cette dent comprend deux collines transverses, composées chacune d'un gros tubercule médian, flanqué de chaque côté de deux petits tubercules latéraux; il y a, en outre, en avant et de chaque côté vers l'angle de la couronne, un petit tubercule complémentaire. La dent correspondante du *Mus Alexandrinus* ne diffère de celle-ci que parce que le petit tubercule supplémentaire antérieur n'existe pas du côté externe. Au contraire, tous ces caractères s'accordent bien, ainsi que les dimensions, avec ceux du *Mus Donnezani* du Pliocène du Roussillon (*Mém. Soc. géol. France*, Paléontol., pl. IV, fig. 19 et 19ª).

Lutra Bressana n. sp. (pl. VIII, fig. 84-85).

Nous décrirons sous ce nom provisoire une énorme Loutre, supérieure d'un bon tiers comme taille à la Loutre actuelle (*Lutra vulgaris*), dont M. Laffont a recueilli dans les marnes de Beaupont (niveau des marnes de Villard) une partie d'iliaque, un tibia presque entier, un fragment de péroné, un 4ᵉ métatarsien et une 1ʳᵉ phalange.

Le tibia (fig. 84) est bien caractérisé comme genre par l'incurvation marquée et la légère torsion de sa diaphyse; il diffère du tibia de *Lutra vulgaris* parce que la surface d'articulation astragalienne est de forme plus triangulaire, à bords moins parallèles, ce qui est dû à l'élargissement de la malléole interne. Le diamètre transverse de cette surface articulaire est de o m. 019 et de o m. 013 seulement dans une forte Loutre actuelle.

Le 4ᵉ métatarsien (fig. 85) est aplati d'avant en arrière comme dans les Loutres; le corps de l'os est plus épais et plus large en travers que dans la Loutre actuelle.

Ces pièces intéressantes montrent l'existence en Bresse d'une Loutre dont il nous est impossible d'indiquer les caractères dentaires, mais que sa grande taille et les caractères spéciaux de l'épiphyse inférieure du tibia distinguent très bien de *L. vulgaris*. Nous ne pouvons dire si cette Loutre a quelque rapport avec la *L. Reevei* Newton (*Mem. geol. Survey*, 1891, *Vertebr. plioc. deposit.*, p. 13, pl. I, fig. 13), grande Loutre du crag de Norwich.

Vertèbres de poissons osseux.

M. Laffont a trouvé dans les marnes de Beaupont et M. Sayn dans celles de Domsure des vertèbres biconcaves indiquant l'existence de Poissons osseux de tailles assez diverses, mais tout à fait indéterminables, même comme genre.

Mollusques.

Helix (Mesodon) Chaixi Mich. (voir *ante* p. 71).

Cette espèce est commune dans les sables de Montgardon (coll. de Chaignon), mais en trop mauvais état pour être figurée; elle se trouve aussi dans les marnes du Villard.

Helix (Campylea) exstincta Rambur., var. Idanica Loc. (pl. VIII, fig. 68-69).

M. Locard (*Rech. paléont.*, p. 97) a attribué à l'*Helix exstincta* des faluns de Touraine, à titre de variété pliocène, une *Helix* assez commune dans les sables de Montgardon, mais malheureusement toujours écrasée. Elle paraît différer du type miocène figuré par Sandberger (*Land u. susswasser Conchyl.*, pl. XXVI, fig. 20) par un ombilic moins recouvert par la callosité columellaire, et par un péristome plus réfléchi encore.

Gisement. — Sables de la maison Benoit (fig. 68-69); marnes de Condal (débris).

Helix (Hemicycla) Ducrosti Locard (pl. VIII, fig. 86).

Cette espèce, du groupe des *H. Delphinensis* et *Turonensis*, s'en distingue par sa forme plus globuleuse, plus convexe en dessous, par son test brillant, lisse, avec trois larges bandes brunes, dont l'une, très large, couvre le dessous de la coquille.

Gisement. — M. Locard (*Rech. paléont.*, p. 104) a décrit cette espèce, des marnes de Condal (coll. de Chaignon).

Helix Chaignoni Locard (pl. VIII, fig. 47-49).

Cette espèce, l'une des mieux caractérisées de la Bresse par ses tours nombreux, à stries bien visibles, par son profil conoïde, par l'existence d'une carène sur le dernier tour dans le voisinage de la bouche, par son ombilic étroit, mais profond, par son ouverture oblique, avec un péristome réfléchi vers la base et vers l'ombilic, a pour analogue, dans l'Oligocène supérieur de Tuchoric (Bohême), l'*Helix homalospira* Reuss (*in* Sandb., pl. XXIV, fig. 6), qui en diffère par sa spire plus surbaissée, son ombilic plus grand et plus rond, par sa carène occupant tout le flanc du dernier tour. Selon Sandberger, ce type se relie au type actuel *H. Merguiensis* Phil., de Birmah.

Gisement. — M. Locard (*Rech. paléont.*, p. 105, pl. I, fig. 7 et 8) a décrit le type des marnes de Condal (coll. de Chaignon, fig. 47-49).

Helix (Gonostoma) Godarti Mich., var. planorbiformis Tourn.
(pl. VIII, fig. 61).

Ainsi que l'a indiqué M. Locard (*Rech. paléont.*, p. 106), l'*Helix Godarti* du niveau de Condal constitue une variété du type d'Hauterive, caractérisée par sa spire tout à fait plate, mais présentant tous les autres caractères de l'espèce (*in* Sandb., pl. XXVII, fig. 16). Tournouër avait dans sa collection désigné ce type sous le nom d'*H. planorbiformis*, que nous conservons à titre de variété.

Gisement. — Marnes de Condal (coll. Tournouër), fig. 61; sables de Montgardon.

Helix (Arionta) Tardyi Tourn. (in coll.) [pl. VIII, fig. 62].

L'unique exemplaire connu de cette *Helix* était désigné dans la collection Tournouër sous le nom d'*H. Tardyana* n. sp. C'est une coquille facile à reconnaître à sa spire élevée, formée de 6 tours arrondis, couverts de fines stries transverses, à son profil conoïde, à l'absence complète d'ombilic, à son péristome légèrement réfléchi en dessous. Nous ne voyons dans le Tertiaire aucune espèce que l'on puisse rapprocher de l'*H. Tardyi*; c'est seulement avec des formes quaternaires qu'elle présente quelque affinité, et en particulier avec le groupe de l'*H. arbustorum*, dont elle est en quelque sorte un diminutif.

Gisement. — Marnes de Beaupont et de Saint-Amour (coll. Tournouër).

M. Locard signale, en outre, dans les sables de Montgardon et dans les marnes de Condal, l'*H. Amberti*, que nous n'avons pas retrouvée.

Zonites Colonjoni Mich. (voir p. 72).

Le grand Zonite d'Hauterive est commun, quoique souvent déformé dans les sables de Montgardon (maison Benoît).

M. Locard (*Rech. paléont.*, p. 103 et 107) signale, dans les marnes de Condal, l'*Hyalinia cristallina* Müll., et le *Patula ruderoides* Mich., que nous n'avons pas vus.

Triptychia Terveri Mich. (voir p. 119).

Cette grande Clausilie pliocène est commune dans les sables de Montgardon, mais toujours comprimée et très fragile (coll. de Chaignon).

Clausilia Falsani Locard (pl. VIII, fig. 54), voir *ante* p. 73.

Cette Clausilie, déjà citée plus haut dans l'horizon de Mollon, est caractérisée par son test orné de costules espacées, peu visibles sur les tours supérieurs, par sa spire un peu ventrue en bas, composée de 14-16 tours, à sommet obtus; par sa bouche sénestre, de structure assez simple, avec un pli columellaire fort et saillant, une lame pariétale mince, allongée, bifide à la base, et trois plis interlamellaires peu prononcés; par sa crête cervicale saillante, rugueuse, prolongée jusqu'au bord buccal.

Gisement. — La *Cl. Falsani* est assez commune dans les marnes de Condal (coll. de Chaignon).

M. Locard (*Rech. paléont.*, p. 108) cite, en outre, dans les marnes de Condal, *Clausilia Baudoni* Mich., que nous avons figurée de l'horizon de Mollon, mais que nous n'avons pas retrouvée à ce niveau.

Nous devons également nous borner à citer, d'après le même auteur (p. 103, 107, 109), *Succinea* sp., *Carychium pachychilus* et *Vertigo Dupuyi* Mich., que nous n'avons pas observés nous-même.

Ferussacia lævissima Mich. (pl. VIII, fig. 55-56), grossie.

Cette espèce, des marnes d'Hauterive (Michaud, *Journ. Conchyl.*, 1862, pl. IV, fig. 3), reconnaissable à sa spire allongée, lisse et brillante, à son ouverture ovalaire, se retrouve assez commune à Condal, où elle n'atteint pas, en général, les dimensions des spécimens de la Drôme.

Gisement. — Marnes de Condal (coll. de Chaignon).

Limnæa Bouilleti Mich. (pl. VIII, fig. 90), voir *ante* p. 76.

On trouve seulement les premiers tours de spire facilement reconnaissables de cette grande Limnée dans les marnes de Condal (fig. 90).

M. Locard (*Rech. paléont.*, p. 128) signale, en outre, dans les marnes des Rippes de Nanc, près Saint-Amour, une Limnée renflée du type *auricularia*, sans doute la même espèce que nous avons figurée plus haut, des marnes de Mollon.

Vivipara Burgundina Tourn. (pl. VIII, fig. 93-95), voir plus loin p. 150.

Cette belle Paludine à spire allongée, à tours peu convexes, dont nous donnons plus loin les caractères comparatifs, débute en Bresse dans les marnes des Rippes de Nanc, c'est-à-dire à la base de l'horizon de Saint-Amour; les sujets des Rippes de Nanc, recueillis par M. Laffont (fig. 94-95), ont même une taille supérieure à ceux de Bligny et d'Auvillars. Dans les marnes de Villard et de Cormoz, on retrouve la *V. Burgundina,* mais surtout à l'état de jeunes sujets (fig. 93), à spire très courte, à tours assez plats, qu'on pourrait être tenté au premier abord d'attribuer à une espèce différente.

Gisements. — Marnes bleues des Rippes de Nanc (coll. Laffont); marnes de Cormoz (fig. 93), du Villard.

Vivipara Sadleri Partsch. (pl. VIII, fig. 87-89). [Syn. **Vivipara Bressana** Ogérien.]

Cette Paludine se distingue aisément de toutes les autres formes du Pliocène lacustre bressan par ses tours plats, par sa forme générale courte et renflée; sur quelques sujets, le bord supérieur du dernier tour tend à se renfler sous forme de bourrelet sutural; c'est une première ébauche de la carène suturale, que nous verrons apparaître dans la Paludine de Trévoux et qui caractérise les espèces des couches à Paludines moyennes de la vallée du Danube.

La *Vivipare* du Niquedet a été jusqu'ici considérée comme spéciale à la Bresse, et décrite par Ogérien sous le nom de *V. Bressana;* mais nous n'avons aucun doute sur son identité avec les formes courtes de la *Vivipara Sadleri* Partsch., des couches à Paludines d'Arapatak (Transylvanie) [Neumayr, *Jahrb. geol. Reichs.,* 1875, t. XXV, pl. XVI, fig. 1-2), où l'on retrouve jusqu'à l'indication de bourrelet sutural de l'espèce bressane. Cette dernière présente aussi au Niquedet, plus rarement, il est vrai, des variétés à spire plus longue, comme la *V. Sadleri* d'Orient.

Gisement. — Marnes du Niquedet près Saint-Amour (très-abondant).

Bithynia (Neumayria) labiata Neum. (pl. VIII, fig. 78-79), voir plus loin p. 151. (Syn. **Bithynia Delphinensis** var. **major** Locard.)

Cette Bithynie, caractérisée par le dédoublement du péristome à l'intérieur (genre *Neumayria*) et par sa spire plus renflée que dans *B. tentaculata* actuel,

17

se relie, d'autre part, par des gradations insensibles, à *B. Leberonensis*, de l'horizon de Mollon. Dans l'horizon de Condal, l'épaississement du péristome à l'intérieur et le renflement de la spire sont moins marqués que dans l'horizon d'Auvillars. Nous discutons plus loin la valeur stratigraphique de cette forme.

Gisements. — Marnes des Rippes de Nanc; marnes de Cormoz (fig. 78-79) et du Villard; sables de Saint-André-d'Huiriat (coll. Tournouër).

Hydrobia Slavonica Brus. (pl. VII, fig. 35 grossie).

Nous avons eu entre les mains un unique spécimen, recueilli dans les marnes du Villard par M. Sayn, d'une Hydrobie très allongée, à tours convexes, à bouche non déjetée en dehors de la spire, qui nous paraît identique à *H. Slavonica* Brus. (*Binnen Moll.*, pl. IV, fig. 13-14), des couches à Paludines inférieures de Slavonie. Ce type est également assez voisin de *H. symirca* Neum. (*Palud. Schichten*, pl. IX, fig. 11), de Karlowitz, qui en diffère pourtant par ses bords plus plats et sa bouche plus déjetée en dehors de l'axe de la coquille. C'est un lien de plus avec la faune des couches à Paludines inférieures de la vallée de la Save.

Gisement. — Marnes du Villard (coll. Sayn.)

Nematurella Lugdunensis Tourn. (pl. VIII, fig. 65-67), voir *ante* p. 122.

Très voisine de *N. ovata*, du val d'Arno, cette espèce s'en distingue par une fente ombilicale visible et par une bouche plus détachée de la spire; enfin elle est, en général, moins ventrue et plus élancée que l'espèce italienne; mais ce dernier caractère présente des degrés de variation très accentués. Nous figurons du niveau de Condal une variété effilée (fig. 67) venant des puits de Marboz, et une forme ventrue et courte des marnes du Villard-de-Domsure (fig. 65-66).

Gisements. — Marnes des Rippes de Nanc; marnes de Cormoz, du Villard-de-Domsure; marnes de Marboz; sables de Saint-André-d'Huiriat.

Valvata inflata Sandb. (pl. VIII, fig. 80-81), voir plus loin p. 152.

On trouve à ce niveau le type de l'espèce, de grande taille, à tours renflés, à sutures profondes (fig. 80), et plus communément des variétés de plus petite taille passant à *V. piscinalis* (var. *subpiscinalis*, fig. 81).

Gisements. — Marnes des Rippes de Nanc; marnes de Condal; marnes de

Cormoz (fig. 80-81), du Villard-de-Domsure, de Marboz; sables de Saint-André-d'Huiriat.

Valvata (Tropidina) Eugeniæ Neum. (pl. VIII, fig. 70-71).
[Syn. **Valvata Ogerieni** Locard.]

On trouve dans les marnes des Rippes de Nanc, près Saint-Amour, une belle Valvée carénée, à spire assez élevée, avec 5 tours en gradins, rendus bianguleux par la présence d'une double carène saillante; le dernier tour présente ainsi trois plans, un plan supérieur oblique, un plan médian vertical compris entre les deux carènes, et un plan inférieur légèrement concave, séparé de l'ombilic par une troisième carène peu prononcée; l'ombilic est assez large, rond et profond; la surface de la coquille est ornée de très fines stries transverses.

Cette coquille a été décrite par M. Locard (*Rech. paléont.*, p. 131, pl. IV, fig. 1-3) sous le nom de *Valvata Ogerieni*, mais elle n'est certainement pas différente de *V. Eugeniæ* Neum. (*Jahrb. geol. Reichs.*, t. XXV, 1875, pl. XVII, fig. 1-2), des couches à Paludines de Vargyas (Transylvanie), qui ne montre d'autre différence avec le type bressan qu'un sommet un peu plus obtus. Cette Valvée établit donc un lien paléontologique intéressant entre la Bresse et les couches à Paludines danubiennes.

Gisement. — Marnes du Vernais ou des Rippes de Nanc (coll. Laffont).

Craspedopoma conoïdale Michaud (pl. VIII, fig. 52-53), voir ante p. 78.

Ce type d'Hauterive, que nous avons signalé dans l'horizon de Mollon, se retrouve assez abondant dans les sables de Montgardon, derrière la maison Benoit (coll. de Chaignon).

Pyrgidium Nodoti Tourn. (pl. VIII, fig. 63-64), voir plus loin p. 154.

Le *Pyrgidium Nodoti*, coquille caractérisque de la faune bressane supérieure, débute dans les marnes du Vernais ou des Rippes de Nanc, où elle est rare, mais de grande taille, et se retrouve dans les marnes de Cormoz et du Villard, toujours moins abondante que dans l'horizon d'Auvillars.

La collection Tournouër contient, des marnes de Condal, un *Pyrgidium* à tours ronds, qui a la forme générale et la bouche du *P. Nodoti*, mais paraît en être une variété dépourvue de carène (fig. 64).

Melanopsis Brongniarti Locard (pl. VIII, fig. 72).

[Syn.: **M. Bertrandi** Tourn., *in* coll.; **M. buccinoidea** var. **minuta** Fér.]

Ce *Melanopsis*, bien caractérisé par sa spire très courte, son dernier tour très large, excavé au milieu, avec un bourrelet sutural épais, appartient au groupe des *Melanopsis recurrens* et *Slavonica* des couches à Paludines de Slavonie, mais en diffère par sa spire beaucoup plus courte et son dernier tour plus important et plus élargi.

M. Locard a décrit l'espèce (*Rech. paléont.*, p. 99), que de Férussac avait rattachée au *M. buccinoidea* à titre de variété *minuta*, d'après des échantillons trouvés par M. de Chaignon dans les sables de Montgardon; les spécimens de cette localité sont de taille assez médiocre (fig. 72).

M. Bertrand a retrouvé en abondance dans les sables de Neublans des sujets plus gros de la même espèce (fig. 73-74), que Tournouër avait inscrite dans sa collection sous le nom de *M. Bertrandi*, mais le nom donné par M. Locard a la priorité, bien que l'espèce n'ait pas été figurée par cet auteur.

Gisement. — Sables de la maison Benoît, près Montgardon (coll. de Chaignon fig. 72).

Melanopsis Ogerieni Locard (pl. VIII, fig. 75-77).

Cette petite espèce, abondante dans les marnes du Niquedet avec *Vivipara Sadleri*, appartient, comme la précédente, au groupe des *Melanopsis*, à bourrelet sutural renflé, à dernier tour excavé au milieu; mais elle en diffère par son profil étroit au lieu d'être renflé et par sa spire plus effilée, enfin par son bourrelet sutural moins accentué. Elle est voisine de plusieurs espèces à carène suturale de Slavonie, telles que *M. recurrens, Braueri, Slavonica*, et en particulier de ce dernier dont elle se rapproche beaucoup par la grande hauteur du dernier tour, par rapport à l'ensemble de la spire; elle diffère de cette espèce par le profil du dernier tour, qui est conoïde au lieu d'être cylindrique, et par son renflement sutural moins accentué. M. Locard a figuré cette forme (*Rech. paléont.*, pl. III, fig. 3-4).

Gisement. — Marnes du Niquedet (fig. 75-77).

Neritina (Theodoxus) Philippei Locard (voir *ante* p. 82).

On trouve dans les marnes du Niquedet quelques rares spécimens de petite taille de cette espèce, que nous avons déjà citée des niveaux de Mollon et de Sermenaz.

Unio atavus Partsch. (pl. VIII, fig. 96). [Syn. **Unio Ogerieni** Locard.]

M. Laffont a recueilli dans les sables de la région de Saint-Amour de beaux exemplaires d'une *Unio* à région antérieure très courte, à région postérieure rostrée, à sommets renflés, que M. Locard (*Rech. paléont.*, p. 121, pl. IV, fig. 14-15) a décrite sous le nom d'*Unio Ogerieni*, mais qui rentre certainement dans le type de l'*Unio atavus* Partsch, des couches à Congéries de Brunn près Vienne, où nous avons recueilli nous-mêmes plusieurs échantillons à peu près identiques à ceux de Condal. M. de Stefani a cité également l'espèce dans le Pliocène du val d'Arno, et le spécimen qu'il figure (*Moll. continent. plioc.*, Italia, pl. I, fig. 4) ne diffère guère du type bressan que par son sommet placé un peu moins près du bord antérieur.

Nous avons déjà indiqué dans le Miocène supérieur de la Croix-Rousse et dans le niveau de Mollon la présence de l'*Unio atavus* sous la forme d'une variété étroite, à sommets plus ronds et moins saillants (var. *eclata* Font.); cette variété se retrouve à Saint-Amour, à côté du type que nous figurons (fig. 96).

Gisements. — Sables du Grosset, près Domsure (fig. 96); marnes du Niquedet, du Villard, du Bevet (coll. de Chaignon).

Unio Nicolasi Font. (pl. VIII, fig. 91-92).

On trouve aux environs de Saint-Amour, avec l'*Unio atavus*, une autre *Unio* de forme générale plus arrondie, à région antérieure moins courte, à sommet moins saillant, et remarquable surtout par les plissements irréguliers qui ornent l'épiderme vers le sommet de la coquille. Bien que nous n'ayons entre les mains aucun sujet entier de cette espèce, nous pensons pouvoir la rapporter à l'*U. Nicolasi* décrite par Fontannes (*Diagnoses esp. et var. nouvelles*, p. 9, fig. 22-23), des marnes pliocènes de Saint-Geniez (Gard), et bien caractérisée en particulier par les plis irréguliers du sommet et par deux ou trois sillons rayonnants postérieurs obsolètes, que nous retrouvons très visibles dans la coquille du Niquedet.

Gisements. — Marnes du Niquedet (fig. 91); marnes de Bevet (collection de Chaignon, fig. 92).

Anodonta Bronni d'Anc.

M. de Chaignon a recueilli dans les marnes d'un puits au Villard plusieurs exemplaires d'une grosse Anodonte qui, par la grande hauteur de la coquille, par son côté antérieur largement arrondi, par son côté postérieur obliquement tronqué en arrière du bord cardinal et subrostré vers l'angle postérieur, nous paraît identique à la grande espèce du val d'Arno (de Stefani, *Moll. contin.,* Italia, pl. I, fig. 3), dont nous possédons plusieurs beaux spécimens de comparaison. La présence de cette espèce constitue un rapprochement intéressant entre la Bresse et les formations pliocènes de l'Italie. Les spécimens bressans ne sont pas assez bien conservés pour être figurés.

Gisement. — Marnes de Villard (M. de Chaignon).

Sphærium Lorteti Locard (pl. VIII, fig. 82-83).

Ce grand *Sphærium,* dont le diamètre transverse atteint jusqu'à o m. o15, se distingue du *S. Normandi* de l'horizon de Mollon, par sa taille plus forte, sa forme plus ovale-transverse, moins renflée, ses sommets plus déprimés; la surface de la coquille est marquée de stries concentriques assez fortes, souvent groupées par faisceaux; les dents cardinales sont petites et forment un V largement ouvert; les dents latérales sont courtes, mais épaisses. Cette espèce peut être regardée comme le précurseur du groupe *Sph. rivicola,* grande coquille à stries concentriques, plus fortes et plus régulières, à forme beaucoup plus transverse, des sables quaternaires de Mosbach, et vivante en Europe.

Gisements. — Marnes des Rippes de Nanc, de Cormoz, du Villard-de-Domsure (fig. 82-83).

Pisidium Clessini Neum (pl. VIII, fig. 58-60), grossi.
(Syn. P. Charpyi Locard.)

Ce type, si bien caractérisé par ses costules concentriques, espacées, régulières, saillantes, et par sa forme inéquilatérale, apparaît dans les marnes de l'horizon de Saint-Amour, pour devenir plus commun dans le niveau de Bligny. Le type a été décrit par Neumayr, des couches à Paludines moyennes de Slavonie.

Gisement. — Marnes de Cormoz.

Pisidium Tardyi Locard.

M. Locard (*Rech. paléont.,* p. 48, pl. IV, fig. 16-18) a décrit sous ce nom un petit *Pisidium* qui se distingue du *P. amnicum,* de l'horizon de Mollon et de Sermenaz, par une forme générale plus globuleuse, moins triangulaire, et surtout par l'angle postérieur prolongé en un rostre largement arrondi au lieu d'être aigu; selon M. Locard, le *P. Tardyi* se rapproche de *P. pulchellum* de la faune actuelle.

Gisement. — Marnes des Boulées (M. Locard). Commune dans les marnes du Niquedet et, d'après M. Locard, dans celles de Villard et de Cormoz.

3° HORIZON SUPÉRIEUR OU DE NEUBLANS.

Les couches épaisses de sables avec quelques lits marneux, qui se développent au-dessus des couches de l'horizon de Saint-Amour, sont pauvres en fossiles, sauf à Neublans et à Saulon-la-Rue; nous pouvons citer actuellement de ces deux localités :

Helix Chaixi Mich.

Beaux exemplaires recueillis par M. Bertrand dans les sables de Neublans (coll. Tournouër).

Pyrgidium Nodoti Tourn.

Tournouër cite le *Pyrgidium* des sables de Saulon-la-Rue, au sud de Dijon (*Bull. Soc. géol.*, 3ᵉ série, t. XXIII, p. 789), associé à *Ferussacia subcylindrica*, *Pisidium amnicum*, et 13 autres Mollusques des genres *Pupa*, *Zonites*, *Succinea*, *Clausilia*, *Planorbis*, *Bithynia*, *Valvata*; nous n'avons trouvé nous-mêmes, à Saulon-la-Rue, aucune trace de ces coquilles.

Melanopsis Brongñiarti Loc. (pl. VIII, fig. 73-74), voir *ante* p. 132.

M. Bertrand a recueilli dans les sables de Neublans de beaux exemplaires de ce *Melanopsis* court à renflement sutural accentué, que Tournouër désignait dans sa collection sous le nom de *M. Bertrandi*. M. Locard a décrit le même type du Niquedet sous le nom de *M. Brongniarti*, nom qui a la priorité.

Gisement. — Neublans (fig. 73-74).

FACIES DES MINERAIS DE FER DE LA BRESSE SEPTENTRIONALE.

Les argiles à minerai de fer pisolithique des environs de Dijon et de Gray ont fourni, à l'époque où ils étaient exploités, de nombreux débris, principalement de grands Mammifères, qui se trouvent aujourd'hui conservés dans les

Musées de Lyon, de Dijon et de Gray. En utilisant tous ces documents, nous pouvons dresser la liste suivante de ces espèces et des localités où elles ont été découvertes.

Mastodon Borsoni Hays (pl. VI, fig. 2 au 1/3).

Le *Mastodon Borsoni*, dont nous avons déjà indiqué (voir p. 70) les caractères distinctifs des molaires d'avec celles du *M. Turicensis* miocène, a été le type le plus répandu en Bresse, au moment de la formation des minerais de fer. Nous avons fait figurer (pl. VI, fig. 2), grâce à l'obligeance de M. Collot, professeur à la Faculté des sciences de Dijon, la belle mandibule presque entière qui a été trouvée dans les minerais de fer de Chevigny-Saint-Sauveur, près Dijon, et qui est conservée au musée de cette ville.

Cette pièce est intéressante, parce qu'elle montre la forme de la partie antérieure du menton, qui est relativement court et dépourvu d'alvéoles, contrairement au *M. Turicensis* du Miocène supérieur, dont la mandibule est allongée en avant et porte deux défenses ou incisives inférieures, qui font défaut au type pliocène. On voit sur cette même pièce et de chaque côté la dernière molaire à 4 collines et l'avant-dernière à 3 collines, et en plus l'alvéole de l'antépénultième molaire, ce qui montre que, dans ce Mastodonte, il pouvait y avoir à la fois trois dents en fonction de chaque côté de la mandibule. Il est vrai que la dernière commençait à peine, dans ce sujet, à être entamée en avant par la détrition.

Le *M. Borsoni* apparaît en Bresse dès le niveau inférieur de Mollon (tunnel de Collonges), devient très commun dans le niveau Bressan moyen ou des minerais de fer et fait ensuite défaut, jusqu'ici du moins dans l'horizon d'Auvillars et dans celui de Trévoux, pour reparaître dans les graviers ferrugineux du Pliocène supérieur aux environs de Lyon (molaire trouvée dans les graviers du ravin de Rochecardon, près Lyon).

Gisements. — Les localités où ont été recueillies des dents ou des os de *M. Borsoni* sont nombreuses; nous les grouperons de la manière suivante :

Dans la *Côte-d'Or :* Chevigny-Saint-Sauveur (Mus. Dijon), Saint-Seine-sur-Vingeanne (Mus. Gray), Franc-Fagnot, entre Crimolois et Fauvernay (Mus. Lyon);

Dans la *Haute-Saône :* Autrey (Bois-Bouchot, Creux-Cadot, Noyans, Buisson-la-Ville) [Mus. Lyon, Dijon, Gray]; Gray (Mus. Lyon).

Mastodon Arvernensis Cr. et Job (pl. VI, fig. 1 à demi-grandeur).
[Syn. **M. dissimilis** Jourdan (Mus. Lyon).]

Ce Mastodonte pliocène, caractérisé par des molaires à mamelons arrondis, disposés en collines transverses dont chaque moitié alterne avec la moitié du côté opposé, avec de gros mamelons intermédiaires obstruant les vallées transverses, est extrêmement voisin, par la structure de ses molaires, du *M. longirostris*, du Miocène supérieur de la Croix-Rousse (pl. III), chez lequel l'alternance des moitiés de collines est seulement un peu moins prononcée, et le développement des mamelons intermédiaires un peu moindre. Il serait assez délicat dans la pratique de distinguer ces deux types à l'aide de molaires isolées; mais la forme de la partie antérieure de la mandibule courte, déjetée en bas et privée de défenses dans le *M. Arvernensis*, allongée et munie de deux longues incisives dans le *M. longirostris*, permet facilement la distinction de ces deux types, l'un pliocène, l'autre miocène.

Le *M. Arvernensis*, de même que le *M. Borsoni*, paraît traverser l'épaisseur presque entière de la formation pliocène. En Bresse, il n'est pas encore connu, il est vrai, de l'horizon le plus inférieur ou de Mollon, mais il est très répandu dans le niveau bressan moyen ou des minerais de fer, et il passe dans le Pliocène moyen de Trévoux ainsi que dans le Pliocène supérieur de Chagny.

Gisements. — Il est commun dans la zone à minerais de fer de la *Côte-d'Or* : Saint-Seine-sur-Vingeanne, Drambon (Mus. Lyon et Dijon); dans la *Haute-Saône* : Autrey, Montureux-les-Gray, Petite-Résie, entre Pesmes et Gray (fig. 1), Mont-le-Franois (Mus. Lyon, Gray, Dijon).

Rhinoceros leptorhinus? Cuv.

Nous ne connaissons de ce Rhinocéros que quelques molaires isolées, une molaire inférieure d'Autrey dans la couche inférieure du minerai de fer (Mus. Gray), et quelques molaires supérieures et inférieures de la même localité (Mus. Dijon).

Hipparion sp. (pl. VI, fig. 5 et 5*).

La découverte d'un *Hipparion* dans la formation lacustre bressane est un fait d'un grand intérêt, bien qu'elle ne repose que sur la détermination d'une extrémité du métatarsien médian (pl. VI, fig. 5), trouvée dans le minerai de fer d'Autrey, près Gray (Mus. Lyon).

Il sera facile de distinguer cet os de son analogue dans le genre *Equus* par la surface d'application oblique formée en arrière et sur le côté (fig. 5, par derrière), par suite de la présence d'un métatarsien latéral portant un doigt bien développé; on sait que dans le Cheval, les métatarsiens latéraux sont réduits à de simples stylets osseux qui sont loin d'atteindre l'extrémité inférieure du métatarsien principal.

L'attribution de cet os au genre *Hipparion* n'est donc pas douteuse, mais la détermination spécifique est des plus délicates. En comparant cette pièce d'une part à l'*H. gracile* du Miocène supérieur, de l'autre avec l'*H. crassum* du Pliocène moyen de Perpignan, il nous a paru que l'*Hipparion* bressan se rapprochait davantage du type pliocène, parce que l'impression des doigts latéraux sur le métatarsien principal est plus serrée en arrière de l'os et plus convergente en haut que dans l'espèce miocène; cette structure est une conséquence de la position plus reculée en arrière des doigts latéraux de l'*H. crassum*, mais nous n'avons pas une certitude complète sur cette détermination.

Quoi qu'il en soit, le genre *Hipparion* est jusqu'à ce jour très rare dans le Pliocène d'Europe, sauf dans le gisement du Pliocène moyen de Perpignan, localité typique de l'*H. crassum*; on le connaît, en outre, à Montpellier, en Angleterre dans le Red Crag, et nous pouvons ajouter maintenant dans le niveau Bressan moyen, c'est-à-dire dans le Pliocène inférieur; mais il nous paraît probable qu'on le découvrira quelque jour dans le Pliocène moyen de l'horizon de Trévoux, où le groupe des Équidés fait tout à fait défaut actuellement.

Gisement. — Minerais de fer d'Autrey (Mus. Lyon).

Tapirus Arvernensis Cr. et Job. (pl. VI, fig. 3 et 4).

Le Muséum de Lyon possède une belle demi-mandibule (fig. 3) avec ses 6 molaires venant du niveau des minerais de fer à Arc, près Gray, ainsi qu'une molaire supérieure isolée d'Autrey, près Gray.

Ce Tapir, voisin du *T. Indicus* actuel, est répandu partout en Europe et à tous les niveaux dans le terrain Pliocène. En France, on le connaît à Perpignan, à Montpellier, en Auvergne et dans le Velay; on voit qu'en Bresse il se trouve dans la zone moyenne du Pliocène inférieur, et nous le retrouverons plus haut dans le Pliocène supérieur de Chagny.

Gisements. — Arc et Autrey, près Gray (Mus. Lyon).

Palæoryx Cordieri Gerv. (pl. V, fig. 1 et 2).

Cette grande Antilope, caractéristique du Pliocène moyen de Montpellier, existait en Bresse à l'époque de la formation des minerais de fer, aux environs de Gray. Nous avons en effet reconnu au Musée de Gray une demi-mandibule de ce type (fig. 1), trouvée à Valay dans une poche d'argile à la surface du calcaire jurassique, comme le sont les gisements d'argile à minerai de fer de la région. En outre, le Muséum de Lyon possède une 1re phalange (fig. 2) qui est identique à celles de l'Antilope de Montpellier pour la forme et la grandeur.

La demi-mandibule du Musée de Gray porte en place les deux dernières prémolaires, en partie brisées, et la dernière arrière-molaire, complète et bien typique, avec ses trois lobes, sa colonnette interlobaire détachée en forme de lame allongée, la surface de son émail rugueuse et chagrinée, sans doute pour servir à supporter une certaine quantité de cément. Cette dent diffère peu de celle du *Palæoryx boodon* Gerv., du Pliocène de Perpignan et d'Alcoy, dont la dernière molaire est cependant plus épaisse, plus bovine, et la surface d'émail encore plus rugueuse; elle est au contraire tout à fait pareille à celles du *P. Cordieri*, de Montpellier.

L'existence de cette espèce dans le Pliocène inférieur de la Haute-Saône est un fait d'un grand intérêt, non seulement parce qu'on n'avait pas encore constaté aussi loin vers le nord l'extension de ce groupe de grandes Antilopes à faciès africain, mais encore parce qu'il confirme, concurremment avec l'*Hipparion*, l'ancienneté relative dans le Pliocène de la formation des minerais de fer de la Haute-Saône, jusqu'ici considérée comme appartenant au Pliocène supérieur; nous retrouverons l'espèce dans le Pliocène moyen de Trévoux.

Gisements. — Valay (Mus. Gray); Autrey (Mus. Lyon).

ÂGE ET RAPPORTS PALÉONTOLOGIQUES DE LA ZONE BRESSANE MOYENNE.

En ce qui concerne les Mammifères, la plus grande partie des restes fossiles de ce niveau proviennent, à l'exception de quelques pièces de Sermenaz et des environs de Condal, de la bande des minerais de fer en grains de la haute vallée de la Saône, ce qui est d'accord avec la nature tout à fait littorale et même subcontinentale de cette formation. Mais à l'heure actuelle encore, cette faune est relativement pauvre en espèces, qui se réduisent à 8 Mammifères presque tous de grande taille. Au point de vue stratigraphique, plusieurs de ces grandes espèces, telles que *Mastodon Borsoni, M. Arvernensis, Rhinoceros leptorhinus, Tapirus Arvernensis,* se bornent à marquer le caractère nettement pliocène de cette faune, mais sans avoir une signification plus précise au point de vue du classement de ce niveau. Il n'en est heureusement pas de même de deux formes qui n'avaient pas encore été signalées dans les minerais de fer des environs de Gray, le *Palæoryx Cordieri* et un *Hipparion;* ceux-ci impliquent pour les minerais de fer un âge *pliocène ancien,* qui ne saurait être remonté plus haut que le niveau de la faune de Montpellier et de Perpignan (Pliocène moyen), et suffisent à différencier cet horizon de ceux du *Pliocène supérieur* de Perrier, de Chagny, du val d'Arno, où manquent le *Palæoryx Cordieri* et où le Cheval a remplacé définitivement l'*Hipparion.*

Nous pensons même, par suite des considérations sur la stratigraphie générale de la Bresse que nous avons exposées dans ce Mémoire, que la zone des minerais de fer appartient à un âge plus ancien que le Pliocène moyen et doit être reportée au Pliocène inférieur. Mais, dans l'état actuel des connaissances acquises sur les faunes pliocènes d'Europe, il n'est pas possible d'indiquer les différences qui séparent les faunes de Mammifères du Pliocène inférieur de celles du Pliocène moyen; les rares débris fossiles trouvés, en Italie principalement, dans le Pliocène marin, se réduisent au *Mastodon Arvernensis* et au *Rhinoceros leptorhinus,* espèces banales dans le Pliocène. Il est bon, dans tous les cas, de faire remarquer que la faune de la Bresse est la première indication un peu importante d'une faune terrestre se rapportant au Pliocène inférieur.

Pour ce qui concerne les Mollusques, nous devons en première ligne faire ressortir les grands rapports qui unissent la faune de l'horizon inférieur ou de Sermenaz avec celle des marnes de Mollon, et en particulier celle du niveau supérieur de ces marnes (Loyes, Mollon-Ravin), dont elle est séparée par une très faible distance verticale. Sans parler des espèces banales, comme *Helix Chaixi, Zonites Colonjoni, Triptychia Terveri, Limnæa Bouilleti,* un grand nombre d'autres espèces, comme *Bithynia Leberonensis,* var. *Neyronensis,* et *Delphinensis, Valvata Vanciana, Planorbis Philippei, Neritina Philippei, Melanopsis flammulata,* var. *Rhodanica,* communes aux niveaux de Mollon et de Sermenaz, montrent nettement cette affinité. Le caractère paléontologique particulier de l'horizon de Sermenaz lui est fourni par ses *Helix* d'espèces très spéciales, comme les *H. Falsani, Magnini, Sermenazensis*, qui se rencontrent seulement à ce niveau; par l'*H. Tersannensis*, qui est à nos yeux une simple mutation de l'*H. Delphinensis* des marnes de Bas-Neyron; enfin et surtout par une Paludine, la *Vivipara Fuchsi*, qui doit être considérée comme une forme évoluée de la *V. Neumayri* de l'horizon de Loyes, et par une *Unio* (*U. Miribellensis*) que nous regardons comme une forme voisine et peut-être ancestrale de l'*U. Rakovecianus* Brus. des couches à Paludines moyennes de Slavonie.

La petite faunule du puits de Treffort (Ain), où se trouvent la variété unicarénée de la *Valvata Vanciana*, la *Valvata Kupensis* et peut-être le grand Planorbe (*Pl. Heriacensis*) de Bas-Neyron, semble même avoir un caractère plus ancien que Sermenaz et pouvoir être rattachée au niveau de Mollon inférieur; mais la présence de l'*Helix Ogerieni*, mutation du type *H. Neyliesi* du niveau inférieur, et d'une Paludine tout à fait spéciale, la *Vivipara Treffortensis*, sans analogues en Bresse ni en Slavonie, justifie la séparation de la faune de ce gisement, dont il est difficile, à l'heure actuelle, d'indiquer le classement précis dans la série bressane; il est seulement certain que ce niveau est inférieur à l'horizon de Saint-Amour.

Quant aux gisements de l'*horizon de Saint-Amour* (les Rippes, le Niquedet, Montgardon, Condal, Villard, etc.), ils contiennent une succession de faunules assez variées, mais qui, dans leur ensemble, présentent plus d'affinités paléontologiques avec la faune de l'horizon Bressan supérieur (Auvillars, Bligny) qu'avec celles de Mollon et de Sermenaz.

C'est ainsi que l'on voit apparaître pour la première fois dans la série bressane, *Pisidium Clessini, Valvata inflata, Bithynia labiata* et ses variétés de passage à *B. tentaculata, Vivipara Burgundina* et surtout *Pyrgidium Nodoti*, toutes formes caractéristiques de l'horizon d'Auvillars où elles sont encore plus abondantes.

Le caractère faunique spécial de l'horizon de Saint-Amour lui est donné par la Paludine du Niquedet (*V. Sadleri*), espèce du groupe des Vivipares ornées, dont les tours commencent à s'aplatir, en même temps que l'on voit apparaître un indice de bourrelet sutural; ce degré d'évolution, encore peu accentué, des ornements des Paludines caractérise, en Slavonie, la base des couches à Paludines moyennes, et les couches à Paludines de Transylvanie où se trouve le type même de l'espèce du Niquedet. Nous devons signaler une évolution dans le même sens dans le genre *Melanopsis*, où nous voyons apparaître, dans le *M. Ogerieni* du Niquedet et dans le *M. Brongniarti* de Condal et de Neublans, des bourrelets suturaux saillants, comme dans les *M. recurrens*, *Slavonica*, qui représentent le groupe dans la vallée de la Save, et au même niveau stratigraphique. Enfin citons encore, à titre de rapprochement avec le bassin du Danube, la présence de l'*Hydrobia Slavonica*, du *Pisidium Clessini*, type à ornementation concentrique si remarquable des couches à Paludines moyennes de Slavonie, et d'une belle Valvée bicarénée, identique ou peu s'en faut à la *Valvata Eugeniæ* des couches à Paludines de Transylvanie.

Quant aux *Helix* de l'horizon de Saint-Amour (*H. Ducrosti, Chaignoni, exstincta, Tardyi*), elles sont, comme cela arrive souvent pour les espèces de ce genre, spéciales à ce niveau et ne se trouvent qu'en Bresse, sauf l'*H. exstincta* dont le type provient des faluns de Touraine; elles ne peuvent donc nous fournir aucun rapprochement stratigraphique.

C. Zone supérieure.

Marnes d'Auvillars.

—

STRATIGRAPHIE.

CONSIDÉRATIONS GÉNÉRALES.

Nous avons, dans le chapitre précédent, exposé d'une façon détaillée la constitution des dépôts de la zone argilo-sableuse qui occupe la majeure partie de la Bresse. Nous avons dit que de nombreuses carrières de sable fin, blanc, micacé, siliceux, diverses minières et quelques exploitations d'argiles plus ou moins réfractaires permettaient, malgré la pauvreté des affleurements, de suivre convenablement cette formation dans la cuvette Bressane.

L'étude d'ensemble de la région montre que les sables, les terres réfractaires et les minières n'existent pas dans toute l'étendue de la Bresse. On n'en trouve pas à l'intérieur de la surface délimitée à l'ouest par la bordure de la cuvette Bressane, entre Beaune et Tournus, et sur les autres côtés par une ligne brisée, allant approximativement de Beaune à Auxonne, d'Auxonne à Neublans, et de Neublans à Tournus.

EXAMEN DES DIVERS GÎTES.

Environs d'Auvillars. — L'examen des formations comprises dans le périmètre défini ci-dessus montre qu'elles ont une composition sensiblement différente de celle de la zone décrite précédemment.

La région où ces assises s'observent le mieux est celle comprise entre Bragny et Bonnencontre, le long des coteaux de 4o à 5o mètres de hauteur qui longent la rive gauche de la Saône.

Les coteaux de Chivres, de Labergement, de Glanon, et surtout ceux d'Auvillars et de Broin, se prêtent bien à l'étude géologique.

Nous allons décrire succinctement les faits observés.

A Glanon, sur le bord même de la Saône, à l'endroit dit *Port de Glanon*, on aperçoit des affleurements de calcaires marneux, jaunâtres, associés à des marnes jaunes ou verdâtres. Ces marnes renferment quelques débris de lignite, mais ne paraissent pas être fossilifères.

Toute la pente qui s'étend au-dessous d'Auvillars parait être, sur une hauteur de 4o à 5o mètres, essentiellement constituée par des marnes; s'il y a des assises sableuses, elles ne sauraient avoir que des épaisseurs minimes. A leur partie supérieure, ces marnes sont remarquablement fossilifères; les *Paludines* et les *Pyrgidium* y abondent; certains affleurements, entre Auvillars et Broin, renferment des Mollusques à profusion (voir *Paléontologie*).

Ce sont ces circonstances qui nous ont conduits à emprunter à la localité d'Auvillars le nom servant à la désignation de l'ensemble de la zone que nous étudions.

Le coteau situé entre Chivres et Labergement est également fossilifère dans sa zone supérieure.

A Chivres, notamment, on observe, dans le hameau, des marnes fossilifères; elles sont surmontées par des sables fins, siliceux, peu épais.

Un sondage important a été effectué récemment à Pouilly-sur-Saône; nous en parlerons plus loin.

D'autres localités de la Bresse ont également permis de reconnaître la présence des marnes d'Auvillars, mais les affleurements sont rares, et c'est généralement par des fonçages de puits à eau qu'on a trouvé des échantillons et des coquilles.

Nous citerons notamment les localités suivantes, qui ont fourni quelques données.

Région de Bligny-sous-Beaune. — A Bligny-sous-Beaune, situé tout à côté et au sud de Beaune, on aperçoit, dans des tranchées de chemins, des marnes jaunâtres, recouvertes de sable argileux, peu épais, et de limon. Ces marnes, recoupées sur une huitaine de mètres par des puits à eau, ont en profondeur une teinte bleuâtre et renferment de nombreuses coquilles qui ont, depuis longtemps déjà, été étudiées par Tournouër (voir *Paléontologie*).

Environs d'Auxonne. — Nous avons déjà mentionné, dans le paragraphe relatif à la zone moyenne, l'existence, aux environs d'Auxonne, de marnes fossilifères. Ces dernières affleurent dans la tranchée du chemin de fer de Dijon à Auxonne, à côté de la station de Villers-les-Pots. Elles paraissent reposer sur des calcaires marneux qu'on a jadis exploités à Tillenay. Ces assises calcaires rappellent celles qui existent au Port-de-Glanon, et elles font bien vraisemblablement partie de la zone des marnes d'Auvillars.

Coteaux de Bey et d'Allériot. — Sur les bords de la Saône, au nord-est de Châlon, les coteaux de Bey et d'Allériot permettent de reconnaître la présence de marnes fossilifères; nous y avons trouvé la *Vivipara Burgundina*. Un puits fait sur le plateau a recoupé les assises suivantes :

Limon et mâchefer.............................	2ᵐ 00
Marne bleue...........................'.............................	1 00
Marne noire avec lignite........................	2 00
Sable fin.................................	0 50
Marne bleue.................................	1 50
Sable fin (niveau d'eau).	

Côteau de Pierre. — Dans la vallée du Doubs, à Pierre, une carrière pour tuilerie, située sur le plateau, montre la coupe suivante :

Limon jaune et mâchefer........................	2ᵐ 00
Gravier avec minerai de fer géodique (œtites)..........	0 50
Marne noire, grise et rouge (non fossilifère)........ 4 à	5 00

Un puits à eau aurait donné :

Limon jaune.................................	3ᵐ 50
Gravier et minerai de fer géodique..................	0 50
Marne bleue............................ 6 à	7 00
Sable fin (niveau d'eau).	

Environs de Cuisery. — A Cuisery, près du cimetière, à côté d'une fontaine dite *fontaine Riri*, affleurent des assises ferrugineuses qui forment de véritables lumachelles contenant surtout des *Paludines* (*Vivipara Burgundina*).

Les puits à eau de Cuisery ont recoupé :

Limon..	1^m oo
Sable grossier, rouge............................	7 oo
Marne noirâtre, fossilifère........................	11 oo

A Ormes, le long des coteaux qui longent la Saône, on trouve également des *Paludines* et des *Unios* ferrugineuses qui doivent représenter le niveau des lumachelles de Cuisery.

Les puits à eau ont recoupé la succession suivante :

Limon, sable et minerai de fer géodique..............	3^m 5o
Marne bleue avec lignites et coquilles...............	13 oo

Ce puits n'a pas donné d'eau; sa base était toujours dans les marnes.

A Jouvençon, des puits ont également reconnu des marnes, qu'ils ont recoupées sur 13 mètres de hauteur sans trouver la fin de l'assise.

Entre Cuisery et Ratenelle, une tranchée du chemin de fer montre des affleurements de marnes bleuâtres ou rougeâtres et renferme des fossiles déjà mentionnés par Tournouër.

A Loisy, le coteau qui borde la Seille paraît être constitué presque complètement par des marnes bleues qui y affleurent sur une hauteur d'environ 20 mètres.

Environs de Pont-de-Vaux. — A Pont-de-Vaux, on observe des affleurements de marnes fossilifères (*Vivipara Burgundina, Bithynia labiata, Valvata inflata, Unio atavus*) sur deux points : 1° sur un chemin situé à 200 ou 300 mètres au sud de la route de Saint-Trivier et à 1 kilomètre environ de Pont-de-Vaux; 2° dans un ravin situé au nord de la route de Saint-Trivier, tout près de cette dernière, et un peu à l'est de l'hôpital. Sur ces deux points, on observe, au milieu des marnes, des lits ferrugineux comme ceux de Cuisery; dans le ravin précité, on trouve de nombreuses *Paludines* ferrugineuses.

Région comprise entre Chalon et Louhans. — Nous mentionnerons encore, à l'ouest de la vallée de la Saône, les coupes de puits à eau ci-après.

SAINT-MARTIN-EN-BRESSE.

Limon... .... 4^m00
Sable fin... 1 50
Marne jaune et bleue (non traversée complètement, pas de
    venue d'eau)................................. 11 50

SAINT-GERMAIN-DU-BOIS.

Limon... 4^m00
Marne noire, bleue, rouge, jaune.................... 9 00
Sable (niveau d'eau).

MONTRET.

1er puits.		*2e puits.*	
Limon............	2^m50	Limon............	3^m30
Marne bleuâtre.......	4 90	Sable jaune........	2 00
Sable (niveau d'eau).		Sable blanc........	5 60
		(Niveau d'eau.)	

MONTCOY.

Limon... 5^m00
Sable fin.. 1 50
Marne bleue et rouge........................... 3 50

LA RACINEUSE.

Limon et mâchefer............................. 4^m00
Marne noire................................... 3 00
Marne rouge................................... 0 50
Marne bleue................................... 3 00

Les coupes précitées indiquent essentiellement des marnes; ce n'est qu'à Montret qu'un puits aurait rencontré une épaisseur un peu notable de sable blanc fin.

Il faut remarquer, en outre, que, dans la superficie occupée par l'étage des marnes d'Auvillars, les puits à eau sont généralement peu profonds; ils sont presque toujours arrêtés dans les sables superficiels supérieurs (sables de Chagny); il faut en conclure que le substratum de ces sables est constitué par des terrains imperméables, c'est-à-dire par des marnes. Il est rare qu'il ait fallu, par suite de l'insuffisance du volume des eaux de la nappe superficielle, traverser les marnes pour rechercher un nouveau niveau; quelques puits seulement sont dans ces conditions, et nous avons fourni les coupes des principaux d'entre eux.

Si l'on groupe les observations suivantes : 1° absence de carrières de sables fins, micacés, blancs, dans la zone où nous avons figuré, sur la carte de la Bresse, l'étage des marnes d'Auvillars; 2° faible profondeur des puits à eau alimentés par une nappe superficielle, peu épaisse, constituée par les sables de Chagny; 3° rencontre, par tous les puits un peu profonds, d'assises de marnes ayant souvent d'assez grandes épaisseurs, on considérera comme suffisamment justifiée la subdivision que nous avons établie dans le Pliocène inférieur, sous le nom de *marnes d'Auvillars*.

L'étude paléontologique justifie d'ailleurs assez bien cette classification.

Cette assise de marnes paraît être assez puissante. Trois sondages pour la recherche d'eaux ont été exécutés dans l'étage des marnes d'Auvillars.

Sondage de Pouilly-sur-Saône. — A Pouilly, au sud d'Auvillars, un sondage a été exécuté en 1891, près des bords de la Saône, dans l'usine Jacob; son orifice était à 9 mètres environ au-dessus de l'étiage de la Saône; il a rencontré les assises suivantes :

Pliocène moyen.

Sables siliceux, fins, souvent ferrugineux et avec quelques
lits d'argile.................................... 18^{m}50
Lignite....................................... 0 50

Pliocène inférieur.

Marnes bleues, grises et rougeâtres, avec rognons calcaires.
Pas d'argiles blanches, roses, réfractaires; aucun lit de
sable sur toute cette épaisseur.................. 100^{m}00

L'absence de toute assise sableuse et d'argiles réfractaires permet de penser que, jusqu'à la profondeur de 119 mètres, le sondage n'est pas sorti de la zone des marnes d'Auvillars.

Sondage de Theizé. — Un autre sondage pour la recherche de l'eau a été poursuivi infructueusement près de Chalon, au hameau de Theizé, au nord de Saint-Rémy.

Il a rencontré les assises suivantes :

Limon et mâchefer...............................	5ᵐ00
Argile jaune et sables fins.........................	2 00
Argile jaune....................................	10 50
Marne bleuâtre.................................	6 5o
Marne verdâtre.................................	2 00
Sable fin, jaune.................................	1 00
Marne bleuâtre.................................	1 75
Sables fins.....................................	o 3o
Marnes violacées................................	2 5o
Marne blanche et grise...........................	2 00
Sables fins.....................................	o 3o
Marnes grises	o 3o
Argile blanche..................................	o 3o
Marne grise et jaune.............................	o 5o
Marne gris foncé................................	2 6o
Argile jaune....................................	2 00
Argile jaune sableuse............................	5 5o

L'orifice du sondage était à la cote d'environ 206 mètres; la partie inférieure est descendue jusqu'à la cote de 160 mètres.

La partie supérieure, sur une hauteur de 7 mètres, est du Pliocène supérieur (sables de Chagny); mais tout le reste de la formation est du Pliocène inférieur. On constate que ce dernier est essentiellement argileux ou marneux, qu'il n'y a que quelques minces assises de sable fin, de telle sorte qu'il n'existe aucun niveau d'eau.

Sondage de Chalon-sur-Saône. — A Chalon-sur-Saône, on a, en 1843, exécuté sans succès, en vue d'obtenir de l'eau jaillissante, un forage qui a atteint la profondeur de 159 mètres.

Nous allons reproduire succinctement, mais aussi exactement que possible, la coupe de ce sondage :

	ÉPAISSEUR.	PROFONDEUR DU SONDAGE.
Remblais........................	3ᵐ40	3ᵐ40
Argile..........................	5 20	8 6o
Sables et graviers.................	10 20	18 8o
Argile verdâtre et marnes bleues........	5 8o	24 6o
Sables gris et blancs................	4 90	28 5o

	ÉPAISSEUR.	PROFONDEUR DU SONDAGE.
Argile jaune, verte et bleue............	10^m14	38^m64
Sables jaunes et blancs...............	6 03	44 67
(Eau ascendante.)		
Argiles nuancées, souvent sableuses.....	9 13	54 80
Sables gris, blancs ou jaunes...........	8 35	63 15
Argiles jaunâtres, nuancées, et marnes...	55 49	118 64
Sables rougeâtres, grossiers...........	0 50	119 14
Argiles jaunâtres, nuancées............	17 73	136 87
Sables rougeâtres, grossiers, et sables rougeâtres, argileux.................	2 53	139 40
Argiles jaunes et brunes..............	29 40	159 00

La partie supérieure du sondage, jusqu'à la profondeur de 44 m. 67, nous paraît devoir être considérée comme quaternaire; la partie située au-dessous serait seule pliocène; mais il est impossible, d'après l'examen des résultats du sondage, de dire si toutes les assises rencontrées appartiennent à la zone d'Auvillars, ou si, au contraire, une partie rentre dans la zone moyenne. Les couleurs blanches ou rosées ne semblent pas avoir été constatées aussi fréquemment qu'au sondage de Pont-de-Vaux : il y a donc une présomption pour que la majeure partie ou même la totalité des assises appartiennent à la zone d'Auvillars, mais, nous le répétons, la question reste indécise.

Une conclusion importante peut cependant être à déduire du sondage de Chalon : c'est que, malgré la faible distance de cette ville à la lisière Est (Givry, 7 kilomètres), la cuvette Bressane y présente une profondeur supérieure à 159 mètres.

Gîtes de minerais de fer. — Il convient enfin de mentionner des gîtes de minerais de fer qui nous paraissent devoir être rattachés à cette zone plutôt qu'à la zone moyenne.

Près de Tournus, au village du Villars, dans une tranchée du chemin de fer, au contact du Jurassique, on aperçoit, sur une hauteur d'une dizaine de mètres, des concrétions calcaires emballées dans une argile jaunâtre et contenant des grains de minerai de fer. Sur certains points, ces grains sont assez abondants pour avoir motivé jadis une tentative d'exploitation.

Cette formation paraît se poursuivre jusqu'en face d'Uchizy, sur les coteaux de la rive droite de la Saône.

Les concrétions ferrugineuses du Villars rappellent tout à fait le castillot de la Haute-Saône, et on est tout d'abord porté à les considérer comme étant du même âge.

Nous avons cru devoir cependant les ranger dans l'étage des marnes d'Auvillars pour les motifs suivants. Il serait assez extraordinaire de trouver sur ce seul point de la bordure, entre Chagny et Mâcon, un témoin de l'étage moyen; partout ailleurs, on trouve l'étage supérieur. D'autre part, la formation des minerais de fer a pu s'opérer à toute époque et ne saurait caractériser une assise; il a suffi, pour qu'il se déposât des minerais, qu'il y eût un fond plat et des rives calcaires.

Ajoutons que près de Chagny, à Remigny, on a tenté également jadis d'exploiter des minerais de fer avec castillot; ces gites, étant situés très près des marnes fossilifères de Bligny-sous-Beaune, nous ont paru devoir être également rangés dans l'étage des marnes d'Auvillars.

PALÉONTOLOGIE.

L'horizon Bressan supérieur ne comprend qu'une seule faune très constante et dont les gisements les plus importants sont les talus de la Saône en face de Seurre (Auvillars) et les marnes retirées des puits de Bligny-sous-Beaune. Nous avons exploré nous-mêmes le premier de ces gisements; nous avons trouvé dans la collection Tournouër, au Muséum de Paris, la belle série de coquilles du second.

Mollusques.

Vivipara Burgundina Tournouër (pl. IX, fig. 23-26).

Cette grande Paludine, à spire allongée, à tours faiblement mais régulièrement convexes, avec des traces peu distinctes de trois ou quatre filets spiraux en saillie sur le dernier et l'avant-dernier tour, a été décrite par Tournouër en 1866 (*Bull. Soc. géol.*, 2ᵉ série, t. XXIII, p. 791 et 792), d'après des spécimens de Bligny. C'est la Paludine la plus effilée de la Bresse; la *V. leiostraca* de Mollon, qui s'en rapproche seule au point de vue de l'allongement de la spire, en diffère complètement par ses tours plats sur le milieu et non convexes.

Il n'existe parmi les nombreuses formes de Paludines de Slavonie et de

Hongrie aucune espèce, parmi les types à tours convexes, qui puisse être rapprochée de *V. Burgundina;* mais M. Fuchs a décrit des couches levantines de Mégare (*Jung. Tertiarbild. Griechenl.,* 1877, p. 12, pl. II, fig. 48-55), sous le nom de *V. Megarensis,* une forme qui nous paraît très voisine de *V. Burgundina,* et n'en diffère que par un ombilic un peu plus ouvert et plus profond; on trouve même sur l'espèce de Grèce les traces de lignes spirales saillantes que nous avons signalées dans *V. Burgundina;* nous présumons, sans oser l'affirmer, faute de matériaux de comparaison, la possibilité de réunir ces deux espèces.

La *V. Burgundina* débute en Bresse dès l'horizon de Saint-Amour, où elle est rare, et devient abondante et tout à fait caractéristique de l'horizon d'Auvillars.

Gisements. — Bligny-sous-Beaune (fig. 25-26); Auvillars et toute la ligne des coteaux en face de Seurre; Cuisery, à l'état de moules internes dans le minerai de fer; Pont-de-Vaux.

Bithynia tentaculata L. (pl. IX, fig. 41-42).

Nous attribuons avec Tournouër, à cette coquille actuelle, une Bithynie qui se rattache également de très près au type *Leberonensis* que nous avons cité dans le Miocène supérieur de la bordure Bressane et dans les horizons inférieurs du Pliocène lacustre; en réalité, la Bithynie du niveau Bressan supérieur ne diffère guère de *B. Leberonensis* que par une taille notablement plus forte et par son dernier tour moins ventru proportionnellement au reste de la spire.

Il faut signaler, parmi les nombreuses Bithynies de cet horizon, des variétés (fig. 39-40) qui, par le renflement général de la spire et surtout par l'épaississement de la couche interne du péristome, constituent un véritable passage entre la *B. tentaculata* et la *B. labiata.* La *B. tentaculata* est connue des couches à Paludines inférieures et moyennes de Slavonie, des couches analogues de Transylvanie (Vargyas), etc. En Bresse, on la trouve depuis l'horizon de Saint-Amour jusqu'à l'époque actuelle.

Gisements. — Bligny, Auvillars, Pont-de-Vaux.

Bithynia (Neumayria) labiata Neum. (pl. IX, fig. 36-37).

Neumayr a décrit des couches à Paludines d'Arapatak, en Transylvanie (*Jarb. geol. Reichs,* t. XXV, 1875, pl. XVI, fig. 11-14), une curieuse forme de Bithynie voisine de *B. tentaculata*, mais qui en diffère par sa forme générale plus renflée et surtout par un épaississement de la couche interne du péristome, qui fait que celui-ci se montre comme dédoublé. Le type de la Bresse ne diffère de l'espèce de Transylvanie que par une spire un peu plus courte et par des sutures un peu plus profondes. Neumayr a d'ailleurs déjà indiqué (*Journal de Conchyliologie*, 1869, p. 88) la grande analogie de ces coquilles.

M. de Stefani (*Mol. contin. plioc. d'Italia*, p. 94, pl. II, fig. 20) a signalé la même espèce dans le Pliocène de Castelritaldi, près Spoleto; mais la coquille italienne est plus effilée que la *B. labiata* de la Saône.

La *B. labiata* débute en Bresse avec l'horizon de Saint-Amour et ne dépasse pas le niveau d'Auvillars, où elle est très abondante.

Gisements. — Bligny, Auvillars, Pont-de-Vaux.

Valvata inflata Sandb. et variétés (pl. IX, fig. 49-51, 55-58).

Sandberger (*Land. u. Süssw. Conchyl.*, p. 746) a séparé avec raison du type *piscinalis* L. actuel une grande Valvée de Bligny, différente de la coquille vivante par sa taille plus forte, par ses tours plus renflés, son ombilic plus étroit. Les figures 55-58 de la planche IX peuvent être considérées comme le type de l'espèce, autour duquel Tournouër (in coll.) établissait plusieurs variétés : une variété *curta* (fig. 52-54), à spire courte, à dernier tour aplati sur les côtés, subcaréné; cette variété a été décrite par M. de Stefani comme espèce distincte sous le nom de *V. interposita*. Une variété *subpiscinalis* (fig. 49-51), à spire plus élevée que dans la variété *curta*, à dernier tour rond, mais moins renflé que dans le type de l'*inflata*; cette variété fait le passage au type *piscinalis* au point de vue de la taille et du renflement des tours.

La *V. inflata* et ses variétés débutent dans l'horizon de Saint-Amour et deviennent très abondantes dans le niveau d'Auvillars.

Gisements. — Bligny (fig. 55-58, 49-51), Auvillars.

Valvata interposita de Stefani (pl. IX, fig. 52-54).

M. de Stefani (*Moll. contin. plioc. Italia*, p. 136, pl. III, fig. 13) a établi cette forme pour des spécimens du pliocène d'Italie (Pacciano, val di Tresa) qui nous paraissent identiques au type de la Bresse nommé par Tournouër *V. inflata* var. *curta*. Cette espèce nous semble, en effet, bien caractérisée par sa spire courte, à dernier tour aplati sur les côtés, subcaréné.

La *V. interposita* existe également, nous pensons, dans les couches à Paludines de Slavonie, d'où Neumayr et Paul (*Paludin. Schichten Slav.*, pl. IX, fig. 18) la figurent sous le nom de *V. piscinalis*.

Gisements. — Auvillars (fig. 52-54), Bligny.

Valvata piscinalis Müll. (pl. IX, fig. 46-48).

Avec la *Valvata inflata* on trouve, dans le niveau d'Auvillars, des Valvées beaucoup plus petites, à spire plus basse, à tours plus étroits et moins renflés, qui ne se distinguent pas de *V. piscinalis* actuelle; il existe du reste un passage graduel entre les deux types extrêmes de *V. inflata* et de *V. piscinalis* par l'intermédiaire de la variété *subpiscinalis*.

La *V. piscinalis* se trouve, sous des formes un peu variables au point de vue de la longueur de la spire, dans les couches inférieures à Paludines de Slavonie (Neumayr, Brusina), des environs de Vienne à Moosbrunn, de Transylvanie à Vargyas (Neumayr), dans les couches à Congéries de Livonates en Grèce (Fuchs), dans le Pliocène d'Italie (de Stefani), etc.

En Bresse, ce type débute avec l'horizon de Saint-Amour, devient abondant dans celui d'Auvillars et se perpétue jusqu'à nos jours.

Gisements. — Bligny (fig. 46-48), Auvillars.

Valvata Kupensis Fuchs (pl. IX, fig. 43-44), voir *ante* p. 77.

Cette Valvée à spire déprimée, à tours ronds et lisses, à large ombilic, des couches à Congéries de Hongrie et des couches levantines de Mégare, a été citée plus haut dans l'horizon de Mollon et à Treffort; elle se trouve encore plus rare dans le niveau d'Auvillars.

Gisement. — Bligny.

Valvata cf. debilis Fuchs (pl. IX, fig. 45).

Nous rapportons à cette espèce des couches à Congéries de Tihany, en Hongrie (Fuchs, *Jahrb. geol. Reich.*, t. XX, 1870, pl. XXI, fig. 1-3), une petite Valvée très plate, à dernier tour anguleux et même subcaréné, à large ombilic, montrant les tours internes et entouré d'une dépression notable du dernier tour de la spire, dont nous connaissons un unique spécimen de Bligny (coll. Tournouër, fig. 45).

Hydrobia Slavonica Brus. (pl. IX, fig. 33-35), voir *ante* p. 130.

Nous avons déjà signalé dans l'horizon de Saint-Amour cette Hydrobie allongée, des couches à Paludines moyennes et supérieures de Slavonie (Brusina, *Binnen-Mollusken*, pl. IV, fig. 13 et 14), qui se retrouve identique dans le niveau Bressan supérieur.

Gisement. — Bligny.

Nematurella Lugdunensis Tourn., var. **Belnensis** (pl. IX, fig. 27-29).

Cette espèce, que nous retrouvons à tous les niveaux depuis la base de la série Bressane, est représentée ici par des spécimens de petite taille (fig. 27-29), à spire moins ventrue, à tours plus convexes, à sutures plus marquées que dans le type de Treffort (pl. VIII, fig. 42-44); nous désignerons cette variété sous le nom de *Belnensis*.

Gisement. — Bligny (coll. Tournouër).

Nematurella ovata Bronn. (pl. IX, fig. 30-32).

Nous avons déjà cité de Sermenaz cette espèce plus ventrue, plus courte, à tours moins nombreux, plus plats, à sutures moins profondes que dans le *N. Lugdunensis;* les spécimens de Bligny sont identiques à ceux du val d'Arno, de taille seulement un peu plus petite.

Gisement. — Bligny (coll. Tournouër).

Pyrgidium Nodoti Tourn. (pl. IX, fig. 20-22).

Cette coquille caractéristique a été d'abord rapportée par Tournouër au genre *Pyrgula* (*Bull. Soc. géol.*, 2ᵉ série, t. XXIII, p. 792), puis est devenue pour le même auteur le type du genre *Pyrgidium*, distinct de *Pyrgula* par la présence d'une étroite perforation ombilicale, et surtout par son péristome double, épaissi (*Journ. Conchyl.*, 1867, t. XVII, p. 86); M. Fischer (*Manuel Conchyl.*, p. 723) fait du *Pyrgidium* un sous-genre d'*Emmericia* caréné.

Ce type, spécial à la Bresse, apparaît, comme on l'a vu plus haut, dans le niveau de Saint-Amour, où elle est encore rare, et elle devient très abondante dans les marnes d'Auvillars et de Bligny, qui méritent bien de recevoir le nom de *marnes à Pyrgidium*.

Gisements. — Bligny, Auvillars (fig. 20-22), Pont-de-Vaux.

Planorbis (Helisoma) Belnensis Tourn. (pl. IX, fig. 1-2, 19).

Ce gros Planorbe, à tours très élevés, beaucoup plus hauts que larges, profondément ombiliqué en dessous, un peu moins concave en dessus, peut être considéré comme une exagération, au point de vue de la hauteur des tours, du type *Thiollierei* d'Hauterive et de l'horizon de Mollon.

Tournouër (*Bull. Soc. géol.*, 2ᵉ série, t. XXIII, p. 791) considère ce Planorbe comme proche parent du *Pl. Etruscus* Ziegl. actuel, du sud-est de l'Italie.

Gisement. — Bligny (fig. 1-2).

Planorbis (Gyraulus) albus Müll. (pl. IX, fig. 17-18).

Tournouër a attribué avec raison à ce type quaternaire et actuel un Planorbe de Bligny, peu convexe en dessus, largement ombiliqué en dessous, à tours ronds, ornés de lignes d'accroissement très apparentes, à ouverture oblique; ce type est très voisin également d'une espèce du Pliocène italien que M. de Stefani a décrite (*Molluschi contin. plioc. Ital.*, pl. II, fig. 9) sous le nom de *Pl. Peruzzii;* la coquille de Bligny ressemble beaucoup à l'espèce italienne, notamment par la forme plate, à peine convexe, du dessus de la coquille, mais son dernier tour est moins anguleux en dessus.

Gisement. — Bligny (coll. Tournouër, fig. 17-18).

Planorbis (Anisus) umbilicatus Müll. (pl. IX, fig. 15-16), voir ante p. 75.

Nous retrouvons dans le niveau d'Auvillars ce Planorbe caréné actuel que nous avons cité de l'horizon de Mollon et qui traverse ainsi l'ensemble de la formation lacustre Bressane.

Gisement. — Bligny (coll. Tournouër, fig. 15-16).

Planorbis (Girorbis) Mariæ Michaud (pl. IX, fig. 14).

Nous pouvons figurer de Bligny un beau spécimen de ce Planorbe à tours étroits, au nombre de 6, contigus. Ce type, qui vient d'Hauterive, se trouve, comme nous l'avons indiqué plus haut, dans l'horizon de Mollon, et traverse ainsi l'ensemble de la formation lacustre Bressane.

Gisement. — Bligny (fig. 14).

Corbicula fluminalis Müll., var. cor Sandb. (pl. IX, fig. 3-6).

C'est dans le niveau d'Auvillars que l'on voit apparaître en Bresse la grande

20.

Corbicula, ancêtre du *C. fluminalis* actuel, qui continue de vivre dans la Saône. Elle est représentée par la variété triangulaire, désignée par Lamarck sous le nom de *Cyrena cor* et figurée par Sandberger (*Land u. Süssw. Conchyl.*, pl. XXXII, fig. 2ᵇ).

L'espèce débute en Angleterre dans le Crag rouge et le Crag de Norwich, mais est surtout répandue dans les graviers interglaciaires d'Angleterre (Gray's Thurrock, Cambridge, Sutton, etc.), de France (Menchecourt), d'Allemagne (Halle), d'Italie (Rome), de Sibérie; elle est actuellement très répandue en Asie et dans le nord de l'Afrique.

Gisements. — Bligny (fig. 3-6); Auvillars.

Pisidium Clessini Neumayr (pl. IX, fig. 10-12). Syn. : **P. Charpyi** Locard.
P. laticostatum Tourn., *in* coll. (Voir p. 134.)

Cette petite Pisidie, facilement reconnaissable aux costulations concentriques saillantes qui ornent son test, et à une forme générale inéquilatérale, à peu près semblable à celle de *P. amnicum*, a été décrite par Neumayr (*Paludin. Schicht. Slavon.*, pl. VIII, fig. 30) d'après des spécimens des couches à Paludines moyennes de Slavonie (Slobodnica), puis décrite ultérieurement par M. Locard sous le nom de *P. Charpyi* (*Rech. paléont.*, p. 126, pl. IV, fig. 7-9). Elle est aussi très proche parente de *P. Slavonicum* Neum., des couches à Paludines de Malino (Slavonie), dont les côtes concentriques sont cependant moins fortes et moins régulières. Neumayr indique une forme costulée analogue, vivante dans le Connecticut.

En Bresse, l'espèce débute dans le niveau de Saint-Amour à Cormoz, et continue dans le niveau Bressan supérieur.

Gisement. — Bligny, Auvillars et Broin.

Pisidium propinquum Neumayr (pl. IX, fig. 7-9).
Syn. **P. amnicum** var. Tourn.

Cette Pisidie, très voisine de *P. amnicum* actuel, dont elle diffère par son côté antérieur moins court et une ornementation concentrique plus apparente, a été décrite par Neumayr (*Paludin. Schicht. Slavon.*, pl. VIII, fig. 32-33) d'après des spécimens très communs dans les couches à Paludines supérieures de Slavonie (Podwin).

Gisement. — Bligny (fig. 7-9).

Sphærium Lorteti Locard (pl. IX, fig. 13), voir *ante* p. 127.

Ce gros *Sphærium*, commun dans l'horizon de Saint-Amour, est plus rare dans les marnes de Bligny, d'où nous en avons vu un seul exemplaire (coll. Tournouër).

ÂGE ET RELATIONS PALÉONTOLOGIQUES DE L'HORIZON D'AUVILLARS.

La faune de l'horizon Bressan supérieur a une grande ressemblance, ainsi qu'on l'a dit plus haut, avec celle de l'horizon de Saint-Amour, où apparaissent déjà *Vivipara Burgundina, Valvata inflata, Neumayria labiata, Pyrgidium Nodoti, Hydrobia Slavonica, Pisidium Clessini, Sphærium Lorteti*, c'est-à-dire la plus grande partie des formes caractéristiques de l'horizon d'Auvillars. On ne peut même guère citer, comme coquilles absolument spéciales à ce dernier horizon, que *Planorbis Belnensis, Pl. albus* et *Corbicula fluminalis*; ces deux dernières espèces, concurremment avec *Bithynia tentaculata, Valvata piscinalis, Pl. umbilicatus*, témoignent d'affinités déjà assez prononcées avec la faune quaternaire et actuelle. C'est cette considération qui avait déterminé Tournouër (*Bull. Soc. géol.*, 2e série, t. XXIII, p. 793) à rajeunir singulièrement les marnes de Bligny et d'Auvillars et à les mettre sur le parallèle « des dépôts du *Forest-bed* d'Angleterre, qui sont supérieurs au Crag certainement pliocène, mais inférieurs au grand terrain de transport glaciaire ou *Boulder-clay* ». Nous avons montré que l'horizon d'Auvillars est notablement plus ancien et doit être considéré comme le dernier terme de la formation lacustre Bressane que nous rapportons en entier au Pliocène inférieur. La faune d'Auvillars est en effet liée à la faune de l'ensemble de la Bresse lacustre par un grand nombre d'espèces, notamment *Valvata Kupensis, Hydrobia Slavonica, Nematurella Lugdunensis, N. ovata, Planorbis Mariæ*, sans parler des espèces déjà citées ci-dessus, communes avec l'horizon de Condal.

Cette même faune montre également des points de rapprochement importants avec la faune du Pliocène lacustre italien (Umbrie, Sienne, Val d'Arno), où l'on trouve *Neumayria labiata, Valvata piscinalis, Valvata interposita, Nematurella ovata, Bithynia tentaculata, Planorbis Peruzzii* voisin de *Pl. albus* (de Stefani), et surtout avec les couches à Paludines de Slavonie qui renferment, selon Neumayr : *Bithynia tentaculata, Valvata interposita* (*piscinalis* in Neumayr), *Hydrobia Slavonica, Pisidium Clessini, P. propinquum*; presque toutes ces espèces appartiennent aux horizons moyens des couches à Paludines moyennes, à l'exception de *Pisidium propinquum* qui provient de la base des couches à Paludines supérieures. Nous pensons donc que l'horizon d'Auvillars se parallélise approximativement avec la partie moyenne des couches à Paludines moyennes, ce qui est tout à fait d'accord avec nos déductions stratigraphiques.

Il importe également de signaler les relations de la faune d'Auvillars d'une part avec les couches à Paludines de Transylvanie (Vargyas), d'où provient le type de *Neumayria labiata*, et où se trouvent également : *Hydrobia Slavonica*, *Bithynia tentaculata*, *Valvata piscinalis*; et d'autre part avec les couches *levantines* de Mégare, où M. Fuchs signale *Valvata Kupensis* et *Vivipara Megarensis*, cette dernière étant de toutes les formes de Paludines celle qui se rapproche le plus de *V. Burgundina*.

D. Considérations stratigraphiques générales sur le Pliocène inférieur.

Nous avons représenté schématiquement (fig. 22) la disposition d'ensemble des trois assises du Pliocène inférieur, avant le dépôt des autres formations tertiaires ou quaternaires.

Cette figure montre que la cuvette Bressane était d'abord peu étendue au commencement de l'époque pliocène (marnes de Mollon); elle a atteint son maximum de développement lors du dépôt de la zone moyenne; elle s'est notamment beaucoup étendue à cette époque du côté du nord, puis elle s'est réduite, et elle n'avait plus qu'une superficie restreinte lors du dépôt des marnes d'Auvillars.

Il s'est donc produit, dans la dépression Bressane, le même fait que celui que nous avons signalé antérieurement dans notre *Étude sur le Bassin d'Autun*; les premiers dépôts ont été, dans la Bresse comme dans l'Autunois, localisés dans le voisinage d'une bordure; les dépôts de la zone moyenne ont rempli à peu près tout le bassin, tandis que les plus récents n'occupent que la partie centrale.

Il y a là entre le bassin Pliocène de la Bresse et le bassin Houiller et Permien d'Autun une ressemblance qu'il nous a paru intéressant de mentionner.

Nous avons établi, dans les paragraphes précédents, que les assises du Pliocène inférieur avaient des plongées notables, qu'elles étaient relevées contre le Jura et plongeaient du côté de l'ouest. Les mouvements du sol ont dû se manifester dès le début de la période pliocène, et se poursuivre pendant toute la durée du dépôt du Pliocène inférieur. C'est à eux qu'il convient

Fig. 22.

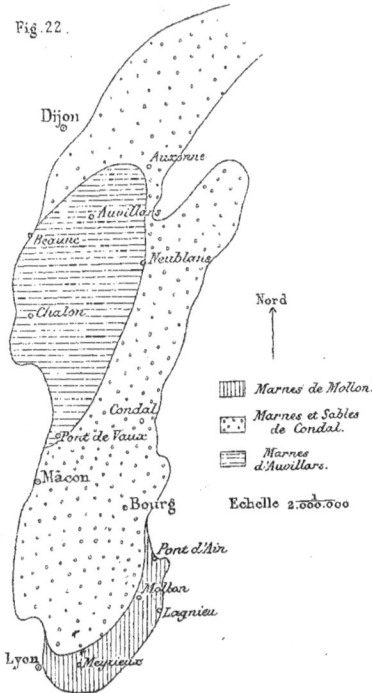

d'attribuer, en effet, ces déformations progressives de la cuvette Bressane qui ont amené la transgressivité des diverses zones; mais ils ont dû encore se continuer après le dépôt du Pliocène inférieur, et le résultat général de l'ensemble de ces mouvements, tant contemporains que postérieurs, a été de ployer les assises, en les relevant du côté du sud et du côté de l'est, de telle sorte que deux coupes faites au milieu de la Bresse, l'une longitudinale, l'autre transversale, pourraient, croyons-nous, être représentées approximativement par les figures ci-dessous (fig. 23-24). Dans ces dernières, nous faisons abstraction des dépôts postérieurs au Pliocène inférieur, et des ravinements qui en ont été la conséquence.

Fig. 23.

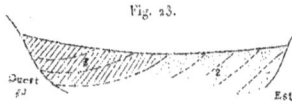

Ouest
Est

Fig. 24.

Nord
Sud

1. Marnes de Mollon. — 2. Marnes et sables de Condal. — 3. Marnes d'Auvillars.

Le fond de la cuvette était très plat dans la partie Nord, et c'est cette circonstance qui a amené, comme nous l'avons déjà dit, la formation des minerais de fer de la Haute-Saône et de la Côte-d'Or.

En somme, tous les sédiments du Pliocène inférieur sont fins et indiquent des dépôts faits en eau tranquille; les marnes en constituent la majeure partie, et les sables y sont toujours constitués par de très petits éléments siliceux.

Disons incidemment que c'est cette finesse des éléments sableux qui a empêché les sondages de fournir de l'eau jaillissante; l'exemple des résultats obtenus à Bourg, à Pont-de-Vaux, Chalon et Pouilly montre qu'il n'y a aucun espoir sérieux d'obtenir des puits artésiens.

Épaisseur des couches. — Les documents que nous possédons sur la Bresse sont trop peu nombreux pour permettre une évaluation tant soit peu motivée des épaisseurs des couches.

Nous ne saurions émettre une opinion à cet égard; tout au plus pouvons-nous dire que notre impression serait que ces assises doivent avoir une épaisseur totale de plusieurs centaines de mètres, peut-être quatre ou cinq cents mètres, dans lesquels la moitié au moins pour la zone moyenne.

Nous sommes amenés ainsi à une opinion bien différente de celle qu'on avait jadis sur la Bresse, alors que l'on considérait les assises comme étant à peu près horizontales.

E. **Pliocène marin.**

Nous ne dirons que deux mots du Pliocène marin, qui est seulement représenté, sur notre carte de la Bresse, par un petit lambeau situé au village de Loire, au sud de Givors. Vu la position de ce lambeau, le prolongement du Pliocène marin sous les alluvions de la plaine de Givors est probable, mais n'a pu encore être démontré.

Dans cet endroit, quelques fouilles de carrières ont extrait des marnes bleuâtres, bien litées, qui renferment des fossiles d'eau peu salée ou saumâtre (*Syndosmya Rhodanica* Font.). Récemment, M. E. Mermier nous a communiqué une belle empreinte d'une grande Ophiure à huit bras, probablement nouvelle, qui provient des couches plus profondes et aussi plus franchement marines de la même marnière.

Nous avons, dans un paragraphe précédent, représenté la situation de ces marnes dans la vallée du Rhône (fig. 14).

Il est difficile, vu l'éloignement des gîtes, d'établir un synchronisme entre les marnes de Loire et les marnes lacustres de la Bresse; cependant il est naturel de penser que les assises de Loire ont dû se déposer à peu près en même temps que celles de Mollon. Les premières occupent en effet le fond de la vallée du Rhône, et les secondes sont dans le fond de la cuvette Bressane. Cette similitude de disposition semble autoriser, en l'absence de tout autre argument, à considérer les deux dépôts comme synchroniques.

CONSIDÉRATIONS

PALÉONTOLOGIQUES GÉNÉRALES SUR LE PLIOCÈNE LACUSTRE BRESSAN
ET COMPARAISONS.

1° LA BRESSE CONSIDÉRÉE COMME FACIES À PALUDINES OU LEVANTIN.

Un grand fait à la fois des plus nets et des plus importants ressort des chapitres qui précèdent : la Bresse, en ce qui concerne le Pliocène inférieur et moyen [1], doit être regardée comme un lambeau tout à fait occidental de la grande formation lacustre à Paludines (facies *Levantin* de Neumayr) qui représente le Pliocène dans la vallée du Danube et dans l'Extrême-Orient, de l'Europe jusqu'en Asie.

De même qu'en Slavonie et en Roumanie, chacune des zones que nous avons reconnues dans la formation Bressane se trouve en général caractérisée par une ou plusieurs espèces particulières du genre *Vivipara*, qui non seulement permettent d'étudier l'évolution progressive des coquilles de ce genre, mais servent en même temps de points de repère comparatifs d'une grande précision avec les formations similaires de l'Orient. La succession des Paludines de la Bresse se trouve résumée dans le petit tableau suivant (colonne du milieu) :

GROUPEMENT STRATIGRAPHIQUE.			SUCCESSION DES ZONES BRESSANES.	GROUPEMENT PALÉONTOLOGIQUE.
PLIOCÈNE MOYEN. (Sables de Trévoux.)			6. Zone à *Vivipara Falsani* et *ventricosa*, avec *Melanopsis lanceolata* (= *Trivortiana*).	II. Faune Bressane supérieure à *Vivipara Burgandina*, *Pyrgidium Nodoti*, *Valvata inflata* et Paludines à flancs plats ou carénées.
	III. Marnes d'Auvillars.		5. Zone à *Vivipara Burgandina* et *Pyrgidium Nodoti*.	
	II. Marnes de Condal et de Miribel.	St-Amour.	4. Zone à *Vivipara Sadleri* (= *Bressana*) et *Burgundina*, avec *Pyrgidium Nodoti*.	
		Sermenaz.	3. Zone à *Vivipara Fuchsi* (= *Dresseli*) et *Valvata Vanciana*.	
	I. Marnes de Mollon.	Mollon supérieur.	2. Zone à *Vivipara Neumayri* (= *Tardyi*) et *leiostraca* avec *Valvata Vanciana*.	I. Faune Bressane inférieure à *Valvata Vanciana*, *Planorbis Heriacensis* et Paludines lisses.
		Mollon inférieur.	1. Zone à *Vivipara ventricosa*.	

En nous plaçant au point de vue stratigraphique et surtout au point de vue de l'établissement de la carte au 320,000ᵉ qui accompagne ce Mémoire, nous

---

[1] Il eût été plus logique peut-être de placer ces considérations sur le facies Levantin de la Bresse après l'étude du Pliocène moyen ou *horizon de Trévoux* qui, bien que d'origine fluviatile, rentre encore paléontologiquement dans le facies à Paludines. Mais nous aurions dû, en procédant ainsi, interrompre l'histoire des phénomènes fluviatiles, avec leurs creusements et leurs remblaiements successifs, histoire qui débute en Bresse avec le Pliocène moyen.

avons établi dans le Pliocène lacustre Bressan trois divisions fondées sur le caractère physique dominant des dépôts : à la base et au sommet, une formation marneuse : *marnes de Mollon* et *marnes d'Auvillars*, entre lesquelles se place une épaisse masse où les sables mollassiques, alternant avec des bandes marneuses ou argileuses, jouent le rôle principal (*niveau Bressan moyen*). Mais au point de vue purement paléontologique, on pourrait plus naturellement grouper les zones de la Bresse en deux grandes faunes :

1° Une *faune inférieure* comprenant tous les gisements de la bordure Sud de la Dombes et se prolongeant au nord jusqu'à Treffort. Les espèces les plus caractéristiques de cette faune sont les Vivipares à tours fortement convexes et lisses (*V. ventricosa, V. Neumayri, V. Fuchsi*), le *Planorbis Heriacensis*, les petites *Bithynia* du type *Leberonensis*, la *Valvata Vanciana*, les *Helix Delphinensis, Falsani, Magnini, Sermenazensis, Nayliesi*.

Elle correspond fort bien aux *couches à Vivipares lisses* ou *couches à Paludines inférieures* de Slavonie (*Untere Paludinen Schichten*), ainsi qu'on l'établira plus loin.

2° Une faune supérieure où les Vivipares possèdent des tours plats (*V. Sadleri* du Niquedet), ou même deviennent légèrement carénés (*V. Falsani* de Trévoux), où les *Melanopsis* prennent également des carènes (*M. Ogerieni* de Saint-Amour, *M. Brongniarti* de Neublans) ou des côtes (*M. lanceolata* de Trévoux). En outre, on doit considérer comme caractéristiques de cette faune : *Valvata inflata* et ses variétés, *Bithynia* (*Neumayria*) *labiata*, et surtout *Pyrgidium Nodoti*. Par son degré d'évolution, la faune supérieure correspond assez bien à la partie inférieure des couches à Paludines moyennes (*Mittlere Paludinen Schichten*) de Slavonie.

Nous reviendrons plus loin sur ces points de vue comparatifs importants.

2° ÉVOLUTION DES *VIVIPARA, VALVATA, BITHYNIA, MELANOPSIS.*

Si nous voulons maintenant suivre l'évolution paléontologique des types de coquilles lacustres de la Bresse, nous nous trouverons en présence de séries beaucoup moins complètes et moins intéressantes que celles étudiées si brillamment par Neumayr et Paul en Slavonie et en Hongrie, mais pourtant dignes encore d'attention. Nous y retrouverons notamment en petit le fait général que présentent dans le bassin du Danube les espèces appartenant à des groupes zoologiques très divers, comme les *Vivipara, Melanopsis, Valvata,*

Unio, à évoluer de formes lisses, dépourvues d'ornementation, vers des espèces ornées de carènes, de côtes ou de tubercules, avec une profusion d'autant plus grande que l'on s'élève stratigraphiquement des couches à Paludines inférieures vers les couches à Paludines supérieures. En Bresse, le facies à Paludines débute, il est vrai, à peu près en même temps que dans le bassin du Danube, seulement il ne s'est pas prolongé aussi longtemps, de sorte que les formes très ornées des couches à Paludines supérieures y font défaut et ne sont pas représentées dans les graviers fluviatiles qui leur correspondent. Ce fait, joint à une pauvreté comparative de la faune, explique les différences entre le facies à Paludines de la Bresse et celui du bassin du Danube.

Examinons maintenant quelques-uns des genres qui composent la faune Bressane.

G. *VIVIPARA*. — Les Paludines de la Bresse, au point de vue de la filiation des formes, peuvent être disposées en plusieurs séries parallèles : l'une comprenant des formes tout à fait lisses, à tours fortement convexes; les autres, des formes à flancs plats, ou même s'ornant de bourrelets suturaux. Le tableau suivant indique la filiation de ces séries :

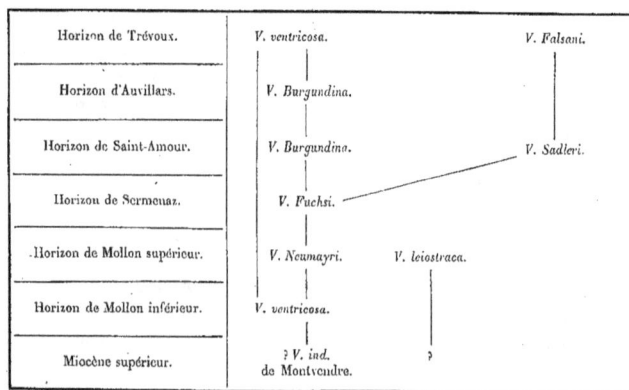

Horizon de Trévoux.	*V. ventricosa.*		*V. Falsani.*
Horizon d'Auvillars.	*V. Burgundina.*		
Horizon de Saint-Amour.	*V. Burgundina.*		*V. Sadleri.*
Horizon de Sermeuaz.	*V. Fuchsi.*		
Horizon de Mollon supérieur.	*V. Neumayri.*	*V. leiostraca.*	
Horizon de Mollon inférieur.	*V. ventricosa.*		
Miocène supérieur.	? *V. ind.* de Montvendre.	?	

La forme la plus ancienne, celle de Mollon inférieur (*V. ventricosa*) est de toutes la plus renflée et possède les tours les plus convexes; elle donne naissance à *V. Neumayri* de Loyes, dont la spire est plus étroite et les tours moins convexes. De cette forme on passe aisément à *V. Fuchsi* des Boulées, où la convexité des tours diminue, pour arriver à *V. Burgundina* de Saint-Amour et de Bligny, qui réalise dans cette série le minimum de convexité des tours avec une spire plus allongée que les précédentes.

Dans le groupe des formes à flancs plats, la *V. leiostraca* reste isolée et paraît, malgré l'aplatissement prononcé des tours, se rattacher de plus près par son facies général à la série précédente qu'à la suivante.

Cette dernière série paraît dériver, conformément à l'opinion de Neumayr (*Palud. Schicht.*, tableau pl. X), du groupe *V. Fuchsi*, où l'on constate en effet une tendance au raccourcissement de la spire et au renflement général des tours supérieurs. On passe ainsi à *V. Sadleri* du Niquedet, à flancs plats, sans bourrelet sutural, et de cette dernière on arrive aisément à la Paludine des sables de Trévoux (*V. Falsani*), à bourrelet sutural bien prononcé, à dernier tour légèrement creusé, qui correspond aux variétés les moins accentuées de *V. spuria* d'Orient.

G. Melanopsis. — Les formes étant moins nombreuses que pour les Vivipares, les faits de filiation sont moins évidents. Nous nous bornerons à constater que le *Melanopsis* des niveaux inférieurs (*M. flammulata*, var. *Rhodanica*) est une espèce lisse qui se rattache aisément au *M. Kleini* du Miocène supérieur de Soblay, dont la spire est seulement plus courte et le dernier tour plus ventru. Ce groupe de *Melanopsis lisses* passe plus haut dans les sables de Trévoux et paraît représenté actuellement par le *M. prærosa* du bassin méditerranéen oriental.

Mais à partir de l'horizon de Saint-Amour on voit apparaître des *Melanopsis* à tours étagés, à bourrelet sutural saillant (*M. Ogerieni* de Saint-Amour, *M. Brongniarti* de Neublans), analogues aux *M. recurrens, Slavonica*, etc., des couches à Paludines moyennes de Slavonie.

Enfin, plus haut encore, dans les sables de Trévoux, on voit apparaître le groupe des *Melanopsis* costulés, représenté par une seule forme (*M. lanceolata*, var. *Trivortina*).

G. Valvata. — Ce genre présente des faits d'évolution intéressants.

Nous distinguerons d'abord le *groupe à coquille lisse* et le groupe *à coquille carénée* (s.-g. *Tropidina*).

Groupe lisse. — Le premier groupe comprend deux sous-groupes : 1° des formes à spire assez élevée, à tours assez épais, du type de *V. piscinalis* actuel. Nous voyons apparaître ce type dans le Miocène supérieur de Montvendre et de Saint-Jean-le-Vieux sous la forme de *V. Hellenica,* puis ne se montrer que bien plus haut dans l'horizon de Saint-Amour et dans celui d'Auvillars, où on trouve, à côté de formes tout à fait voisines du *V. piscinalis* actuel, un nouveau type à spire plus élevée, à tours renflés, à sutures profondes, le *V. inflata;* ce dernier se continue parallèlement au précédent jusqu'à la fin du Pliocène supérieur (marnes de Chalon-Saint-Cosme).

2° Des formes à spire très basse, à tours étroits, à large ombilic. Ce type, déjà représenté dans le Miocène supérieur du Bas-Dauphiné par *V. vallestris* Font., se montre à la base du Pliocène Bressan (Bas-Neyron) sous une forme que nous avons assimilée à *V. Kupensis* Fuchs, des couches à Congéries de Hongrie et du Levantin de Mégare; cette forme continue d'ailleurs sans grande modification jusque dans l'horizon d'Auvillars.

Groupe caréné. — Les Valvées carénées (*Tropidina*) nous paraissent appartenir à deux rameaux parallèles :

1° La Valvée bicarénée, à spire assez haute, du Miocène supérieur de Saint-Jean-le-Vieux, que nous avons rapportée à *V. Sibinensis,* de Slavonie (=*V. Sayni* Fontannes), nous semble être la souche de la Valvée bicarénée, à spire plus haute encore, de l'horizon de Saint-Amour, que nous rapportons à *V. Eugeniæ* Neum. (=*V. Oyerieni* Loc.), des couches à Paludines de Vargyas (Transylvanie).

2° Un autre groupe de Valvées carénées, à spire plus plate que les précédentes, à ombilic plus large, paraît prendre naissance aux dépens de *V. Kupensis,* dans l'horizon du Bas-Neyron, par une variété qui n'a d'abord qu'une seule carène (*V. Vanciana,* var. *Neyronensis*), mais qui bientôt prend 2, 3, 4 et même 5 carènes dans l'horizon de Mollon supérieur et dans celui de Sermenaz, sans s'élever plus haut dans la série Bressane.

Mentionnons encore dans la série des Valvées deux types tout à fait à part, le *Craspedopoma conoidale* et le *Michaudia Falsani,* qui ne rentrent pas dans les séries précédentes.

Le petit tableau suivant résume ces idées théoriques sur l'évolution des Valvées bressanes :

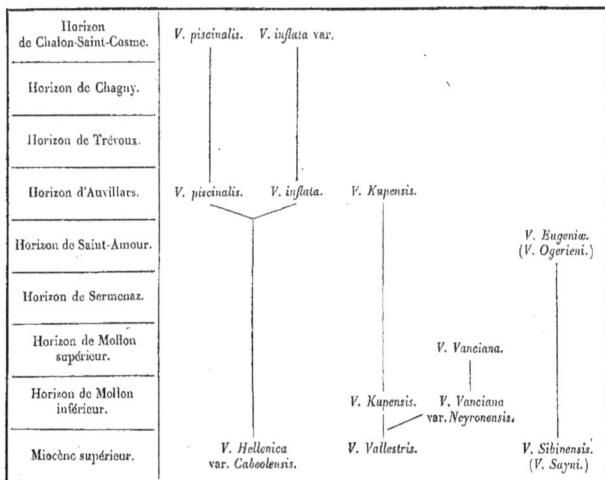

Horizon de Chalon-Saint-Cosme.	*V. piscinalis.* *V. inflata* var.			
Horizon de Chagny.				
Horizon de Trévoux.				
Horizon d'Auvillars.	*V. piscinalis.* *V. inflata.*	*V. Kupensis.*		
Horizon de Saint-Amour.				*V. Eugeniæ.* (*V. Ogerieni.*)
Horizon de Sermenaz.				
Horizon de Mollon supérieur.			*V. Vanciana.*	
Horizon de Mollon inférieur.		*V. Kupensis.*	*V. Vanciana* var. *Neyronensis.*	
Miocène supérieur.	*V. Hellenica* var. *Caboolensis.*	*V. Vallestris.*		*V. Sibinensis.* (*V. Sayni.*)

G. Bithynia. — Dans ce genre, le type *Leberonensis,* si répandu dans tout le Miocène supérieur du bassin du Rhône, paraît être la souche de toutes les autres formes.

Dès le Miocène supérieur, il évolue dans deux voies différentes par deux variétés, l'une très renflée, l'autre à profil plus étroit.

La variété renflée s'accentue dans le niveau Bressan inférieur (= var. *Delphinensis* Loc.) et dans l'horizon de Sermenaz, pour donner naissance, dans le niveau de Saint-Amour, au type *B. labiata,* qui en diffère par sa taille plus forte et par l'épaississement du péristome; ce type se perpétue jusque dans le Pliocène supérieur de Chalon-Saint-Cosme.

La variété grêle (var. *Neyronensis*) passe insensiblement, en devenant seulement plus grande, au *Bithynia tentaculata* des niveaux Bressans supérieur et actuel.

Cette évolution est résumée dans le petit tableau suivant :

Horizon de Chalon-Saint-Cosme.	*Bith. labiata* var.	*B. tentaculata.*
Horizon de Chagny.		
Horizon de Trévoux.		*B. tentaculata.*
Horizon d'Auvillars.	*Bithynia labiata.*	*B. tentaculata.*
Horizon de Saint-Amour.	*Bithynia labiata.*	
Horizon de Sermenaz.	*B. Leberonensis* var. *Delphinensis.*	*B. Leberonensis* var. *Neyronensis.*
Horizon de Mollon supérieur.	*B. Leberonensis* var. *Delphinensis.*	*B. Leberonensis* var. *Neyronensis.*
Horizon de Mollon inférieur.	*B. Leberonensis* var. *Delphinensis.*	*B. Leberonensis* var. *Neyronensis.*
Miocène supérieur.	*B. Leberonensis.*	

3° COMPARAISON DE LA BRESSE AVEC LE PLIOCÈNE DES AUTRES RÉGIONS.

Nous porterons spécialement notre attention sur les contrées où le Pliocène est développé sous le facies lacustre : la vallée du Rhône, l'Italie, le bassin du Danube.

1° *Bassin du Rhône.* — On sait que le Pliocène inférieur et moyen du bassin du Rhône est en grande partie constitué par des dépôts marins. En quelques points seulement on trouve des formations lacustres, en particulier dans la Drôme (Hauterive, Chabeuil) et auprès de Montpellier (Celleneuve, Palais-de-Justice), et presque partout elles se montrent superposées aux formations marines.

Les relations étroites qui existent entre la faune d'Hauterive et celle des marnes de Mollon ont déjà été exposées en détail dans un chapitre précédent (p. 83). Nous en rappellerons seulement ici la conclusion principale, c'est que la faune Bressane inférieure, tout en ayant plus de la moitié d'espèces communes avec Hauterive, s'en distingue par un cachet plus ancien qui lui est communiqué par un certain nombre de types à affinités miocènes (*Planorbis Heriacensis, Bithynia veneria, Valvata Kupensis, Helix Delphinensis*, etc.), d'où il suit que nous avons considéré l'horizon de Mollon inférieur (Bas-Neyron, Collonges, Pérouges, Mollon-Rivière) comme un peu plus ancien que les marnes d'Hauterive et pouvant, en conséquence, être mis en parallèle avec une partie au moins du Pliocène marin de la vallée du Rhône. Il est pourtant nécessaire de faire la remarque que les marnes d'Hauterive ne sauraient être de beaucoup plus récentes que les marnes de Mollon, car les unes et les autres contiennent la même Paludine (*Vivipara ventricosa*), espèce qui, il est vrai, ne semble pas caractériser un niveau très précis, puisqu'on la retrouve bien plus haut, dans les sables de Trévoux.

Nous sommes amenés à penser que la faune d'Hauterive est plus ancienne qu'on ne l'a dit jusqu'à ce jour et, au lieu d'appartenir au Pliocène moyen, doit être descendue dans le Pliocène inférieur. Nous avons d'ailleurs, pour vieillir ainsi les marnes d'Hauterive, une preuve stratigraphique importante : le Pliocène moyen de la vallée de la Saône (sables de Trévoux) est constitué par une formation fluviatile dont le thalweg descend plus bas que celui de la Saône actuelle; il est donc tout à fait vraisemblable qu'à la même époque des faits de ravinement analogues se produisaient dans la vallée principale, ce qui est incompatible avec l'existence d'un lac pliocène moyen, comme l'aurait été celui d'Hauterive.

Nous pensons, en résumé, que la formation lacustre de la Bresse répond au moins en partie au Pliocène marin, mais il est possible qu'il existe encore au-dessous des marnes de Mollon des assises lacustres pliocènes (dont nous ne connaissons aucun affleurement) qui correspondraient aux couches les plus inférieures du Pliocène marin.

La faune des marnes lacustres de Celleneuve [1] et de Montpellier, qui montre tant d'analogie avec la faune d'Hauterive, présente aussi quelques formes communes avec la formation Bressane inférieure, notamment *Helix Amberti, Strobilus Duvali, Strobilus labyrinthiculus, Clausilia Baudoni, Carychium pachychilus, Planorbis umbilicatus, Craspedopoma conoidale, Vivipara ventricosa, Sphærium Normandi*, et en outre deux formes représentatives, l'une de *H. Chaixi (H.*

[1] Paladilhe, *Étude sur les coquilles fossiles des marnes pliocènes lacustres des environs de Montpellier. (Revue des sciences naturelles de Montpellier,* 1873, t. II, p. 38.)

Gaspardi), l'autre de *Triptychia Terveri* (*T. maxima*); les conclusions stratigraphiques que nous avons données pour les marnes d'Hauterive s'appliquent
donc aussi aux marnes lacustres de Cellneuve.

2° *Italie.* — Les formations d'eau douce pliocènes sont loin d'occuper en
Italie une étendue comparable à celle de la Bresse. Selon M. de Stefani [1], ces
dépôts se sont formés dans des conditions assez variées : les uns dans de petits
lacs de montagnes, tous situés sur le versant Tyrrhénien (vallée de la Magra,
du Serchio, du Haut-Tibre, du Chiascio), avec une faune lacustre très pauvre
et une faune de Mollusques terrestres plus riche. D'autres dépôts se sont produits dans des bassins ou des marécages d'eau douce, au niveau de la mer,
mais séparés de l'eau salée par des barrières de plages sableuses étendues;
tels sont les bassins de Rieti, de Terni, de Pérouges et le grand bassin du val
d'Arno. D'autres enfin sont de véritables dépôts de lagunes littorales, en communication plus ou moins complète avec la mer (Lucques, val di Nevole,
Trasimeno, bassin de Florence), et contiennent une faune en partie saumâtre.

C'est naturellement avec la seconde catégorie de ces formations que la
Bresse présente les plus grandes analogies fauniques [2]. C'est ainsi qu'on trouve
dans la faune des marnes ligniteuses qui forment la base de la série lacustre
du val d'Arno : des *Nematurella* dont l'une (*N. ovata*) se retrouve en Bresse
au niveau de Sermenaz et à celui d'Auvillars; la *Bithynia tentaculata* des marnes
d'Auvillars; une *Vivipara ampullacea* qui est la seule espèce du genre rappelant la *V. Trefforiensis* de Treffort; les *Valvata piscinalis* et *interposita* de l'horizon d'Auvillars; une *Unio* du type *atavus*, comme à Mollon et à Condal;
enfin la grande *Anodonta Bronni* de l'horizon de Condal. On remarquera,
d'après ces citations, que la faune lacustre du val d'Arno a plus de rapports
avec les horizons Bressans supérieurs (Condal, Auvillars) qu'avec les niveaux
inférieurs.

Dans d'autres localités d'Italie, on trouve çà et là quelques autres espèces
Bressanes, par exemple le *Melanopsis flammulata* (Toscane, Ombrie); la *Bithynia* (*Neumayria*) *labiata* (Spoleto, en Ombrie); la *Vivipara Neumayri* (environs
de Terni, en Ombrie); le *Planorbis Peruzzii*, très voisin de *Plan. albus* d'Auvillars (Ombrie); enfin l'*Helix Senensis*, forme représentative de l'*H. Chaixi* (Toscane), et l'*Helix Majoris*, type du groupe des *H. Delphinensis* et *Tersannensis*.

[1] De Stefani, *Les terrains tertiaires supérieurs du bassin de la Méditerranée*, 1891.
[2] Id., *Molluschi continent. pliocenici d'Italia*, 1876-1884.

Mais, en somme, il est impossible de retrouver en Italie, vu la dissémination des gisements, la succession des faunes lacustres que nous connaissons en Bresse.

3° *Vallée du Danube.* — C'est dans le bassin du Danube (Autriche-Hongrie, Roumanie) que le facies lacustre ou Levantin du Pliocène est le mieux développé et présente des rapports comparatifs intéressants avec la Bresse.

Dans les environs de Vienne, il n'existe qu'un faible lambeau de couches à Paludines, auprès de Moosbrunn, avec *Unio atavus, Vivipara Fuchsi, Hydrobia sepulchralis, Valvata piscinalis.* La présence de *V. Fuchsi* placerait ces couches à la hauteur de l'horizon de Sermenaz.

Mais c'est en Slavonie, sur la rive gauche de la vallée de la Sava, entre Novska et Brod, que la formation à Paludines prend un remarquable développement et y présente une série continue d'horizons stratigraphiques, analysée dans le remarquable mémoire de Neumayr et Paul[1]. Nous avons pu, dans un récent voyage, nous rendre compte par nous-mêmes de l'exactitude des successions indiquées dans ce beau travail.

Les couches à Paludines se présentent assez fortement relevées au pied de l'anticlinal constitué par les terrains anciens des montagnes de la Slavonie (*Pozeganer* et *Broder Gebirge*), entre les vallées de la Drava et de la Sava. Elles reposent en concordance sur le Miocène terminé à sa partie supérieure par les couches Pontiques (sables jaunes à *Congeria rhomboidea,* avec niveau supérieur à *Congeria spathulata*) qui correspondent aux couches à Congéries d'Agram (horizon d'Okrugliak). Par-dessus vient la série puissante des couches à Paludines, formées de sables et de marnes, parfois lignitifères, dont on peut étudier fort bien la série, malgré le recouvrement par le limon, dans la plupart des ravins qui descendent à la Sava (vallées de Novska, de Cernik, de Kovacevac, de Cigelnik, de Malino, de Sibinj, de la Capla, de Podwin, etc.

Neumayr et Paul ont subdivisé la formation à Paludines en trois grands horizons qui sont, de bas en haut :

1° *Couches à Paludines inférieures,* caractérisées par des formes lisses, sans ornements, du genre *Vivipara* (*Vivipara Neumayri, Fuchsi, Pannonica, lignitarum,* etc.), et par des *Unios* lisses (*Unio maximus* et *U. atavus*); on y trouve des *Melanopsis* lisses (*M. Sandbergeri*) avec d'autres types à bourrelet sutural

[1] Neumayr et Paul, *Die Congerien und Paludinen Schichten Slavoniens*, 1875 (*Abhandl. geol. Reichst.*, t. VII, part. 3).

22.

saillant (*Melanopsis decollata*) et même des formes costulées (*M. harpula*); les Néritines sont lisses (*N. transversalis*) ou rarement costulées (*N. Coa*); on y a trouvé une dent de Castoridé.

2° *Couches à Paludines moyennes*, caractérisées surtout par de nombreuses espèces carénées (carènes spirales) de *Vivipara*, par de nombreux *Melanopsis* costulés (*M. hastata, lanceolata*) par des *Unios* épaisses, trigones, mais sans ornementation extérieure (*U. Nicolai, Sandbergeri*).

Neumayr et Paul distinguent dans cet étage moyen trois zones où les carènes deviennent de plus en plus saillantes en allant de bas en haut :

> a. Zone à *Vivipara bifarcinata* et *Tylopoma melanthopsis*; on trouve encore dans cette zone des Vivipares lisses, comme *V. Fuchsi, Pannonica*, ou à tours plats (*V. Sadleri*).
> b. Zone à *Vivipara stricturata* et *Tylopoma avellana*;
> c. Zone à *Vivipara notha* et *Tylopoma oncophora*.

3° *Couches à Paludines supérieures* caractérisées par des espèces de *Vivipara* fortement carénées ou ornées de tubercules et par des *Unios* ornées.

Neumayr et Paul distinguent quatre zones de bas en haut :

> a. Zone à *Vivipara Sturi, ornata, Pilari*;
> b. Zone à *Vivipara Hörnesi*;
> c. Zone à *Vivipara Zelebori*;
> d. Zone à *Vivipara Pauli* et *Vukotinovici*; ces deux dernières formes constituent un groupe à fines costules spirales nombreuses, tout à fait distinct des types précédents.

Au point de vue de la fixation de l'âge des couches à Paludines de Slavonie, les Mammifères sont peu abondants. Cependant Neumayr[1] a signalé le *Mastodon Arvernensis* dans les couches du ravin de Podwin, vers le milieu des couches à Paludines supérieures. Nous avons vu au musée d'Agram trois dents de la même espèce trouvées par notre confrère le professeur Pilar, dans les mêmes couches de Podwin. En Roumanie, où la succession des horizons à Paludines est sensiblement pareille à celle de Slavonie, on a trouvé également le *Mastodon Arvernensis* et le *Mastodon Borsoni*, dans les couches à Paludines de la Roumanie occidentale (*M. Stefanescu*)[2]; de plus, M. Fuchs a bien voulu

---

[1] Neumayr, *Verhandl. geol. Reichs.*, 1879, p. 176.
[2] Stefanescu, *Bull. Soc. géol.*, 3ᵉ série, t. I, p. 119.

nous montrer à Vienne un beau fragment de dent d'*Elephas meridionalis* provenant des couches à Vivipares très tuberculeuses (*V. Strossmayeri*) et *Unios* très ornés de la région de Craïova, c'est-à-dire d'un horizon élevé des couches à Paludines supérieures. On peut conclure de cette importante observation que les couches à Paludines supérieures de Slavonie et de Roumanie, caractérisées par l'association du *Mastodon Arvernensis* et de l'*Elephas meridionalis* correspondent au Pliocène supérieur, tel que nous l'avons limité. Dans cette manière de voir, le facies Levantin du bassin du Danube correspondrait à l'ensemble à peu près entier de la formation pliocène.

Ces données stratigraphiques acquises, nous pouvons maintenant comparer avec fruit les horizons à Paludines de la Bresse avec ceux du bassin du Danube :

1° *Marnes de Mollon.* — Nous ne connaissons nulle part dans le bassin du Danube la grosse Paludine renflée de la base de la série Bressane (*Vivipara ventricosa*) ; en revanche, les *Vivipara Neumayri* (= *Tardyi* olim), *leiostraca*, de Mollon supérieur, sont des types caractéristiques des couches à Paludines inférieures, où l'on trouve en outre *Unio atavus*, signalé par nous à la base de l'horizon de Mollon, un *Melanopsis* lisse (*M. Sandbergeri*), différent seulement par une spire plus longue du *M. flammulata* de Mollon supérieur, des Bithynies très voisines des formes de l'horizon Bressan inférieur (groupe *tentaculata*). Le parallélisme des marnes de Mollon avec les couches à Paludines inférieures se trouve donc nettement établi.

2° *Horizon de Sermenaz.* — Cet horizon, placé à l'extrême base de l'assise Bressane moyenne, contient encore une Paludine lisse (*Vivipara Fuchsi* = olim *Dresseli* des Boulées) des couches à Paludines inférieures, avec les mêmes espèces de *Melanopsis* lisse et de Bithynies que les marnes de Mollon, et doit être rattaché également à l'étage des couches à Paludines inférieures.

3° *Horizon de Saint-Amour.* — A côté d'une Vivipare lisse (*V. Burgundina*) qui n'existe pas en Slavonie, mais dont M. Fuchs a décrit une espèce bien voisine en Grèce (*V. Megarensis*), on trouve dans les marnes du Niquedet, près Saint-Amour, une Vivipare à flancs plats, à profil général renflé, qui avait été décrite sous le nom de *V. Bressana*, mais qui rentre sans aucune hésitation dans le type *V. Sadleri* des couches à Paludines d'Arapatak (Transylvanie) et

de Marinac près Varŏs (Slavonie); cette espèce se rencontre, d'après Neumayr,
à Malino (Slavonie) avec la *V. bifarcinata* dans la zone inférieure des couches à
Paludines moyennes, fait important qui nous permet de placer les couches
de Saint-Amour exactement à ce niveau.

L'analogie entre les couches à *V. Sadleri* de Saint-Amour et celles de Transylvanie [1] (Vargyas, Arapatak) se trouve mise en lumière non seulement par
cette Paludine, mais par d'autres espèces très particulières, comme *Valvata
(Tropidina) Eugeniæ* (= *Ogerieni*) et *Bithynia (Neumayria) labiata*, qui font
défaut en Slavonie.

Notons encore le fait que les *Melanopsis* de l'horizon de Saint-Amour et de
Neublans (*M. Ogerieni, M. Brongniarti*) portent des renflements suturaux en
forme de carène, qui les rapprochent des types (*M. recurrens, M. Braueri*) des
couches à Paludines supérieures de Slavonie, sans leur ressembler entièrement comme espèces.

Nous sommes donc amenés à classer l'horizon de Saint-Amour au niveau
de la base des couches à Paludines moyennes du bassin du Danube.

4° *Horizon d'Auvillars.* — Les marnes d'Auvillars ne contiennent d'autre
Vivipare que la forme lisse (*Vivipara Burgundina*) de Saint-Amour; l'absence,
à ce niveau, de Paludines carénées empêche une comparaison précise avec les
horizons de Slavonie. La présence de *Bithynia labiata* de Transylvanie et de
Hydrobia Slavonica, Pisidium Clessini, des couches à Paludines moyennes de la
vallée de la Save, permet de classer la faune d'Auvillars et de Bligny dans les
couches à Paludines moyennes, peut-être très peu au-dessus de la zone inférieure à *V. Sadleri* et *bifarcinata*.

5° *Horizon des sables de Trévoux.* — Nous trouvons ici une Vivipare du
groupe à flancs plats, mais plus évoluée que l'espèce de Saint-Amour, et portant déjà un bourrelet sutural saillant en forme de carène assez accentuée :
c'est la Vivipare décrite sous le nom de *V. Falsani*, espèce qui, à notre sens,
est bien voisine des formes de passage décrites par Neumayr entre la *V. Sadleri* et la *V. spuria*, tout en étant plus voisine de cette dernière. La *V. spuria*
est surtout commune en Syrmie et dans la région du lac Balaton; on la trouve
aussi dans la Slavonie occidentale (Repusnica), où son niveau précis dans les

---

[1] Herbich et Neumayr, *Jahrb. geol. Reichs.*, 1876, 1. 25, p. 402, pl. XVI-XVII.

couches à Paludines n'est pas connu; mais l'état d'évolution encore peu avancé de la carène suturale dans la Paludine de Trévoux permet de penser que son niveau ne doit guère être au-dessus du milieu de l'étage des couches à Paludines moyennes; cette idée se trouve d'ailleurs confirmée par la présence à Trévoux du *Melanopsis lanceolata*, espèce costulée qui, en Slavonie, appartient à l'horizon moyen et supérieur des couches à Paludines moyennes. Nous sommes donc amenés à classer l'horizon de Trévoux vers le milieu de la série des couches à Paludines moyennes du bassin du Danube.

Conclusions. — Ainsi il résulte des observations précédentes que la série des couches à Paludines de la Bresse représente seulement les couches à Paludines inférieures et la base des couches à Paludines moyennes du bassin du Danube. Les sables de Trévoux, par lesquels débute en Bresse le facies fluviatile, appartiennent encore à peu près à l'horizon moyen des couches à Paludines moyennes. Quant à l'horizon supérieur de ces dernières et à toutes les couches à Paludines supérieures, elles font défaut en Bresse, au moins sous le facies Levantin, et sont représentées, selon toute vraisemblance, par les sables de l'horizon de Chagny, où l'on trouve, comme dans le bassin du Danube, le *Mastodon Arvernensis* simultanément avec l'*Elephas meridionalis*. Ce changement de facies explique en même temps la disparition en Bresse des Paludines ornées qui commençaient seulement à ébaucher leurs carènes à l'époque des sables de Trévoux.

Le petit tableau suivant résume ce parallélisme :

BRESSE.		BASSIN DU DANUBE.	
		Couches à Paludines supérieures.	
Horizon de Chalon-Saint-Cosme. — de Chagny.		Zone supérieure.	Couches à Paludines moyennes.
Horizon de Trévoux. — d'Auvillars. — de Saint-Amour.	Facies à Paludines Bressan.	Zone moyenne. Zone inférieure.	Couches à Paludines moyennes.
Horizon de Sermenaz. — de Mollon supérieur. — de Mollon inférieur.		Couches à Paludines inférieures.	

CHAPITRE IV.

PLIOCÈNE MOYEN.

STRATIGRAPHIE.

CONSIDÉRATIONS GÉNÉRALES.

A la fin du Pliocène inférieur, la cuvette Bressane était comblée, et de nouveaux dépôts lacustres ne pouvaient s'effectuer dans les mêmes conditions que les précédents. A ce moment survinrent des faits orogéniques importants.

Les mouvements du sol, dont nous avons établi l'existence pendant le Pliocène inférieur, continuèrent à se faire sentir; la mer Pliocène fut définitivement chassée de la vallée du Rhône et refoulée vers la Méditerranée, par suite d'un soulèvement général de la région; il ne s'effectua plus que des dépôts fluviatiles.

Comme nous aurons à signaler, dans les paragraphes qui vont suivre, des phénomènes multiples de creusement et de comblement des vallées, nous croyons devoir présenter tout d'abord quelques considérations générales sur ces phénomènes d'érosions et d'alluvionnements.

Il est établi, par les observations faites sur le profil des cours d'eau qui se jettent dans la mer, que ce profil rappelle celui d'un élément de parabole venant se souder tangentiellement avec le niveau de la mer et arrivant jusqu'au point d'origine des cours d'eau.

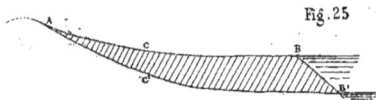

Fig. 25

Soit A le point de départ, par exemple le cirque d'où s'écoule le cours d'eau, si B est le rivage de la mer, le profil du cours d'eau sera de la forme ACB.

Si le niveau de la mer s'abaisse et que le point A reste fixe, le nouveau profil sera ACB′ et le fleuve déblayera, pour acquérir sa position d'équilibre, la zone comprise entre ACB et ACB′. Il creusera donc son lit.

Ainsi tout abaissement du niveau de la mer provoquera le creusement des vallées.

Une élévation du niveau de la mer, après que le profil d'équilibre des cours d'eau est établi, conduit au même résultat. La figure ci-dessous le montre facilement.

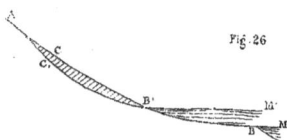

Fig. 26

ACB étant le profil d'équilibre d'un cours d'eau lorsque BM représente le niveau de la mer, ACB′ sera le nouveau profil lorsque le niveau de la mer sera plus élevé et occupera la position B′M′.

On peut donc poser en principe que si le point de départ des cours d'eau ne varie pas, tout déplacement du niveau de la mer aura pour résultat de provoquer le creusement des lits desdits cours d'eau.

Un résultat analogue serait obtenu si l'on supposait le niveau de la mer immobile et l'ensemble des continents s'élevant ou s'abaissant, de telle sorte que chaque point s'élevât ou s'abaissât de la même quantité.

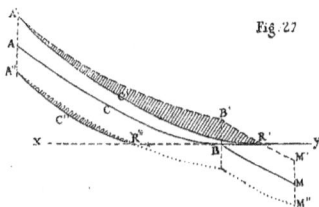

Fig. 27

La figure ci-dessus permet de se rendre compte des phénomènes correspondant à cette hypothèse.

IMPRIMERIE NATIONALE.

Soient xy le niveau de la mer supposé invariable, ACB le profil du cours d'eau et BM le profil de fond de la mer.

Si nous supposons que toute la région s'élève verticalement de la hauteur AA', le nouveau rivage de la mer sera en R', le profil d'équilibre du cours d'eau sera A'C'R', il y aura déblaiement de tout le prisme A'C'B'R'.

Si toute la région s'abaisse de la hauteur AA", le nouveau rivage sera en R", le profil du cours d'eau sera A"C"R", et il y aura déblaiement du prisme A"C"R".

Par conséquent, dans tous les cas, qu'il y ait exhaussement ou affaissement, il y aura déblaiement de l'ancien lit du cours d'eau. C'est déjà la conclusion à laquelle nous étions arrivés pour les cas d'élévation ou d'abaissement du niveau de la mer. Cette concordance dans les résultats pouvait d'ailleurs être aisément prévue; si l'on suppose, par exemple, le continent immobile et la mer s'abaissant de 100 mètres, il est évident qu'on obtiendra la même disposition relative du continent et de la mer, en supposant que cette dernière reste immobile et que le premier s'élève de 100 mètres. Un abaissement ou un exhaussement du continent doivent donc conduire aux mêmes conséquences qu'un exhaussement ou un abaissement du niveau de la mer; dans tous les cas, il y aura une érosion des vallées existantes.

Pour qu'il y ait un remblaiement résultant des mouvements orogéniques, il faut qu'il y ait inégalité dans l'amplitude de ces mouvements. C'est le cas que représente la figure ci-dessous :

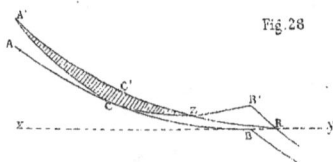

Fig. 28

Supposons que le profil ACB soit devenu, par suite des mouvements du sol, le profil A'CB', le point C n'ayant pas changé de place pendant que les points A et B s'élevaient, le profil d'équilibre sera devenu A'C'R et la partie A'CC'Z se remblayera.

De même, si, une fois qu'un cours d'eau a acquis à peu près son profil d'équilibre ACR (fig. 29), le lit s'abaisse, par suite des mouvements du sol, et devient AC'R, toute la zone ACC'R se remblayera progressivement.

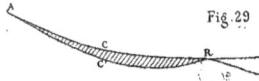

Fig. 29

En dehors des causes générales précitées de remblaiement ou de déblaiement des vallées, il y en a d'autres qui nous paraissent avoir joué dans la région une influence importante. Nous allons les examiner successivement.

Supposons qu'un cours d'eau ayant son profil d'équilibre stable, des causes accidentelles, mais ayant une longue durée, amènent ultérieurement sur certains points de ce profil des accumulations exceptionnelles de galets ou graviers, le profil du cours d'eau devra se modifier. Un profil d'équilibre est obtenu, en effet, lorsque les résistances que les filets liquides éprouvent dans leur trajet sont telles, que leur vitesse soit amortie, qu'elle n'aille pas en s'accroissant indéfiniment, mais reste cependant suffisante pour que les filets puissent s'écouler dans la mer. Si ces résistances s'accroissent, il y aura une diminution de vitesse des filets liquides qui ne permettra plus un écoulement assez facile vers la mer; il faudra alors, pour que cette vitesse redevienne suffisante, que la pente du cours d'eau s'accroisse.

Lorsqu'un fleuve devra, par suite de circonstances exceptionnelles, charrier de grandes quantités de galets, il sera donc obligé d'accroître sa pente, et par suite de remblayer son lit. Ce remblaiement du lit sera d'ailleurs d'autant plus considérable, que la quantité de galets charriés sera plus grande.

Si ces apports anormaux de graviers cessent, il ressort des considérations ci-dessus, que le fleuve creusera de nouveau son lit dans les alluvions qu'il aura déposées, et tendra à reprendre son précédent profil.

Nous trouverons de nombreuses applications de ces conclusions dans l'étude des phénomènes fluviatiles aux époques glaciaires, mais nous pouvons dire dès à présent que l'examen du profil du lit de la Saône les justifie très convenablement. La pente de ce profil est notable en amont de Verdun; or, à partir de cette localité, le lit renferme de nombreux galets apportés par les affluents à l'époque quaternaire; de Verdun à Saint-Bernard, au sud de Villefranche, la pente est insignifiante; la Saône traverse, en effet, des terrains de marnes et de sables fins; en outre, à l'époque quaternaire, les affluents n'ont pas apporté

23.

des éléments volumineux, le lit n'est donc pas encombré de graviers et galets.
La pente redevient forte à Saint-Bernard; or, c'est à partir de ce point que les
rives de la Saône sont essentiellement constituées par des cailloutis que des
éboulements amènent dans le lit de la rivière.

Ces considérations préliminaires étant épuisées, nous allons aborder l'étude
détaillée du Pliocène moyen.

PLIOCÈNE MOYEN DE LA VALLÉE DE LA SAÔNE.

Nous avons établi, dans le chapitre précédent, que l'ossature de la Dombes
et de la Bresse était constituée par le Pliocène inférieur, c'est-à-dire par une
alternance de marnes, d'argiles et de sables fins, siliceux et micacés. Cependant, sur certains points, les escarpements qui bordent la vallée du Rhône et
celle de la Saône montrent une constitution toute différente.

Sables ferrugineux de Trévoux. — A Trévoux, le monticule à pentes assez
escarpées, de près de 100 mètres d'élévation, qui supporte la ville, est constitué en haut par des cailloutis et du limon; au milieu et à sa base, jusqu'au
niveau de la Saône, par des sables généralement rougeâtres, souvent agglomérés en bancs de grès à stratification entrecroisée et à aspect mollassique.

Ces sables rappellent, comme aspect et comme composition, ceux du Pliocène inférieur; cependant ils s'en distinguent assez bien par une couleur plus
rouge, due à l'abondance des éléments ferrugineux. Au milieu de ces sables
existent seulement quelques assises d'argiles grises ou jaunes qui donnent lieu
aux sources qu'on observe sur le coteau de Trévoux, et ces assises paraissent
être très peu épaisses. Un puits à eau, foncé à partir du plateau, a atteint, en
effet, 70 mètres de profondeur, sans rencontrer, au-dessous du limon et des
cailloutis de la surface, autre chose que des sables à aspect mollassique, non
aquifères, et il a dû être abandonné comme infructueux.

Nous empruntons à MM. Falsan et Locard[1], en ne la modifiant que légèrement, la coupe de l'escarpement de Trévoux.

> Limon et cailloutis du plateau........................   ?
> Galets de quartzites et de roches des Alpes, avec sables fer-
>   rugineux.. 25^{m}00

[1] *Monographie du Mont-d'Or lyonnais*, p. 341.

Marne feuilletée, grise, tachée de jaune................ 2ᵐ 00

Sable fin, micacé, ferrugineux, avec quelques graviers et
  quartzites alpins; quelques zones sont très ferrugineuses;
  stratification entrecroisée........................ 12 00

Sable fin, micacé, ferrugineux; concrétions calcaires et oolites
  ferrugineuses................................. 1 50

Sable fin, jaunâtre, parfois aggloméré, concrétions calcaires
  et fragments de marnes feuilletées, d'un blanc jaunâtre.
  Stratification entrecroisée; *mammifères, mollusques, bois*
  ferrugineux, empreintes de feuilles................. 6 00

Sable jaunâtre, fin, aggloméré, à aspect mollassique, concrétions calcaires, fragments de marnes feuilletées, oolites
  et mêmes fossiles que ci-dessus. — Plusieurs caves sont
  creusées dans ces sables mollassiques.............. 7 00

Sables semblables à ceux ci-dessus; la partie inférieure est
recouverte par des éboulis et par des alluvions de la Saône. 20 00

La ressemblance des sables de Trévoux avec la mollasse miocène est assez
grande pour que divers auteurs aient jadis classé cette formation dans le Miocène; mais cette opinion a dû être abandonnée lorsqu'il a été établi que ces
sables renferment de nombreux débris de *Mastodon Arvernensis* et de *Rhino-*
ceros leptorhinus.

Lorsqu'on se dirige au nord de Trévoux, on constate que ces sables se
poursuivent le long des coteaux, jusqu'au delà de Riottier; mais à Jassans,
ils n'existent plus et, dans la vallée qui va de Jassans à Frans, affleurent les
marnes du Pliocène inférieur.

Au nord-est de Trévoux, on retrouve ces sables dans la vallée du Formans
jusqu'en face de Sainte-Euphémie; au sud de ce village, des carrières de
sables ont fourni jadis des ossements de *Mastodon Arvernensis.* Mais au village
de Sainte-Euphémie et à Mizérieux, les sables ferrugineux n'existent plus, et
on trouve les assises marneuses et sableuses du Pliocène inférieur.

Au sud-est de Trévoux, les sables ne s'étendent qu'à peu de distance de la
ville; ils cessent brusquement entre Trévoux et Reyrieux, au ravin d'Herbe-
vache. Dans ce dernier point, on a reconnu jadis la présence de marnes
bleuâtres, qu'on avait tenté d'exploiter pour tuileries; à Reyrieux, les marnes
affleurent sur les chemins qui conduisent au plateau.

Les sables de Trévoux constituent donc un point singulier dans le massif
de la Dombes; tandis qu'au nord et au sud de cette ville, les coteaux sont

constitués par une alternance de marnes bleuâtres et de sables blancs, à Trévoux, le coteau est formé de sables rouges, ferrugineux, renfermant peu ou pas d'assises argileuses ou marneuses. Il y a, en un mot, interruption brusque des assises du Pliocène inférieur, dans la région de Trévoux, le long de la vallée de la Saône.

Sables de Montmerle. — De même à Montmerle, localité située sur la rive gauche de la Saône, en face de Belleville, on trouve une formation de sables ferrugineux, qui rappelle, comme aspect, celle de Trévoux et a fourni également des ossements de Mammifères (*Mastodon Arvernensis* et *Tapirus Arvernensis*).

Le mamelon de Montmerle constitue, comme celui de Trévoux, un point singulier dans la vallée de la Saône; au nord, à l'est et au sud de cette localité, on trouve une formation toute différente; on a signalé, en effet, les marnes du Pliocène inférieur à Peyzieux, à Montceau, à Lurcy et à Messimy.

Ce sont ces faits qui avaient conduit l'un de nous, en 1885, a considérer les sables de Trévoux et de Montmerle comme constituant le remplissage d'une vallée profonde, creusée dans le Pliocène inférieur[1].

On avait admis jusque-là que les sables de Trévoux et de Montmerle résultaient d'un accident de sédimentation et constituaient un faciès spécial du Pliocène marneux. Les observations faites depuis cette époque ont pleinement confirmé l'exactitude de notre conclusion.

Sables du tunnel de Caluire. — Lors de l'exécution du tunnel de Caluire sur le chemin de fer de Collonges à Saint-Clair, près de Lyon, on a relevé la coupe représentée par la figure 30, que nous empruntons à un mémoire de M. Cuvier[2].

Nous nous occuperons seulement, dans le présent paragraphe, des assises du Pliocène moyen et du Pliocène inférieur; celles plus récentes seront mentionnées dans les paragraphes suivants.

---

[1] Delafond, *Bulletin de la Société géologique*, 3ᵉ série, t. XIII, p. 161.

[2] *Notice géologique sur le souterrain de Caluire*, par M. Cuvier, Lyon, 1890. — Divers mémoires ont déjà, outre celui de M. Cuvier, mentionné plus haut, abordé l'étude des terrains du tunnel de Collonges. — Fontannes, *Bulletin de la Société géologique*, 3ᵉ série, t. XV, p. 61. — Depéret et Fontannes, *Annales de la Société d'agriculture de Lyon*, 1887. — Depéret, *Comptes rendus Ac. sc. Paris*, 1889.

Le tunnel a recoupé tout d'abord, dans la vallée de la Saône, des sables fins, siliceux, jaunâtres, micacés, avec parties agglomérées, et à stratification parfois entrecroisée, rappelant l'aspect des sables de Trévoux. On y a trouvé une dent de *Mastodon Arvernensis* et de nombreux bois silicifiés de grandes dimensions, malheureusement peu déterminables.

Fig. 3o.

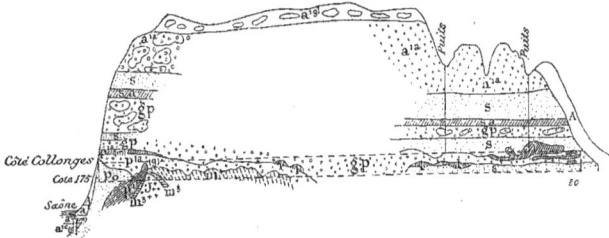

LÉGENDE.

A Éboulis.
a² Alluvions modernes.
a¹ᶜ (m) Marnes lacustres.
a¹ᶜ (g) Graviers de fond de la Saône.
a¹ᵍ¹ Glaciaire.
a¹ᵛ Cailloutis quaternaires sous-glaciaires.
s Sables fins.
s.a Sables argileux.
.g.p Graviers et poudingues.

I Lentilles argileuses.
Pⁱᵇ (m) Argile jaunâtre.
Pⁱᵇ (g) Graviers décomposés.
P₀ Sables mollassiques à *Mastodon Arvernensis*.
Pᵢ Marnes à *Mastodon Borsoni*.
m³ Conglomérat à fossiles marins remaniés.
m⁴ Mollasse sableuse sans fossiles.
J Jurassique (*calcaires à gryphées*).

Nota. La partie inférieure de l'ensemble des assises marquées s, s.a, g.p, I, doit être rattachée au pliocène le plus récent Pⁱᵇ; la partie supérieure doit être rattachée au quaternaire ancien a¹ᵛ.

Cette formation de sables descend au-dessous de la vallée de la Saône; elle a été reconnue, en effet, dans les fondations du pont du chemin de fer.

L'avancement du tunnel a recoupé les sables sur une longueur de 185 mètres, puis il est venu buter subitement contre des marnes brunes renfermant quelques bancs de lignite et de nombreux fossiles : *Helix Chaixi, H. Colonjoni, Clausilia Terveri*, divers *Planorbes* (*Thiollierei* et *Heriacensis*), etc., et enfin le *Mastodon Borsoni*.

Ces fossiles indiquent nettement que les marnes rencontrées sont bien pliocènes, et qu'elles appartiennent à la zone inférieure (*marnes de Mollon*).

Le contact des sables avec les marnes a lieu suivant une ligne inclinée; on ne saurait donc admettre en ce point un passage latéral, par suite du changement de facies, et l'hypothèse du ravinement des sables par les marnes s'impose avec évidence.

La coupe montre, en outre, que les marnes reposent en bas contre un conglomérat à fossiles miocènes marins, très peu épais, recouvrant le *calcaire à gryphées*, et, en haut, contre des sables mollassiques très fins, jaunes, non fossilifères, qui paraissent, d'après leurs caractères, correspondre au Miocène de la Croix-Rousse.

Le calcaire à gryphées et le Miocène formaient alors un léger pointement au milieu du lac où se déposaient les marnes de Mollon.

Nous avons exposé, précédemment, que ces dernières étaient discordantes avec le Miocène; les faits observés dans le tunnel de Caluire confirment cette conclusion.

En remontant la vallée de la Saône, on rencontre encore divers points où apparaissent les sables de Trévoux.

Sables de Saint-Germain-Mont-d'Or. — A Saint-Germain-Mont-d'Or, on trouve, au-dessous des cailloutis qui constituent la tranchée de la gare, des sables identiques à ceux de Trévoux. Ces mêmes sables s'observent au sud de la station, dans un chemin appelé *Chemin des sables.*

Sables de Beauregard. — A Beauregard et à Riottier, en face de Villefranche, on observe un puissant affleurement de sables à aspect mollassique, qui nous ont paru devoir être rattachés à la formation de Trévoux.

Sables de Pont-de-Vaux. — Dans cette dernière localité, on constate assez bien le fait du ravinement des marnes du Pliocène inférieur par des sables

Fig. 31.

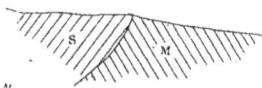

contemporains de ceux de Trévoux. Un petit ravin situé tout près et au nord de la route de Pont-de-Vaux à Saint-Trivier, à peu de distance à l'est de l'hôpital, montre la coupe représentée par la figure 31.

Les marnes M renferment des *Vivipara Burgundina* ferrugineuses; elles sont interrompues brusquement et font place à des sables S fins, ferrugineux, avec nombreux œtites et rognons de grès, visibles sur une dizaine de mètres de hauteur. Le changement brusque de formations est assez apparent dans les vignes qui recouvrent le flanc nord du ravin.

Sables de Pouilly-sur-Saône. — A Pouilly-sur-Saône, en face de Seurre, on exploite des sables fins, jaunes, avec minces assises argileuses et œtites ferrugineuses. Ces sables constituent tout le côteau de Pouilly, et ils descendent même, d'après les indications fournies par le sondage déjà mentionné, à 10 mètres au-dessous de l'étiage de la Saône. Tout le côteau est constitué à Pouilly par cette formation de sables, tandis qu'au nord et au sud de cette localité, à Glanon et à Labergement, les coteaux de la Saône sont exclusivement marneux (Étage des marnes d'Auvillars).

Les sables de Pouilly forment donc, dans la vallée de la Saône, un dépôt d'une nature exceptionnelle, ravinant le Pliocène inférieur, et doivent être rattachés à la formation des sables de Trévoux.

PLIOCÈNE MOYEN DE LA VALLÉE DU RHÔNE.

Dans la vallée du Rhône existent également des dépôts qui remplissent des vallées creusées au milieu du Pliocène inférieur, et qui sont contemporains des sables de Trévoux; mais ils ont une constitution différente. On les observe surtout à Meximieux et à Monthuel.

Cailloutis et tufs de Meximieur. — A Meximieux affleurent des assises de tufs fossilifères qui ont été déjà, dans le passé, l'objet d'une étude détaillée, notamment de la part de MM. Falsan et de Saporta[1]. Ces tufs renferment de nombreux mollusques, *Helix Chaixi, Zonites Colonjoni, Triptychia Terveri,* et de belles empreintes végétales.

Ils avaient été considérés dans le passé comme constituant un faciès spécial des assises marneuses. Cette hypothèse nous paraît devoir être écartée; nous pensons que les tufs font partie d'une formation qui ravine le Pliocène inférieur et qui est contemporaine de celle des sables de Trévoux.

[1] *Étude sur la position stratigraphique des tufs de Meximieux* (Arch. du Muséum de Lyon, t. I).

En effet, à l'est de Meximieux, dans la vallée de Saint-Éloi, de Rigneux et la vallée de l'Ain, on constate, comme nous l'avons déjà dit, que les coteaux sont essentiellement constitués par la zone inférieure et moyenne du Pliocène inférieur, c'est-à-dire qu'ils sont exclusivement formés d'assises de marnes ou de sables fins, micacés; les cailloutis ne s'observent qu'au sommet des coteaux. Or, à Pérouges, situé tout près de Meximieux, on a reconnu l'existence d'une alternance de cailloutis et de tufs sur une grande épaisseur. Un puits à eau a donné la coupe suivante :

Cailloutis superficiel............................	10 à 12 mètres.
Tufs......................................	2 à 3
Cailloutis.................................	15 à 18
Tufs (non traversés)......................	Niveau d'eau.

Dans une ancienne carrière située non loin du hameau de la Claie, on constate nettement d'ailleurs que les tufs passent au cailloutis.

A l'ouest de Meximieux, on ne peut, sur une certaine distance, observer le Pliocène moyen ou inférieur, à cause d'un placage important de cailloutis quaternaires qui atteignent un niveau élevé.

Cailloutis et tufs de Montluel. — A Dagneux et à Montluel, on retrouve des cailloutis régnant sur une grande hauteur (70 à 80 mètres), depuis le fond des vallées jusque près du sommet du plateau. Ces cailloutis sont exploités dans de nombreuses carrières, de telle sorte qu'il est facile de reconnaître leurs caractères. Ils sont presque exclusivement composés de galets souvent volumineux, d'origine alpine (quartzites, granits, gneiss, calcaires noirs, etc.); ils sont très décomposés; les galets de granit et de gneiss notamment sont très altérés et presque friables; une teinte rougeâtre s'observe sur toute la hauteur de la formation. Souvent, ces cailloux sont agglomérés et constituent alors de véritables poudingues. Au hameau de Dagneux, un banc de tuf a été exploité jadis; il ne pouvait être qu'au milieu des cailloutis.

A l'ouest de Montluel et à peu de distance de ce bourg, on ne trouve plus de cailloutis. Les coteaux sont essentiellement constitués par les assises marneuses et sableuses du Pliocène inférieur.

Âge des cailloutis et tufs de Meximieux et de Montluel. — Les faits exposés ci-dessus conduisent aux conclusions suivantes :

À l'est de Meximieux et à l'ouest de Montluel, les côteaux de la Dombes sont exclusivement constitués par le Pliocène inférieur, marneux et sableux, tandis qu'à Meximieux, à Montluel, et probablement aussi dans l'intervalle compris entre ces deux localités, les coteaux sont, sur toute leur hauteur, constitués par des cailloutis à éléments assez volumineux, au milieu desquels sont intercalées des assises de tufs.

Ces cailloutis se comportent ainsi, par rapport au Pliocène inférieur, absolument de la même façon que les sables de Trévoux; ils ont, comme ces derniers, rempli des vallées profondes, creusées au milieu du Pliocène inférieur. Il est donc difficile de ne pas les considérer comme étant des dépôts du même âge; la différence de composition proviendrait de ce que, dans la vallée de la Saône, les éléments n'ont pas la même nature que dans la vallée du Rhône; ils sont, dans la vallée de la Saône, constitués par des sables fins, probablement d'origine vosgienne, tandis que dans la vallée du Rhône, ils sont d'origine alpine et ont été charriés par des courants plus énergiques.

Malheureusement, il n'a été rencontré jusqu'à présent, dans les graviers de Meximieux et de Montluel, aucun mammifère, de telle sorte que les données paléontologiques font défaut et ne permettent pas de justifier les conclusions déduites de la stratigraphie.

Conglomérat des Étroits. — À Lyon, sur le quai des Étroits, on a signalé depuis longtemps[1] un conglomérat exclusivement formé de roches de nature granitique, emprunté aux montagnes du Lyonnais. Les éléments sont fort altérés; ce conglomérat ne saurait donc être considéré comme quaternaire, ni comme contemporain des graviers inférieurs de Saint-Clair.

D'un autre côté, il descend jusqu'au niveau du Rhône, et probablement plus bas encore. Ces caractères n'appartiennent, comme nous le verrons plus loin, qu'aux cailloutis du Pliocène moyen.

Nous avons donc cru devoir considérer le conglomérat des Étroits comme contemporain des cailloutis de Montluel et des sables de Trévoux.

---

[1] Leymerie, *Diluviums alpins du département du Rhône* (Bulletin de la Société géologique, 1re série, t. IX, p. 112).

Nous venons d'établir que les vallées de la Saône et du Rhône contiennent de puissants dépôts de sables ou de cailloutis qui se sont déposés dans de grandes dépressions creusées au milieu du Pliocène inférieur.

Des vallées situées sensiblement, surtout pour la Saône, sur l'emplacement des vallées actuelles, avaient été creusées à des profondeurs dépassant celles actuelles d'au moins une dizaine de mètres. Ce creusement s'explique aisément par un exhaussement de la région; la preuve de ce mouvement résulte avec évidence du retrait de la mer pliocène de la vallée du Rhône.

La période d'érosion prit fin et fut suivie d'une période d'alluvionnement; les vallées furent comblées jusqu'à de grandes hauteurs. Nous avons déjà dit qu'à Montluel les cailloutis s'observaient jusque près du sommet des plateaux, c'est-à-dire jusqu'à l'altitude de 280 à 290 mètres, soit 100 mètres au moins au-dessus du niveau actuel du Rhône. Si on admet qu'elles descendent à 10 mètres au moins au-dessous du lit actuel du Rhône, ainsi qu'il a été constaté dans la vallée de la Saône, on voit que le remplissage de cailloutis s'est effectué sur plus de 100 mètres d'épaisseur. Nous montrerons plus loin que ce remplissage présentait, avant les érosions, une épaisseur plus considérable encore, pouvant atteindre 120 ou 130 mètres.

Une coupe transversale de la Bresse, de Trévoux à Montluel, à la fin du dépôt du Pliocène moyen, pourrait donc être représentée schématiquement par la figure 32.

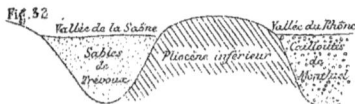

Fig. 32
Vallée de la Saône — Sables de Trévoux — Pliocène inférieur — Vallée du Rhône — Cailloutis de Montluel

Nous venons d'exposer que les sables de Trévoux et les cailloutis de Montluel avaient comblé des dépressions creusées dans le Pliocène inférieur; nous avons dit en outre que ce dernier était un dépôt lacustre, tandis que les sables de Trévoux et les cailloutis de Montluel sont des dépôts fluviatiles. Il y a donc là un double motif stratigraphique d'une grande valeur pour classer les dépôts de Trévoux et de Montluel dans un étage autre que le Pliocène inférieur, c'est-à-dire dans le Pliocène moyen.

Les données fournies par la Paléontologie conduisent au même résultat; la faune est la même que celle du Pliocène moyen de Montpellier et de Perpignan.

PLIOCÈNE MOYEN DE LA VALLÉE DU DOUBS.

Dans la vallée du Doubs et dans celle de son affluent la Loue, on observe également des cailloutis qui nous paraissent devoir être contemporains des sables de Trévoux et des cailloutis de Montluel.

Environs de Dôle. — Tout près de Dôle, au hameau d'Azans, on constate que le coteau qui borde le Doubs est formé entièrement par des cailloutis qui descendent au moins jusqu'au niveau actuel de la rivière.

Ces cailloutis sont à éléments assez gros; ils renferment des quartzites, des lydiennes noires et rouges, des schistes silicifiés verdâtres, des granulites schisteuses et des microgranulites. Une carrière en activité permet de bien observer cette formation.

Les quartzites sont plus grossières comme grain que celles de la vallée du Rhône; on ne trouve, en outre, ni calcaires noirs ni serpentines; en un mot, les éléments ne paraissent pas être d'origine alpine; on n'y rencontre aucune des roches caractéristiques de la région des Alpes; les galets paraissent provenir exclusivement du massif des Vosges.

Les cailloutis d'Azans sont très altérés; ils sont parfois agglomérés en poudingues; un banc d'argile jaune, de 2 à 3 mètres d'épaisseur, règne au milieu de la formation, qui possède dans cette région une épaisseur observable de 25 à 30 mètres.

En amont et en aval d'Azans, les coteaux du Doubs sont constitués par du Jurassique; les cailloutis n'occupent que le sommet des plateaux.

Au sud de Dôle, le chemin de fer de Poligny, après avoir traversé la Loue, a recoupé des cailloutis dans la tranchée de Névy-Parcey.

Ces derniers s'observent sur toute la hauteur de la tranchée, soit sur 15 à 18 mètres; ils sont semblables comme aspect et comme composition à ceux d'Azans; la seule différence est qu'ils renferment quelques minces assises sableuses.

Ces dépôts ont fourni une dent de *Mastodon Arvernensis* qui a été remise à la Sorbonne.

Au sud de la tranchée de Névy, à Rahon, les coteaux sont constitués par des cailloutis; mais ces derniers cessent brusquement un peu avant d'arriver à Saint-Baraing. Le mamelon qui porte ce village est formé par des marnes, tandis que celui qui porte le hameau de Sevrotte, situé au nord de Saint-Baraing, est formé par des cailloutis. L'interruption est brusque; il faut donc admettre que les marnes ont été ravinées avant le dépôt des cailloutis.

Nous verrons dans le chapitre suivant que les cailloutis quaternaires et ceux du Pliocène le plus récent (niveau de Saint-Cosme) sont les seuls qui aient, comme les sables de Trévoux, la particularité de descendre au-dessous du niveau des vallées actuelles; la décomposition fort avancée des éléments, la découverte du *Mastodon Arvernensis,* dans la tranchée de Névy, s'opposent au classement dans le Quaternaire ou dans l'étage de Saint-Cosme des cailloutis précités; il y a donc lieu de les considérer comme synchroniques des sables de Trévoux et des cailloutis de Montluel. Ajoutons d'ailleurs que par leur aspect ils rappellent ces derniers; la seule différence provient de ce que les éléments n'ont pas les mêmes origines.

Mentionnons encore les points suivants, où la présence des cailloutis de même âge que ceux de Névy peut être constatée :

Autres gisements de sables et cailloutis. — A Seligney, dans la vallée de l'Orain, existe une gravière où les caractères d'ancienneté des cailloutis sont bien accusés.

A Belmont, dans la vallée de la Loue, une carrière permet de relever la coupe suivante :

Cailloutis rougeâtres très altérés..................	4 à 5^{m}00
Veine de marnes blanchâtres.......................	0 30
Sable fin micacé, exploité pour les verreries..........	5 00
Cailloutis visibles jusqu'au niveau de la Loue et descendant assurément plus bas encore....................	5 00

A Mont-sous-Vaudrey, des carrières montrent une alternance de cailloutis et de sables fins.

Nous rattacherons aux cailloutis de Parcey-Névy et d'Azans ces dépôts de cailloux et de sables de Belmont et de Mont-sous-Vaudrey, à cause de leur état de décomposition et des bas niveaux auxquels ils descendent.

La région de la vallée de la Loue aurait été ainsi occupée par une formation de cailloutis ayant une largeur assez grande, dépassant notablement celle des sables de Trévoux dans la vallée de la Saône.

Dans la vallée du Doubs, l'espace occupé par ces cailloutis aurait été, au contraire, assez restreint, et les érosions dont cette vallée a été ultérieurement le théâtre ont provoqué le démantèlement de la majeure partie de la formation.

PALÉONTOLOGIE.

Mammifères.

Mastodon Arvernensis Cr. et Job. (pl. X, fig. 1-2).

Syn.: *Mast. Arvernensis* Cr. et Job, 1828. *Oss. foss. du Puy-de-Dôme*, pl. I, fig. 1-5, et pl. II, fig. 7.
M. angustidens Cuv. p. part. *Oss. foss.* — *Id.* Sismonda. (*Mem. Ac. Real. Torino*, t. XII, 1851.)
M. brevirostris Gerv. *Zool. et pal. fr.*, 1ʳᵉ et 2ᵉ éd.
M. dissimilis Jourdan. Mus. Lyon.
Anancus macroplus Aymard. Soc. agr. du Puy, 1854.

Le *Mastodon Arvernensis* est une espèce trop connue pour qu'il soit nécessaire de revenir[1] ici sur sa description détaillée. On s'est borné à figurer en demi-grandeur la dernière molaire supérieure (pl. X, fig. 1) et la dernière inférieure (pl. X, fig. 2) provenant des environs de Trévoux, et conservées au Muséum de Lyon. Ces molaires montrent bien les deux caractères typiques de l'espèce : 1° la présence de cinq collines suivies d'un talon à la dernière molaire d'en haut et d'en bas; 2° le chevauchement alternatif des gros mamelons coniques du côté droit et de ceux du côté gauche de la couronne, d'où il résulte que les vallées transverses qui séparent les collines se trouvent presque entièrement fermées, au lieu de s'ouvrir librement d'un bord à l'autre de la molaire..

Le *M. Arvernensis* est un type très commun dans l'horizon de Trévoux. De *Trévoux* même, le Muséum de Lyon possède deux molaires supérieures

[1] Voir Depéret, *Anim. pliocènes du Roussillon*, p. 61. (*Mém. paléont. Soc. géol. France*, t. I.)

recueillies par nous à la partie supérieure des sables dans la rue des Lapins; et en outre une dernière molaire supérieure droite et deux dernières molaires inférieures. La collection Falsan contient une extrémité de défense du même animal.

Près de *Reyrieux*, un peu à l'est de Trévoux, ont été trouvées les deux belles molaires figurées dans la planche X et une défense ou incisive supérieure (Mus. Lyon).

Plus au nord, dans la vallée de la Saône, les sables de *Montmerle* ont fourni une dernière molaire d'en haut et une d'en bas à cinq collines, une belle arrière-molaire supérieure intermédiaire à quatre lobes, une petite molaire intermédiaire inférieure à quatre lobes et divers fragments d'autres molaires (Mus. Lyon).

A *Pont-de-Vaux*, le petit musée de cette ville contient deux fragments de molaires de *Mastodon Arvernensis* qui, par suite de leur couleur ferrugineuse, proviennent très vraisemblablement des sables de Trévoux qui affleurent au nord et très près de Pont-de-Vaux.

Plus au sud, en se dirigeant vers Lyon, le *M. Arvernensis* a été trouvé dans les graviers ferrugineux de la tranchée du chemin de fer de *Saint-Germain au Mont-d'Or* (portion de défense et deux fragments d'arrière-molaires supérieure et inférieure au Musée de Lyon).

Les sables ferrugineux du niveau de Trévoux, à l'entrée du *tunnel de Collonges*, ont livré une arrière-molaire entière et un fragment de molaire brisée du même animal (Mus. Lyon).

Le Musée de Lyon possède encore de la *montée Castellane* une belle dernière molaire inférieure droite de *M. Arvernensis*, qui provient très vraisemblablement du même horizon.

Enfin nous avons vu dans les collections de la Sorbonne un fragment de mandibule, avec une molaire en place, de *Mastodon Arvernensis* trouvé dans la tranchée des cailloutis moyens, à Néry, au sud de Dôle.

Distribution géologique. — Le *M. Arvernensis* est une espèce exclusivement pliocène. Il existe en Italie et en Bresse (Haute-Saône, Côte-d'Or)[1], dès le Pliocène inférieur ou *Plaisancien*; puis se trouve en abondance dans le Pliocène moyen ou *Astien* en France (Montpellier, Perpignan, vallée de la Saône),

[1] Voir page 124.

en Angleterre dans le Crag rouge. Il passe dans le *Pliocène supérieur de l'horizon de Perrier* (Auvergne, Astésan, val d'Arno, Crag de Norwich, Chagny), où, en général, il coexiste avec l'*Elephas meridionalis*. Il paraît éteint dans l'horizon pliocène le plus élevé ou niveau de Saint-Prest, où l'*Elephas meridionalis* persiste seul.

Rhinoceros leptorhinus Cuv. (pl. X, fig. 3).

Syn.: *Rhin. leptorhinus* Cuv. *p. part.* (de Montezago). *Oss. foss.* — *Rh. : monspessulanus* Blainv. — *Rh. megarhinus* de Christol, Gervais. — *R. leptorhinus* Falconer (*Paléont. memoirs*, note III, pl. XXXI).

Le *Rhinoceros leptorhinus*, établi par Cuvier en 1805 sur le crâne découvert au Monte Zago par Cortesi (crâne décrit en détail par Falconer en 1868), est une grande espèce, parfaitement caractérisée par ses os du nez remarquablement longs et massifs, mais tout à fait dépourvus du septum nasal osseux, qui existe plus ou moins développé dans les autres espèces pliocènes ou quaternaires, telles que les *Rh. Etruscus* et *Mercki*. Il se distingue facilement aussi des espèces miocènes sans cloison nasale osseuse, telles que les *Rh. Sansaniensis* et *Schleiermacheri*, par ses os du nez, plus longs et plus forts, et surtout par ses incisives d'en haut et d'en bas, rudimentaires, en forme de bouton arrondi, au lieu d'être grandes et saillantes. Par contre, les molaires d'en haut et d'en bas sont peu faciles à caractériser et à distinguer de celles des espèces voisines. Aussi est-ce seulement par la comparaison des molaires du niveau de Trévoux avec des pièces types du *Rh. leptorhinus* de Perpignan et du bassin du Rhône qu'il a été possible d'affirmer l'existence de cette espèce dans les sables de Trévoux; on peut, d'une manière assez générale, les distinguer des molaires du *Rh. Etruscus*, type pliocène supérieur, par leur taille sensiblement plus forte.

Les deux seules pièces connues du *Rh. leptorhinus* dans l'horizon de Trévoux consistent en :

1° Une demi-mandibule recueillie par nous à Trévoux même, et qui est figurée à demi-grandeur (pl. X, fig. 3). Cette pièce porte en place seulement les trois arrière-molaires, dont la deuxième en partie brisée. Ces dents sont identiques pour la forme et la grandeur à celles du Rhinocéros de Perpignan et de Montpellier. La pièce est au Muséum de Lyon.

2° Une portion antérieure de mandibule d'un sujet très jeune a été trouvée par l'abbé Béroud dans les sables à l'est de Trévoux, et offerte à la Faculté des

25

sciences de Lyon. Cette pièce ne porte en place aucune dent, mais elle montre nettement en avant les alvéoles de deux incisives rudimentaires, caractéristiques de l'espèce.

Distribution. — Le *Rh. leptorhinus* est surtout un animal *pliocène*. Il apparaît dès le *Pliocène inférieur* en Italie (crâne de Monte Zago, Imola) et en Bresse (Sermenaz, Ambérieu)[1], devient commun dans le *Pliocène moyen* de Perpignan, de Montpellier, du bassin du Rhône (Vienne, Lens-Lestang) et d'Italie (Astesan, Toscane), à l'exclusion du *Rh. Etruscus.* Enfin il paraît avoir coexisté avec ce dernier à l'époque du *Pliocène supérieur* (Forest-bed de Cromer, Italie au val de Chiana, Auvergne dans le bassin du Puy? et à Perrier) et persiste jusque dans le quaternaire ancien d'Angleterre (Gray's Thurrok, caverne de Kent'shole).

Tapirus Arvernensis Dev. et Bouillet.

Des dents de Tapir ont été trouvées dans les sables de Montmerle, mais il nous a été impossible de retrouver ce débris, qui appartient, selon toute probabilité, au *Tapirus Arvernensis.*

Cervus (Capreolus) australis de Serres (pl. X, fig. 4-6).

SYN. : *Cervus australis* Marcel de Serres. Dubreuil et Jeanjean, *Oss. humat. de Lunel Viel*, 1839, p. 250. — Gervais, *Zool. et pal. fr.*, pl. VII, fig. 1-2. — Id., *Zool. et pal. gén.*, pl. XXI, fig. 5-7. — Depéret, *Animaux plioc. Roussillon* (*Mém. paléont. Soc. géol. France*), p. 103 et 125, pl. VIII, fig. 4.

Le *C. australis* est un petit Cervidé pliocène de la section des Chevreuils, bien caractérisé par son bois pourvu d'un seul andouiller surbasilaire placé en avant, ce qui le distingue d'une espèce voisine, le *C. cusanus* de Perrier, dont le bois porte en outre un second andouiller placé en arrière de la perche, comme dans notre Chevreuil actuel.

La présence du *C. australis* dans l'horizon de Trévoux repose sur plusieurs pièces dont la détermination spécifique n'est pas hors de doute. C'est ainsi qu'une base de bois (Mus. Lyon) des sables de Montmerle (pl. X, fig. 4) est entièrement semblable à celles du *C. australis* du Roussillon, mais elle ressemble aussi au bois du *C. cusanus* de Perrier.

[1] Voir page 70.

Les autres pièces, comme une extrémité inférieure de tibia (pl. X, fig. 5) de Trévoux (Mus. Lyon) et un calcanéum (pl. X, fig. 6) des sables de la gare de Saint-Germain au Mont-d'Or (coll. Falsan), sont aussi identiques aux pièces analogues des *C. australis* et *cusanus*.

J'ai attribué le petit Chevreuil de Trévoux plutôt à la première qu'à la deuxième de ces espèces, surtout en raison de la très grande ressemblance de l'ensemble de la faune de l'horizon de Trévoux avec les faunes de Montpellier et de Perpignan.

Distribution. — Le *C. australis* caractérise à la fois les couches à Congéries de Casino (Toscane), où M. F. Major l'a cité sous le nom de *C. elsanus*, et le Pliocène moyen du Roussillon, de Montpellier et de la vallée de la Saône (Trévoux, Saint-Germain). Il est remplacé dans le Pliocène supérieur de Perrier par une espèce voisine aux bois plus compliqués, le *C. cusanus* (Perrier, bassin du Puy).

Palæoryx Cordieri de Christol (pl. X, fig. 7-7').

Syn. : *Antilope Cordieri. Ann. sc. ind. midi France*, 1832, t. II, p. 20. — Gervais, *Zool. et pal. fr.*, p. 139, pl. I, fig. 14-15, et pl. VII, fig. 3-11.
    Antilope recticornis Marc. de Serres. *Cav. Lunel-Viel*, p. 250.

Grande et belle espèce d'Antilopidé, voisine des *Ægoceros* actuels d'Afrique; elle est bien caractérisée par les chevilles osseuses de ses cornes presque droites, divergentes, à section prismatique-triangulaire, et par ses molaires au fût élevé, au collet peu accentué, munis d'une longue colonnette interlobaire grêle et le plus souvent détachée du fût, à surface d'émail modérément chagrinée. Elle se distingue d'une espèce voisine, le *Palæoryx boodon* Gerv., du Pliocène moyen du Roussillon, dont les chevilles osseuses ont une section ellipsoïdale et dont les molaires, quoique fort semblables, sont plus massives, d'aspect encore plus *bovin* et ont un émail plus rugueux et plus chagriné.

L'existence de cette espèce éminemment caractéristique des sables de Montpellier dans l'horizon de Trévoux est un fait important pour fixer l'âge de cet horizon, qui appartient bien ainsi au Pliocène moyen et non au Pliocène supérieur, comme on l'a cru longtemps. La figure 7-7' de la planche X représente une arrière-molaire supérieure de *P. Cordieri*, tout à fait identique aux molaires de Montpellier et provenant des sables ferrugineux de l'entrée du

25.

tunnel de Collonges, au nord de Lyon; ces sables ont livré également des molaires de *Mastodon Arvernensis*.

Un fémur presque entier trouvé par M. Delafond à Riottier, près Ville-franche, dans la vallée de la Saône (coll. Fac. sciences Lyon), appartient sans aucun doute à la même espèce.

Distribution. — Le *Palæoryx Cordieri* n'était connu jusqu'à ce jour que des sables pliocènes de Montpellier. En Bresse, l'espèce se rencontre dès le Plio-cène inférieur (minerai de fer de la Haute-Saône) et passe dans le Pliocène moyen du niveau de Trévoux. On ne le rencontre plus dans le Pliocène supé-rieur de Chagny.

Ursus (Helarctos) Arvernensis Cr. et Job. (pl. X, fig. 8).

Syn. : *Ursus Arvernensis* Cr. et Job. *Oss. foss. Puy-de-Dôme*, 1828, pl. I, fig. 3, 4. — *Ursus minimus* Devèze et Bouillet. — *Ursus minutus* Gervais.

De petits Ours arboricoles, analogues aux *Ursus Malayanus*, de Malaisie, et *ornatus*, de l'Amérique du Sud, vivaient en Europe à l'époque pliocène. A ce groupe appartiennent l'*Ursus Etruscus* Cuv., du Pliocène supérieur du val d'Arno, et l'*U. Arvernensis*, du Pliocène supérieur de Perrier et du Pliocène moyen de Montpellier et de Perpignan.

Notre confrère M. Falsan a eu la bonne fortune de recueillir lui-même dans les sables de Trévoux une belle canine inférieure (pl. X, fig. 8) d'*Ursus Arver-nensis*, bien caractérisée par sa couronne effilée et grêle, sensiblement aplatie en travers, et pourvue de deux carènes saillantes, l'une sur le bord postérieur, l'autre en avant et en dedans de la couronne. Cette dent est absolument sem-blable à celle du type de Perpignan.

Distribution. — L'*Ursus Arvernensis* appartient à la fois à la faune du Plio-cène moyen de Perpignan, de Montpellier et de Trévoux, et à la faune du Pliocène supérieur de Perrier.

Castor aff. fiber L.

Nous avons recueilli récemment nous-même dans les sables de la rue des Lapins, à Trévoux, une belle demi-mandibule avec trois molaires d'un Castor de petite taille, qu'il nous paraît difficile de distinguer du type actuel du Rhône. L'espèce d'Auvergne, désignée par Gervais sous le nom de *Castor Issiodorensis*, du Pliocène supérieur, nous semble également extrêmement voisine du *Castor fiber* actuel.

Lepus sp.

L'existence d'un animal du genre *Lepus* n'est indiquée dans l'horizon de Trévoux que par une moitié supérieure de fémur de la taille d'un lapin ordinaire. Cet os, recueilli par M. Mermier à Trévoux même (Fac. sciences Lyon), n'est pas susceptible d'une détermination plus précise.

Le genre *Lepus* existe dans le Pliocène moyen du Roussillon, et M. Pomel a donné le nom de *Lepus Lacosti* à une espèce de Perrier qui est peut-être la même que l'espèce de Trévoux, à en juger par la taille.

Mollusques.

Les gisements principaux sont : dans la vallée de la Saône, les sables de Trévoux et de Montmerle; dans la vallée du Rhône, les tufs de Meximieux.

Helix Chaixi Michaud (pl. IX, fig. 61), voir *ante* p. 71.

On trouve fréquemment dans les divers gisements de Trévoux (rue des Lapins, Corbettes) des moules sableux de grande taille de cette espèce que nous suivons depuis la base du Pliocène Bressan. On la trouve aussi à l'état de moules calcaires durs (pl. IX, fig. 61) dans les tufs de Meximieux, où l'*H. Chaixi* peut atteindre un diamètre de $0^m 055$ (var. *major* Locard).

M. Locard cite, en outre, l'*H. Nayliesi* Mich., à l'état de moules dans les tufs de Meximieux et dans les sables de Trévoux, et l'*H. Godarti* Mich., à Trévoux. Nous n'avons pas vu ces espèces.

Zonites Colonjoni Mich. (pl. IX, fig. 59-60), voir *ante* p. 72.

Cette espèce, que nous avons trouvée à tous les niveaux de la Bresse, depuis le Miocène supérieur de la Croix-Rousse, est commune à l'état de moules calcaires de grande taille dans les tufs de Meximieux.

Triptychia Terveri Mich. (pl. IX, fig. 64-65).

La grande Clausilie, qui traverse toute la formation lacustre Bressane, se trouve également à l'état de fragments dans les sables de Trévoux et à l'état de moules calcaires dans les tufs de Meximieux; nous figurons (fig. 64) de cette localité un spécimen qui a exceptionnellement conservé son test et l'extrémité supérieure de sa spire intacte (coll. Sayn).

Testacella Deshayesi Mich. (pl. IX, fig. 75).

M. Falsan a retrouvé à Trévoux la Testacelle d'Hauterive, que nous avons déjà citée plus haut de l'horizon de Mollon. L'espèce paraît donc traverser presque tout le Pliocène Bressan.

M. Locard cite à Trévoux le *Tudora Baudoni* Mich., espèce d'Hauterive, d'après une empreinte trouvée à Meximieux par M. Falsan.

Vivipara Falsani Fischer (pl. IX, fig. 61-63).

La Paludine à bourrelet sutural saillant des sables de Trévoux constitue de toute évidence une évolution directe de la *V. Sadleri* du Niquedet, dont elle ne diffère que par son bourrelet sutural plus prononcé. Encore ce caractère ne se montre-t-il bien que chez les sujets adultes, comme celui qui a été figuré par M. Fischer comme type de la *V. Falsani* (*Descr. Mont-d'Or lyonnais*, p. 437, fig. 4), et que nous figurons à nouveau (pl. IX, fig. 61) grâce à l'obligeance de M. Falsan; les jeunes sujets se distinguent difficilement de l'espèce du Niquedet, sinon par leur profil un peu plus renflé. Nous pensons du reste que la *V. Falsani* est extrêmement voisine de la *V. spuria* Brusina (*in* Neumayr, *Paludin. Slavon.*, pl. V, fig. 12-13) des couches à Paludines moyennes de Karlowitz (Syrmie), dont la spire est cependant en général moins allongée; mais on trouve à Trévoux des sujets à spire plus courte, assez semblables à ceux du bassin du Danube.

Par le degré d'évolution de la carène suturale, la *V. Falsani* se place à la hauteur du milieu des couches à Paludines moyennes de la vallée de la Save.

Vivipara ventricosa Sandb. (pl. IX, fig. 76), voir *ante* p. 77.

La grosse Paludine renflée d'Hauterive et de l'horizon de Mollon se retrouve jusque dans les sables de Trévoux, d'où nous figurons un spécimen non adulte, mais bien net, de la collection Falsan (fig. 73). L'espèce ne paraît donc pas caractériser un niveau précis du faciès à Paludines de la Bresse, mais elle traverse au contraire l'ensemble de ce faciès.

Bithynia tentaculata L. (pl. IX, fig. 74).

M. Faisan a recueilli à Trévoux des sujets mal conservés d'une Bithynie, moins grosse et moins renflée que la *B. labiata*, et qui rentre dans le type *tentaculata* de l'horizon d'Auvillars, de celui de Saint-Cosme et de la faune actuelle.

Melanopsis lanceolata Neum., var. (pl. IX, fig. 67-71).

[Syn. **M. Trivortiana** Locard.]

On trouve en abondance dans les sables de Trévoux (rue des Lapins) un *Melanopsis* costulé, qui est le plus orné de toutes les espèces bressanes. M. Locard a décrit cette coquille sous le nom de *M. Trivortiana* (*Recherches paléont.*, p. 59, pl. III, fig. 5), mais il est certain que l'espèce ne diffère pas de la variété à spire courte du *M. lanceolata* Neum., des couches à Paludines moyennes de la vallée de la Save, que Neumayr a figurée (*Paludinen Schichten slavoniens*, pl. VII, fig. 18) comme un type de passage du *M. lanceolata* au *M. recurrens*; cette variété diffère du *M. lanceolata* typique par sa spire bien plus courte et par un nombre de côtes moindre, qui est de 10 à 11 au lieu de 15 sur l'avant-dernier tour. La coquille de Trévoux a encore une spire plus raccourcie et le dernier tour plus important que dans le type extrême de la vallée de la Save.

Le *M. lanceolata* et ses variétés caractérisent la partie moyenne et supérieure des couches à Paludines moyennes de Slavonie, ce qui, joint au degré d'évolution de la carène suturale de *Vivipara Falsani*, permet de classer l'horizon de Trévoux vers le milieu de l'horizon des couches à Paludines moyennes de la vallée de la Save.

Melanopsis flammulata de Stef., var. **Rhodanica** Loc. (pl. IX, fig. 72-73).

Nous avons recueilli dans les sables de Trévoux plusieurs sujets de petite taille d'un *Melanopsis* lisse, à spire courte, qui ne diffèrent de la coquille si abondante aux Boulées et à Mollon que par le profil plus renflé du dernier tour et la spire plus raccourcie. Nous pensons que ce sont de jeunes sujets du *M. flammulata*, car on retrouve cette même tendance dans les sujets de petite taille des marnes lacustres de la Bresse.

Végétaux.

Nous rappellerons ici seulement pour mémoire la belle flore fossile que

M. de Saporta[1] a décrite des tufs de Meximieux; elle comprend les espèces suivantes :

FOUGÈRES......	*Adiantum reniforme*, L.
	Woodwardia radicans Cav.
CONIFÈRES......	*Torreya nucifera* Sieb., var. *brevifolia.*
	Glyptostrobus europæus Heer.
GRAMINÉES.....	*Bambusa lugdanensis* Sap.
CUPULIFÈRES....	*Quercus præcursor* Sap.
SALICINÉES.....	*Populus alba*, L., var. *pliocenica.*
PLATANÉES.....	*Platanus aceroides*, var. *crucifolia* Gœpp.
STYRACIFLUÉES...	*Liquidambar europæum* Br.
LAURINÉES.....	*Apollonias Canariensis* Nees.
	Persea amplifolia Sap.
	— *carolinensis* Nees., var. *assimilis.*
	Oreodaphne Heeri Gaud.
	Laurus canariensis Webb, var. *pliocenica.*
THYMÉLÉES.....	*Daphne princeps* Sap. et Mar.
APOCYNÉES.....	*Nerium oleander* L., var. *pliocenicum.*
EBÉNACÉES.....	*Diospyros protolotus* Sap. et Mar.
LONICÉRÉES.....	*Viburnam pseudotinus* Sap.
	— *rugosum* Pers., var. *pliocenicum.*
MÉNISPERMÉES...	*Cocculus latifolius* Sap. et Mar.
MAGNOLIACÉES...	*Magnolia fraterna* Sap.
	Liriodendron procaccinii Ung.
ANONACÉES.....	*Anona Lorteti* Sap. et Mar.
BUXACÉES......	*Buxus pliocenica* Sap. et Mar.
TILIACÉES......	*Tilia expansa* Sap.
ACÉRINÉES......	*Acer lætum* Mey., var. *pliocenicum.*
	— *latifolium* Sap.
	— *opulifolium* Vill., var. *pliocenicum.*
ILICINÉES......	*Ilex Falsani* Sap. et Mar.
	— *canariensis* Webb, var. *pliocenica.*
INGLANDÉES.....	*Juglans minor* Sap. et Mar.
GRANATÉES..,.,	*Punica Planchoni* Sap. et Mar.

On trouve également à Trévoux quelques empreintes de feuilles dans les délits marneux intercalés au milieu des sables (*Fagus sylvatica*, var. *pliocenica* Sap.).

---

[1] De Saporta, *Archives Mus. Lyon*, t. I.

La faune de Mammifères de l'horizon de Trévoux est intimement liée, dans son ensemble, à celle du Pliocène lacustre de la Bresse, avec lequel elle possède en commun le *Mastodon Arvernensis*, le *Rhinoceros leptorhinus*, le *Tapirus Arvernensis*, le *Palæoryx Cordieri*. Il semble, autant qu'il est permis d'en juger d'après le petit nombre d'espèces jusqu'ici découvertes dans le *Pliocène inférieur* de la Bresse et de toute l'Europe, que la faune mammologique de ce dernier étage doive être extrêmement semblable à celle du *Pliocène moyen*, dont nous prenons le type à Montpellier et en Roussillon. La faune de ces étages paraît former une seule faune *Pliocène ancienne*, caractérisée par la présence du genre *Hipparion* (trouvé dans les minerais de fer des environs de Gray), par l'absence du Cheval, de l'Éléphant et des Bovidés, par l'abondance des grandes Antilopes du groupe *Palæoryx*, enfin par l'état d'évolution peu avancé du bois des Cervidés (bois à un seul andouiller du *Capreolus australis*). Ce caractère d'ancienneté se montre nettement dans la faune de Trévoux, où, avec les espèces banales dans tout le Pliocène (*Mastodon Arvernensis, Rhinoceros leptorhinus, Tapirus Arvernensis, Ursus Arvernensis*), nous constatons la présence de deux espèces, le *Palæoryx Cordieri* et le *Capreolus australis*, caractéristiques de la faune de Montpellier et de Perpignan. Il nous paraît probable que l'on découvrira un jour l'*Hipparion* dans les sables de l'horizon de Trévoux.

Nous considérons donc la faune de Trévoux comme exactement parallèle à celle de Perpignan et de Montpellier, et comme bien distincte des faunes du Pliocène supérieur de Chagny et de Chalon-Saint-Cosme.

Les Mollusques nous montrent de même une affinité extrême avec les formes du Pliocène lacustre Bressan, mais avec un degré d'évolution des ornements dans les genres *Vivipara* (*V. Falsani* à carène suturale renflée) et *Melanopsis* (*M. lanceolata* costulé) un peu plus avancé que dans les formes représentatives du Pliocène lacustre. Nous ne reviendrons pas sur ce qui a été dit plus haut à ce sujet (voir p. 174); nous rappellerons seulement que le stade d'évolution des *Vivipara* et des *Melanopsis* nous a permis de classer l'horizon de Trévoux vers la hauteur du milieu des couches à Paludines moyennes du bassin du Danube.

CHAPITRE V.

PLIOCÈNE SUPÉRIEUR.

STRATIGRAPHIE.

A. **Sables de Chagny.** — **Cailloutis des plateaux.**

CONSIDÉRATIONS GÉNÉRALES.

Nous venons de voir, dans le chapitre précédent, que le Pliocène moyen s'était déposé dans des dépressions profondes, mais d'une largeur restreinte.

A ce moment, le Rhône, la Saône, le Doubs et la Loue avaient déjà leurs vallées creusées, et les emplacements de ces dernières ne différaient pas sensiblement de ceux des vallées actuelles; on peut même, en ce qui concerne la Saône, constater sous ce rapport une remarquable concordance, que met bien en évidence la carte géologique de la Bresse.

A cette période de localisation des épais dépôts sableux ou caillouteux du Pliocène moyen dans les grandes vallées, succède une période dans laquelle il se forme encore des dépôts sableux ou caillouteux; mais, d'une part, ces derniers sont toujours peu épais; d'autre part, ils ne sont plus localisés dans les vallées; ils ont des largeurs considérables et recouvrent presque toute la Bresse. Non seulement le Rhône, la Saône et le Doubs charriaient des sables et des cailloutis, mais encore un grand nombre d'autres cours d'eau, aujourd'hui insignifiants ou même disparus, apportaient dans la Bresse leurs alluvions et les déposaient sur leur parcours. Il y eut alors une période dans laquelle les phénomènes d'alluvionnement ont acquis une intensité tout à fait exceptionnelle; on peut même dire que le Pliocène supérieur a été la grande période d'alluvionnement et qu'à cet égard il présente dans nos régions une importance bien supérieure au Quaternaire.

Nous allons passer successivement en revue ces dépôts des cailloutis des plateaux, en commençant par ceux qui occupent les altitudes les plus considérables.

CAILLOUTIS DES HAUTS PLATEAUX.

Au nord de Jujurieux et en face de Pont-d'Ain, dans le bois de Charmontay, on observe au sommet d'un plateau miocène une couverture de cailloutis d'origine alpine atteignant l'altitude de 380 mètres. Ces derniers sont très altérés et ne sauraient être considérés comme quaternaires. Ils ne sauraient non plus être miocènes, parce qu'ils ravinent cette formation; ils butent, en effet, au nord contre un escarpement constitué par le Miocène sableux et marneux.

En descendant la vallée de l'Ain, on trouve également, de Jujurieux à Ambérieu, au-dessus du Miocène, divers dépôts de cailloutis très altérés, dont l'altitude atteint de 330 à 340 mètres. Il y a donc là, dans cette partie de la vallée de l'Ain, une série de dépôts de cailloux alpins situés à des altitudes élevées, et ces dernières sont d'autant plus considérables que les dépôts sont plus en amont.

A l'ouest de Pont-d'Ain, en face du débouché de la vallée du Suran, le sommet de Mont Margueron (altitude, 371 mètres) est recouvert de cailloutis qui nous ont également paru devoir être, par suite de leur degré d'altération, considérés comme pliocènes.

Des carrières pour tuileries situées au sud-ouest de Varambon, sur un plateau atteignant l'altitude de 340 mètres, montrent des cailloutis alpins altérés.

A l'ouest de Lyon, les hauts plateaux de Saint-Didier, d'Écully, de Saint-Irénée, de Saint-Genis-Laval, sont recouverts, à des altitudes variant de 280 à 310 mètres, de galets d'origine alpine formant une mince couverture qui s'étend à une distance de 6 à 8 kilomètres de la vallée actuelle du Rhône. Il y a là le témoin d'une ancienne formation alluviale, ou, pour employer un mot assez usuel, d'une ancienne *terrasse* située à 140 mètres environ au-dessus du lit actuel du Rhône. Entre Givors et Vienne, au sud de Lyon, on retrouve sur les plateaux granitiques une large nappe de galets alpins qui atteint l'altitude de 280 mètres. Cette nappe correspond assurément aux dépôts des plateaux de l'ouest lyonnais, qui se poursuivent ainsi d'une façon assez continue au sud de Lyon, tout en s'abaissant progressivement.

Dans la Dombes, les observations sont moins faciles, à cause de l'importance des recouvrements glaciaires; cependant nous croyons devoir présenter les observations suivantes.

Tout un grand plateau situé à l'ouest de la rivière d'Ain, s'étendant jusqu'à Chalamont, présente des altitudes élevées; les cailloutis y dépassent la cote de 300 mètres. De même, au nord-est de Lyon, entre Neuville et Montluel, existe une région dont les altitudes atteignent ou dépassent 300 mètres.

Les divers dépôts à hautes altitudes que nous venons d'énumérer font-ils tous partie de la terrasse de 140 mètres reconnue près de Lyon? La chose est probable; cependant il est impossible de l'établir, vu la dissémination et le morcellement desdits dépôts.

CAILLOUTIS DES NIVEAUX INTERMÉDIAIRES.

Le niveau d'alluvions dont nous venons de parler devait avoir, à Lyon, une altitude d'environ 310 mètres; le niveau du plus vaste dépôt d'alluvions de la Bresse, celui qui comprend les sables de Chagny, n'atteint en moyenne, dans la vallée basse de la Saône, comme nous le verrons plus loin, que l'altitude de 205 mètres. Il y a donc eu, entre ces deux formations alluviales, un abaissement de 100 mètres dans le niveau des cours d'eau.

Mais, contrairement à ce qu'on observe dans bien des cas, cet abaissement n'a pas été continu; il y a eu des temps d'arrêt suivis de courtes périodes d'alluvionnements.

Il existe, en effet, entre les hauts plateaux lyonnais et le plateau inférieur de la Bresse, une série de plateaux ou terrasses intermédiaires que nous allons passer en revue.

Environs de Pont-d'Ain. — Entre Pont-d'Ain et Neuville, on trouve un grand plateau recouvert de cailloutis alpins qui se poursuivent au delà de Neuville dans la vallée du Suran, jusqu'au hameau de Fromente. En ce point, ils cessent brusquement et font place à du quaternaire situé à un niveau inférieur.

Ces dépôts s'étendent sur les deux rives du Suran; leur altitude est comprise entre 300 et 310 mètres.

Ils présentent cette particularité remarquable d'avoir une origine alpine et d'être disposés de telle sorte, qu'ils ont été forcément déposés par un cours d'eau dirigé suivant la vallée du Suran. On les voit, en effet, s'engager dans cette dernière, et ils ne disparaissent que lorsqu'ils sont ravinés et démantelés par des alluvions quaternaires.

Nous mettrons à profit, plus loin, cette observation, lorsque nous étudierons l'origine des cailloutis alpins de la vallée du Suran.

Région de la Dombes. — Toute la Dombes est recouverte de cailloutis alpins, mais ces derniers ne constituent pas une nappe régulière et continue; ils sont disposés en plateaux étagés.

Cette disposition s'observe assez bien sur plusieurs points de la vallée de la Saône; nous allons énumérer successivement les points où les observations sont les plus nettes.

A Saint-Germain-Mont-d'Or, au-dessus de la station, règne un plateau constitué par des cailloutis qui ont fourni jadis, dans la tranchée de la voie ferrée, des débris de *Mastodon Arvernensis* et d'*Elephas meridionalis*; ce plateau est à la cote de 205 à 208 mètres; il bute contre un autre plateau qui supporte l'église de Saint-Germain et qui a l'altitude d'environ 260 mètres. Ce dernier est également recouvert de cailloutis fort altérés. Le croquis ci-dessous (fig. 33) montre la disposition observée.

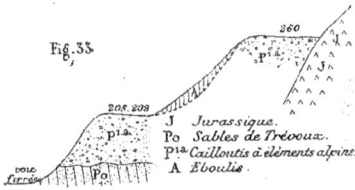

Fig. 33.

J *Jurassique.*
Po *Sables de Trévoux.*
Pia *Cailloutis à éléments alpins.*
A *Éboulis.*

Les cailloutis de la terrasse de 205 à 208 mètres occupent une terrasse nettement distincte de celle de l'église de Saint-Germain.

Près de Trévoux, le mamelon Nord auquel est adossée la ville fournit une coupe semblable.

Le hameau de Corcelle est situé sur un plateau horizontal ayant l'altitude d'environ 205 mètres; il bute contre un vaste plateau s'étendant largement à l'est et ayant l'altitude de 260 mètres.

La figure 34 représente la disposition de ces deux plateaux ou terrasses.

Les graviers de la terrasse de 205 mètres sont peu épais; ils peuvent s'observer au-dessus des sables de Trévoux dans la rue du Bois.

Le plateau de 260 mètres va buter plus à l'est contre un autre plateau encore plus élevé, qui est couvert d'étangs; mais il est difficile d'y relever une coupe un peu nette.

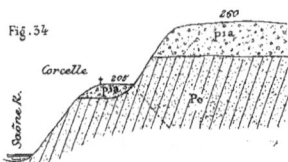

Fig. 34

C'est à Montanay, au sud de Trévoux, qu'on peut le mieux voir la terrasse de 260 mètres buter contre un autre plateau de plus grande altitude. L'ancien château de Montanay est sur un petit plateau qui a l'altitude d'environ 260 mètres, tandis qu'à peu de distance, à l'est, le plateau de la Dombes atteint la cote de 300 à 310 mètres. On observe en ce point la disposition suivante :

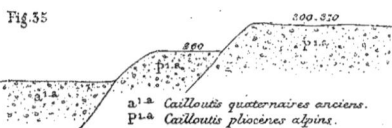

Fig. 35

a¹ᵃ *Cailloutis quaternaires anciens.*
pᴸᵃ *Cailloutis pliocènes alpins.*

Les villages de Chaleins, Amareins, Lurcy, Francheleins, sont situés sur un plateau qui a l'altitude d'environ 235 mètres et se prolonge au nord vers Genouilleux, Peyzieux, etc.

Sur la route de Francheleins à Cesseins, on observe nettement la coupe suivante :

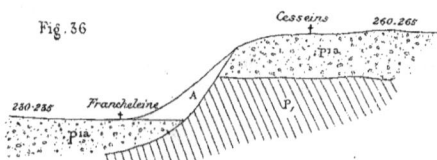

Fig. 36

A Francheleins existe une gravière où se remarquent en abondance des petits cailloux de quartz rouge, rappelant ceux de la vallée du Doubs et pouvant être, comme eux, d'origine vosgienne.

Nous avons dans la coupe ci-dessus figuré le Pliocène inférieur au-dessous du plateau de Cesseins, parce que les puits à eau ont, paraît-il, rencontré des marnes bleues.

Le plateau de Francheleins se poursuit jusqu'à Chaleins; en cet endroit, on voit ledit plateau buter à son tour contre le plateau de Villeneuve, qui est fort étendu et a l'altitude d'environ 275 à 280 mètres. On observe alors en ce point la coupe suivante :

Fig. 57.

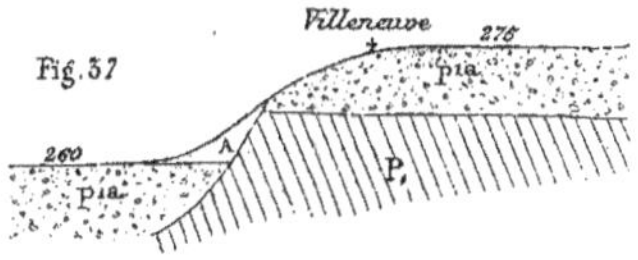

Les puits de Villeneuve ont traversé une épaisseur notable de marnes bleues ou grises; nous avons donc admis l'existence, à une faible profondeur, du Pliocène inférieur.

Le profil du chemin de fer, entre Bourg et Lyon, montre également que la Dombes est, dans son versant Nord, constituée par trois terrasses étagées, ayant respectivement les altitudes de 240 mètres, de 270 mètres et de 280 à 285 mètres.

Ces terrasses nous ont paru être le prolongement de celles que nous avons mentionnées dans la vallée de la Saône aux niveaux de 230 à 235 mètres, de 260 à 265 mètres et de 275 à 280 mètres.

Fig. 38.

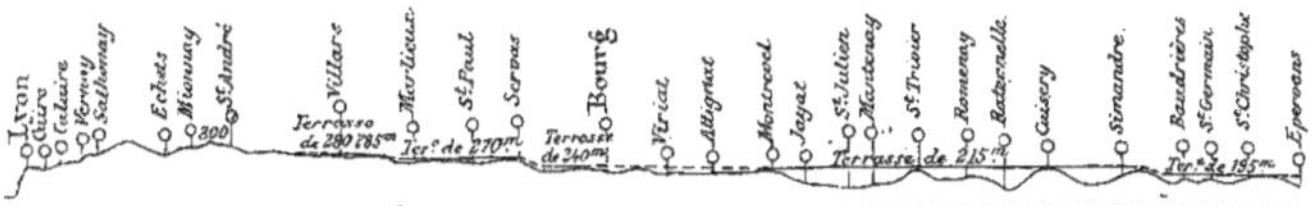

La figure 38 montre cette disposition de la Dombes.

La terrasse de 280 à 285 mètres vient buter contre un massif de forme irrégulière, qui fait partie d'un ensemble atteignant ou dépassant l'altitude de 300 mètres.

Au nord, la terrasse de 240 mètres aboutit à un vaste plan incliné d'environ 30 kilomètres de longueur, qui se raccorde tangentiellement avec un grand plateau ayant l'altitude de 215 mètres. Ce dernier, qui est le plateau proprement dit de la Bresse, s'étend sur 38 kilomètres de longueur, jusqu'au delà de Simandre; il cesse brusquement en ce point pour faire place à un plateau situé à un niveau inférieur (195 mètres), et constitué par la formation plus récente des marnes et sables de Saint-Cosme.

Nous reviendrons ultérieurement sur la grande terrasse Bressane; cependant nous croyons devoir résumer dès à présent les observations présentées dans ce paragraphe, en disant qu'on trouve dans la Dombes les témoins de trois anciennes terrasses ayant respectivement les altitudes de 110, 90 et 60 mètres environ au-dessus de la vallée actuelle de la Saône, et dans la Bresse une quatrième terrasse présentant l'altitude approximative de 40 mètres.

Région du Doubs. — Dans la région du Doubs et de la Loue, on observe, comme dans la Dombes, des plateaux situés à divers niveaux.

Si l'on fait une coupe longitudinale, suivant la forêt de Chaux, on observera la disposition représentée par la figure 39.

La forêt de Chaux forme un vaste plan incliné, couvert de cailloutis. Ces derniers sont nettement coupés par une terrasse située au sud de Dôle, s'étendant depuis cette ville jusqu'au delà de Villette-les-Dôle. Cette terrasse se relie d'ailleurs très bien avec les plateaux qui bordent la rive gauche du Doubs et supportent les villages de Rahon, de Gafey, etc.

Les plateaux qui bordent le Doubs vont eux-mêmes en s'abaissant progressivement du côté de l'ouest; et au delà de Pierre, ils se relient avec la grande terrasse Bressane des sables de Chagny.

Les cailloutis du niveau supérieur s'observent bien dans une carrière près de Dôle. On y voit de très gros galets de quartzites, de la grosseur de ceux des alluvions alpines, des jaspes rouges, des quartz blancs, des granulites schisteuses, des porphyres et des schistes verdâtres, etc. On n'y trouve pas les serpentines si caractéristiques des alluvions alpines. Ce sont des alluvions d'origine vosgienne; elles ont une teinte plus nuancée de rouge ou de vert que les alluvions alpines.

Les mêmes cailloutis s'observent au nord de la vallée du Doubs, dans la forêt d'*Arne*. On y observe de nombreux galets volumineux de quartzites ou d'arkoses rouges, qui ne sauraient être d'origine alpine et doivent provenir des Vosges.

On retrouve encore des cailloutis en amont de la forêt de Chaux, dans la vallée du Doubs, à Montferrand et même à Besançon. On a signalé, dans cette ville, l'existence de galets vosgiens au milieu de fentes de roches, à une altitude de 330 mètres, soit à 100 mètres au-dessus de la vallée actuelle du Doubs [1].

Vu la grande élévation de ces galets et leur situation isolée, il est d'ailleurs probable qu'ils ne se relient pas au dépôt de la forêt de Chaux, mais bien à d'anciennes nappes caillouteuses situées à un niveau plus élevé et aujourd'hui démantelées.

Au sud de la vallée de la Loue, la région comprise entre cette rivière et l'Orain forme le prolongement du plateau incliné de la forêt de Chaux, sauf dans la pointe Ouest, supportant le village de Rahon; cette dernière est située plus bas que le plateau précité, et elle se raccorde de son côté avec le plateau de 225 mètres, de Dôle, dont nous avons parlé plus haut. Nous n'avons pu figurer approximativement sur la carte la limite de cette basse terrasse de la Bresse; les observations sont trop difficiles dans la région pour permettre de suivre cette limite sur une étendue notable.

Environs de Beaujeu. — Dans le Beaujolais, les phénomènes d'alluvionnement ont acquis un grand développement, et on observe là, au milieu du massif montagneux de la bordure, de nombreux et importants dépôts de cailloutis; on y trouve, en outre, la trace des différents niveaux occupés par les eaux pliocènes.

Ces cailloutis présentent diverses particularités intéressantes, qui nécessiteront quelques détails.

[1] Réunion extraordinaire de la Société géologique à Besançon (*Bull.*, 3ᵉ série, t. XIII, p. 681).

Au sud de Mâcon, à partir de la Chapelle-de-Guinchay et de la vallée de la Mauvaise, commence un premier dépôt caillouteux qui pénètre fort avant dans la vallée précitée et se poursuit jusqu'en face de Vauxrenard, au pied de la haute montagne des Aiguillettes dont le sommet atteint l'altitude de 847 mètres. On voit nettement ce dépôt caillouteux former une grande terrasse inclinée dominant le ruisseau de la Mauvaise. Cette terrasse commence à peu de distance de la montagne des Aiguillettes et vient se terminer au nord de la Chapelle-de-Guinchay, à l'altitude d'environ 240 mètres; elle cesse assez brusquement et l'on voit apparaître alors une autre terrasse située à un niveau plus bas (205 à 210 mètres), celle des sables de Chagny.

Les cailloutis de la terrasse supérieure sont à gros éléments, dont le volume s'accroît à mesure qu'on se rapproche de la montagne des Aiguillettes. Ils se composent principalement d'arkoses; on y trouve également des chailles jurassiques. Ces arkoses viennent incontestablement des grès bigarrés qui recouvrent le sommet des Aiguillettes.

La présence de chailles jurassiques prouve en outre que ces grès bigarrés étaient encore, à l'époque du Pliocène supérieur, recouverts de terrains jurassiques qui ont été depuis démantelés. Nous avons là un témoin de l'importance qu'ont atteinte les érosions.

La région située entre Belleville et Beaujeu, dans le bassin de la rivière de l'Ardière, renferme également de nombreux dépôts caillouteux. Les deux plus intéressants sont celui qui est situé entre Lantignié, Villié et Chiroubles, et celui qui s'étend en lambeaux discontinus de Durette à Beaujeu. Nous allons les examiner successivement.

En partant du hameau de Cerrières, situé au nord de Cercié, à l'altitude de 260 mètres, et en remontant jusqu'au hameau de Saint-Joseph, situé à l'ouest de Villié, on suit un plateau incliné recouvert de cailloutis qui renferment des galets d'arkoses, parfois très volumineux, de granites, de porphyres, et parfois, mais très rarement, des chailles jurassiques. La largeur de cette bande caillouteuse va en diminuant progressivement à mesure qu'on s'élève, et les alluvions disparaissent un peu avant d'arriver à l'église Saint-Joseph; elles atteignent en ce point l'altitude de 445 mètres, soit depuis Cerrières une élévation de 185 mètres; au delà de Saint-Joseph, on aboutit à un cirque assez vaste adossé à la montagne d'Avenas; cette dernière a son sommet (altitude de 850 mètres) recouvert d'arkoses triasiques.

Une coupe longitudinale donne le profil suivant :

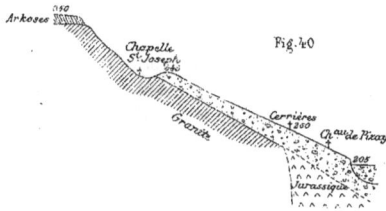

Fig. 40

Au delà de Cerrières, au château de Pizay, l'altitude est encore d'environ 240 mètres, mais bientôt le profil du sol subit une brusque dénivellation, et on arrive à une terrasse située à un niveau inférieur (205 à 210 mètres) : c'est celle des sables de Chagny.

La coupe ci-dessus montre nettement que la traînée de cailloutis qui s'étend de Saint-Joseph à Cerrières et au château de Pizay est due à un ancien cours d'eau qui descendait de la montagne d'Avenas. Dans le cirque situé au delà de Saint-Joseph se produisaient des éboulis de granite, de porphyres, des arkoses du sommet et du Jurassique qui devait alors surmonter ces arkoses; le tout était charrié par les eaux qui s'écoulaient du cirque. Les gros blocs d'arkose qu'on rencontre dans les alluvions, et qui par leurs dimensions font penser aux blocs erratiques, n'ont pas d'autre origine; ils sont le produit d'éboulements et ont subi en outre un charriage dans le torrent dont nous venons de parler.

Examinons maintenant le second dépôt dont il a été parlé.

Au nord-est de Beaujeu s'ouvre une petite vallée adossée au massif de la montagne d'Avenas; on voit pénétrer dans cette vallée un plateau incliné de cailloutis qui vient nettement aussi aboutir à un cirque. Ce plateau se poursuit en s'abaissant du côté de l'est; il comprend les lambeaux de cailloutis de Lantignié, de Durette, et se rejoint ensuite avec la grande traînée caillouteuse venant de Quincié et suivant la vallée de l'Ardière.

Les cailloutis sont de même nature que ceux que nous avons décrits ci-dessus, mais les blocs d'arkoses qu'ils renferment sont encore plus volumineux.

Sur la colline de Durette notamment, on observe un amoncellement de

27.

blocs tout à fait exceptionnel, et qui a depuis longtemps attiré l'attention des géologues. MM. Falsan et Chantre ont cru y voir la trace d'anciens glaciers locaux s'étendant dans les hauts massifs du Beaujolais[1]. Cette hypothèse ne nous paraît pas être suffisamment justifiée pour être acceptée; on ne trouve pas de boue glaciaire, pas de moraines formant des mamelons; on voit, au contraire, que ces blocs d'arkoses font partie d'un dépôt d'alluvions disposé suivant un talus incliné qui va aboutir au pied d'un cirque découpé dans le massif de la montagne d'Avenas. Ces dernières étaient recouvertes par les grès bigarrés; des éboulis volumineux d'arkoses se produisaient dans les cirques qui découpaient le massif; les blocs étaient entraînés par les torrents à des distances plus ou moins grandes. Cette hypothèse est d'autant plus rationnelle qu'on peut suivre aisément sur le terrain ces anciens lits de torrents, qu'on constate qu'ils renferment sur tout leur parcours des alluvions jonchées de gros blocs d'arkoses, et que ces derniers deviennent en moyenne d'autant plus volumineux qu'on se rapproche davantage des cirques, points d'origine des torrents.

Environs de Villefranche. — A l'ouest de Villefranche s'étend une longue traînée d'alluvions pliocènes qui est située entre le massif calcaire d'Anse et celui de Bois-d'Oingt.

Les alluvions sont constituées essentiellement par des chailles, dont quelques-unes très volumineuses, surtout au nord d'Alix, près de la lisière jurassique. Elles forment un plan incliné; elles sont, entre Denicé et Villefranche, à l'altitude d'environ 260 mètres; près de Pouilly, elles s'élèvent à 320 mètres, et à Frontenas, elles atteignent la cote de 350 mètres.

Il y a donc eu autrefois, dans la vallée actuelle de Liergues, de Pouilly et de Frontenas, un cours d'eau important qui se jetait dans la Saône, alors que cette dernière coulait à l'altitude de 260 mètres environ. Nous avons, dans un paragraphe précédent, montré que les plateaux de Chaleins, de Cesseins, etc., dans la Dombes, occupaient cette même altitude. Les cailloutis de Chaleins, de Cesseins, sont donc contemporains de ceux de la vallée de Liergues, de Pouilly et de Frontenas, mais ces derniers ont une composition toute différente, parce qu'ils proviennent exclusivement du démantèlement du Jurassique de la région Ouest de Villefranche.

[1] *Monographie géologique des anciens glaciers*, t. II, p. 384 et suivantes.

Ajoutons encore, pour compléter ce paragraphe, les observations suivantes :

Au nord-ouest de Saint-Gengoux-le-National, à l'altitude de 380 mètres environ, on observe un petit plateau recouvert de cailloutis (arkoses, chailles jurassiques, silex crétacés). Il y a également, au nord-ouest de Saint-Sorlin, à Berzé-la-Ville, dans une dépression d'un massif calcaire, à l'altitude d'environ 400 mètres, un petit dépôt d'alluvions ;

Le massif boisé situé à l'est de Chagny comprend, dans sa partie centrale, un plateau dépassant d'une dizaine de mètres le niveau des sables de Chagny ;

Enfin le plateau de Broin et d'Auvillars est plus élevé que celui qui s'étend de Labergement à Bragny ; ce dernier se raccordant par son altitude avec la terrasse des sables de Chagny, les cailloutis et sables qui recouvrent le premier correspondent donc à des alluvions situées à un niveau plus élevé.

PLATEAU DE LA BRESSE. — SABLES DE CHAGNY.

Il nous reste à examiner la formation alluviale qui recouvre la majeure partie de la Bresse et qui comprend le dépôt des sables de Chagny.

Cette formation est constituée par des sables ou par des cailloutis dont l'épaisseur est toujours restreinte ; elle dépasse rarement 10 mètres, est le plus généralement de 4 à 5 mètres, et n'est représentée parfois que par des lambeaux minces et discontinus de sables ou de graviers. Dans la vallée de la Saône, elle constitue une terrasse située à une hauteur de 40 mètres en moyenne au-dessus de l'étiage ; près de Chalon, elle occupe l'altitude de 205 à 210 mètres. Pour abréger le langage, nous l'appellerons indifféremment *terrasse de 40 mètres* ou *terrasse des sables de Chagny.*

La nature des alluvions est fort variable suivant les régions.

Nous avons déjà mentionné incidemment, dans les paragraphes précédents, diverses localités où s'observent des alluvions contemporaines des sables de Chagny ; nous n'y reviendrons généralement pas et nous passerons surtout en revue les autres régions.

Rives de la Saône. — Les alluvions pliocènes de la Saône sont peu développées au nord de Gray ; on observe seulement sur quelques plateaux, notamment à Rigny, Dampierre, etc., des sables siliceux fins avec quelques petits cailloux de quartz qui occupent l'altitude d'environ 235 à 240 mètres, soit 35 ou 40 mètres au-dessus de la vallée actuelle. Ces plateaux sableux ravinent nettement les mamelons constitués par le Pliocène inférieur à minerai de fer et représentent des lambeaux d'une ancienne terrasse qui suivait le cours de la Saône.

Au sud de Gray, on retrouve le prolongement de la même terrasse inclinée avec sables fins et galets quartzeux; mais elle y est plus large, plus continue. Dans la région d'Auxonne, sa largeur est d'environ 12 kilomètres et son altitude est de 215 à 220 mètres, soit encore de 35 à 40 mètres au-dessus de l'étiage de la Saône.

Dans la région de Chalon, on observe une vaste terrasse ayant l'altitude d'environ 205 à 210 mètres, soit 35 à 40 mètres au-dessus de l'étiage; elle s'étend sur une largeur d'environ 30 kilomètres en face de Chalon.

Cette terrasse se poursuit bien jusqu'à Mâcon et elle conserve à peu de chose près la même altitude, mais sa largeur va en diminuant; elle n'est plus que d'environ 10 kilomètres en face de cette ville.

Au sud de Mâcon, la terrasse précitée se rétrécit rapidement; elle cesse bientôt d'être continue, et on n'en observe plus, entre Thoissey et Lyon, que des bandes peu larges, situées principalement sur la rive droite de la Saône.

Près de Lyon et au sud de cette ville, on n'en retrouve aucun témoin.

Il est à noter qu'en aval du confluent avec le Doubs, les alluvions sont un peu plus caillouteuses qu'en amont; cependant, à partir de Chalon jusqu'au delà de Mâcon, les sédiments redeviennent très fins; ce sont surtout des sables siliceux. Ces derniers sont parfois tellement fins et meubles, que dans certaines régions ils sont facilement soulevés par le vent (Cuisery, Manziat, etc.), et qu'on est obligé d'atténuer ces effets par des plantations d'arbres.

Ces alluvions pliocènes de la Saône sont peu épaisses; elles ne dépassent guère 4 ou 5 mètres, mais elles sont presque toujours recouvertes de limon dû à leur décomposition par les agents atmosphériques.

Vallée du Doubs. — Nous avons déjà mentionné que près de Dôle existait une terrasse de cailloutis vosgiens située à l'altitude d'environ 225 mètres, qui se reliait avec des plateaux situés à l'ouest et présentait une légère inclinaison jusqu'aux environs de Pierre, où ils venaient se souder avec la terrasse des sables de Chagny. Ces cailloutis des environs de Dôle représentent donc les alluvions que déposaient le Doubs et la Loue, lorsque la Saône elle-même formait les dépôts dont il vient d'être parlé ci-dessus.

Cailloutis de la bordure de la Bourgogne. — Entre Dijon et Beaune, sur la lisière de la Côte-d'Or, on observe d'importants dépôts de cailloutis calcaires qui ont été recoupés dans plusieurs tranchées du chemin de fer et sont exploités dans diverses carrières. Les cailloutis sont très altérés, très décomposés, et les graviers ont une teinte rougeâtre assez accentuée pour que les exploitants de carrières distinguent nettement ces alluvions des cailloutis quaternaires; ils appellent les derniers *graviers gris,* tandis que les autres portent le nom de *graviers jaunes.*

Ces graviers longent toute la côte et forment une bande presque continue; ils sont d'ailleurs remarquablement fossilifères et ont fourni de nombreux ossements de mammifères lors de l'exécution du chemin de fer de Dijon à Chalon-sur-Saône.

A Chagny, on trouve des sables d'origine granitique, mais, en remontant la vallée de la Dheune, on aperçoit à Cheilly, dans la tranchée du chemin de fer, au-dessus de sables analogues à ceux de Chagny, des poudingues calcaires à éléments très altérés qui rappellent absolument ceux de la bordure de la Côte-d'Or.

Les dépôts de Chagny et de Cheilly ont fourni également de nombreux mammifères identiques à ceux des graviers de la Côte-d'Or; à Chagny, les ossements étaient nettement dans les sables; à Cheilly, d'après les renseignements, peu certains d'ailleurs, qui nous ont été fournis, les ossements étaient à la fois dans les sables et dans le poudingue calcaire.

Toutes ces alluvions pliocènes situées entre Dijon et Beaune constituent, en fait, des cônes de déjection s'élevant contre la bordure à l'altitude de 260 à 280 mètres, et s'abaissant assez rapidement du côté de l'est, à des niveaux qui permettent de les raccorder avec les sables de la terrasse de 40 mètres de la Saône.

Les sables de Chagny se poursuivent tout le long de la lisière de la côte Chalonnaise, et se raccordent nettement avec la terrasse de 40 mètres précitée. Ils se raccordent nettement aussi avec les alluvions de la vallée de la Dheune et avec celles très étendues de la vallée de la Grôsne.

Bordure du Jura. — Nous avons déjà, dans un paragraphe précédent,

montré comment la Bresse se raccordait avec la Dombes; un plan incliné de
3o kilomètres de longueur (voir fig. 38) vient se souder avec un vaste plateau
horizontal ayant l'altitude de 2 1 5 à 2 1 o mètres. Il est difficile de ne pas considérer ce plan incliné comme représentant le lit d'un ancien cours d'eau
venant se jeter dans une grande rivière, la Saône, contemporaine des sables
de Chagny.

Sur la lisière du Jura, on observe des faits analogues. Si on fait une coupe
allant de Ceyzériat à Viriat, Attignat et Saint-Trivier-de-Courtes, on obtient
le profil représenté par la figure 4 1 ci-après. Cette figure montre bien que la
grande terrasse des sables de Chagny vient se souder avec les contreforts du
Jura par un profil qui est assurément celui d'un cours d'eau débouchant de
la cluse de Ceyzériat, à l'altitude de 3oo mètres environ, et venant se jeter
dans la Saône à la cote de 2 1 5 mètres. C'est ce cours d'eau qui aurait charrié
les cailloutis de Ceyzériat, de Viriat, d'Attignat, etc.

Ceyzériat est situé au débouché d'une dépression ou cluse que présente le
Jurassique; cette cluse est actuellement privée de cours d'eau, mais, en l'ex-
plorant, on trouve encore quelques dépôts cailouteux qui devaient se relier
à ceux qui constituent l'ancien lit des ruisseaux dont nous venons de parler.

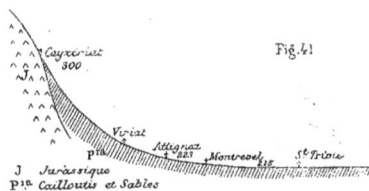

Fig. 41

En examinant la question de plus près, on reconnaît, en outre, que les
cailloutis de Ceyzériat constituent un véritable cône de déjection dont le
sommet s'étend de Ceyzériat à Revonnas, et qui va en s'abaissant non seulement du côté de l'ouest, mais encore du côté du nord et du côté du sud. Au
sud, le cône de déjection se poursuit jusqu'à la rencontre d'alluvions quaternaires; du côté du nord, il se poursuit jusqu'au delà de Jasseron.

A Treffort, en face du débouché de la cluse qui aboutit à ce village, on
retrouve un nouveau cône de déjection de même nature que celui de Ceyzériat, mais moins important.

Les cailloutis des deux cônes de déjection que nous venons de mentionner *sont essentiellement d'origine alpine*. C'est là un point particulièrement important dont nous déduirons ultérieurement telles conclusions qu'il paraît comporter.

Les cailloux alpins se poursuivent le long de la bordure Nord de la Bresse jusqu'un peu au delà de Treffort, en face de Cuisiat; à partir de ce dernier point, on trouve sur la lisière du Jura des alluvions d'une autre nature, dont nous parlerons plus loin.

Les galets alpins fournis par les cônes de déjection du Jura se sont répandus dans la Bresse; on les trouve sur tous les plateaux qui longent la vallée de la Reyssouze; on les rencontre à Viriat, Attignat, Montrevel, Jayat et jusqu'à Montanay, où une gravière située près de la gare montre de nombreuses quartzites. Les éléments vont d'ailleurs en diminuant de grosseur à partir de la lisière du Jura; ainsi, à Mantenay, les plus gros galets n'atteignent pas le volume du poing. En même temps que la grosseur des éléments décroît, l'épaisseur des formations va également en diminuant. Cette double constatation concorde bien avec l'hypothèse déjà formulée ci-dessus de torrents provenant du Jura et venant se jeter, aux environs de Mantenay, dans un vaste cours d'eau situé à l'altitude d'environ 215 mètres. Ce torrent aurait eu à peu près la direction qu'a actuellement la rivière de la Reyssouze.

Entre Mantenay et la Saône, les plateaux sont surtout recouverts de sable fin; on a affaire là au grand courant de la Saône contemporain des sables de Chagny.

Au nord de Cuisia, limite de l'extension des galets alpins, on n'observe plus sur la lisière du Jura que des dépôts peu importants constitués par des chailles jurassiques et des silex crétacés. Ces dépôts n'ont quelque épaisseur que tout près de la bordure; ils deviennent insignifiants à peu de distance de cette dernière; disons incidemment que c'est à cette circonstance qu'est dû le faible recouvrement, déjà signalé, du Pliocène inférieur dans cette partie de la Bresse.

Les alluvions de chailles jurassiques et crétacées se poursuivent jusqu'au delà de Sellières, puis on voit apparaître de nouveaux dépôts, généralement épais, constitués par des éléments de toute autre origine. On rencontre alors les alluvions vosgiennes qui se poursuivent, à peu près sans discontinuité, jusqu'à la vallée du Doubs.

Ces cailloutis vosgiens jouent absolument le même rôle dans le nord que

28

celui des cailloutis alpins au sud; ils forment des cônes de déjection plus ou moins importants et ont été charriés dans la Bresse jusqu'à une assez grande distance du rivage. Nous avons déjà mentionné, dans un paragraphe précédent, les alluvions vosgiennes de la vallée de la Louc et de celles du Doubs; celles situées au sud de la vallée de la Louc présentent les mêmes caractères; il nous paraît donc inutile d'entrer, à cet égard, dans de nouveaux détails.

RÉCAPITULATION DES OBSERVATIONS.

Si nous récapitulons les observations présentées dans les paragraphes précédents, nous arrivons aux conclusions suivantes :

Terrasses diverses. — Les alluvions pliocènes forment une série de terrasses étagées à des niveaux divers, que nous avons appelées respectivement terrasses de 140, de 110, de 90, de 60 et de 540 mètres.

Ces terrasses correspondent à des niveaux successifs occupés par les eaux de la Saône et du Rhône.

Une coupe schématique de la Dombes, dirigée Nord-Sud, serait représentée par la figure 42 ci-dessous, dans laquelle les hauteurs sont considérablement exagérées par rapport aux longueurs. Nous avons, en outre, supprimé dans cette coupe tout le Quaternaire.

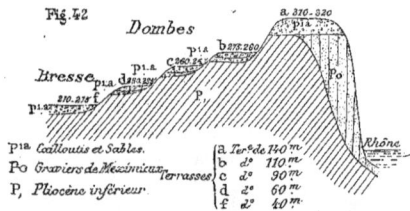

Fig. 42

Les talus qui séparent les diverses terrasses laissent apparaître les marnes et sables du Pliocène inférieur; divers puits placés dans cette situation ont, en effet, constaté la présence de ce terrain au-dessous des éboulis de pente.

Nous avons, sur la carte de la Bresse, figuré, là où les observations le permettaient, notamment dans la Dombes, les niveaux de ces diverses terrasses et les affleurements du Pliocène inférieur; mais nous avons dû nous

abstenir de tout tracé dans certaines régions où les niveaux étaient trop insuffisamment accusés ou ne l'étaient que sur une étendue trop faible. Nous croyons
même devoir ajouter que dans la région orientale de la Dombes, les observations sont peu nettes et que les limites que nous avons admises ne sauraient
être considérées comme comportant une grande précision; aussi n'avons-nous
pas généralement alors figuré le Pliocène inférieur.

Il nous paraît d'ailleurs superflu de fournir, au sujet de ces diverses terrasses, de nouveaux détails; nous n'avons qu'à nous référer à ceux déjà donnés
dans les paragraphes précédents.

Nature des alluvions. — Dans la partie Nord de la Bresse, en amont
d'Auxonne, les alluvions sont essentiellement siliceuses; elles proviennent de
la région des Vosges. Ces alluvions siliceuses se poursuivent en aval d'Auxonne
jusqu'aux environs de Mâcon, mais elle n'occupent pas toute la surface de la
Bresse; elles sont cantonnées dans une zone longitudinale, de largeur variable,
représentant le lit occupé alors par la Saône. De part et d'autre de cette zone,
qui comprend d'ailleurs le lit actuel de la rivière, les alluvions représentent
les dépôts formés par les affluents; elles sont, par conséquent, essentiellement
variables et dépendent des régions où ces affluents prenaient leur origine.

A l'ouest, sur la lisière de la Bourgogne, de Dijon jusqu'au delà de
Beaune, les alluvions sont essentiellement calcaires; de Chagny à Mâcon, les
dépôts latéraux ont peu d'extension, ils renferment seulement quelques silex
jurassiques ou crétacés; de Mâcon jusqu'au delà de Belleville, les alluvions
locales redeviennent importantes et renferment des débris de roches anciennes,
de silex jurassiques et de gros blocs d'arkoses; près de Villefranche, où existe
un massif jurassique assez étendu, les chailles redeviennent nombreuses. On
trouve donc sur la bordure Ouest des alluvions qui ont été empruntées avec
certitude aux terrains de la bordure.

Sur la lisière Est, les choses se passent tout autrement : depuis Ambérieu
jusqu'au delà de Treffort, le long du massif secondaire du Bugey, on trouve
à peu près exclusivement des galets alpins, en grande abondance. Au nord,
depuis la vallée du Doubs jusqu'aux environs de Sellières, bien que la bordure de la Bresse soit jurassique, on rencontre surtout des galets vosgiens en
nappes épaisses. Ce n'est que dans la partie centrale, entre Sellières et Cuisia,
que les alluvions sont empruntées au massif du Jura, et nous avons dit précédemment que ces dépôts étaient peu épais et peu étendus.

Il y a donc, entre les alluvions des deux rives de la Bresse, une différence essentielle sur laquelle nous ne saurions trop insister. *Tandis qu'à l'ouest les alluvions des affluents de la Saône proviennent des massifs de la bordure, à l'est les dépôts de ses affluents renferment le plus souvent des éléments de provenance lointaine, alpine ou vosgienne.* Nous avons indiqué approximativement sur la figure 43 cette répartition des alluvions dans la Bresse.

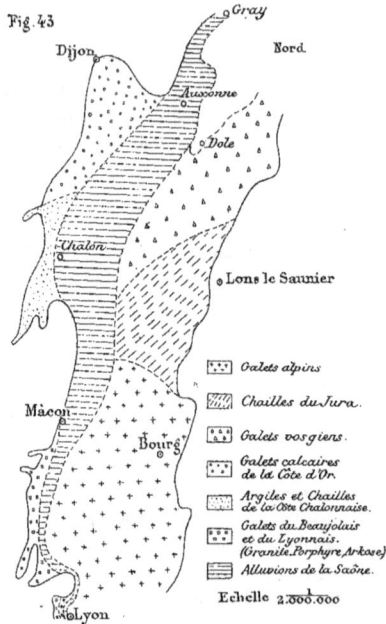

Fig. 43

Avant d'aborder la question d'origine des alluvions alpines et vosgiennes qu'on trouve dans la Bresse, nous croyons devoir examiner encore une question qu'on est amené à se poser en examinant notre carte.

LOCALISATION DES HAUTS NIVEAUX D'ALLUVIONS.

On constate que les hauts niveaux de cailloutis sont surtout localisés dans la partie Sud, au delà de Mâcon. Nous les avons mentionnés précédemment tant dans la Dombes que sur les bordures du Beaujolais et du Bugey.

Dans le reste de la Bresse, au contraire, on ne trouve, occupant de hauts niveaux, que les dépôts de la forêt de Chaux, ceux situés sur leur prolongement au sud de la Loue, les petits dépôts insignifiants des environs de Saint-Gengoux et de Saint-Sorlin, enfin ceux peu étendus du plateau de Broin. Les alluvions de tout le reste de la Bresse appartiennent à la terrasse des sables de Chagny.

Il y a là un fait qui au premier abord paraît assez singulier.

On est tenté de se demander si, alors que le niveau des eaux était élevé, il ne s'effectuait guère de dépôts que dans le sud de la Bresse, parce que le reste de la cuvette Bressane aurait été alors occupé par le Pliocène inférieur, dans lequel n'était creusée aucune vallée donnant passage à un cours d'eau charriant des alluvions.

Pareille hypothèse serait bien peu vraisemblable; on ne comprendrait guère les motifs de cette limitation des cours d'eau aux environs de Lyon, lors de la formation des dépôts des hautes terrasses; nous avons exposé en effet, dans les précédents paragraphes, que lors des dépôts du Pliocène moyen, les vallées de la Saône et du Doubs étaient déjà creusées au-dessous de leur étiage actuel.

Il est certainement plus logique d'admettre que lorsque s'opéraient les dépôts des hauts niveaux, au sud du parallèle de Mâcon, il y avait également des alluvions qui se déposaient à de semblables hauteurs dans le reste de la cuvette Bressane; mais alors il faut expliquer pourquoi dans la Bresse on ne trouve plus que des traces fort rares de ces anciens dépôts.

L'explication nous paraît fournie par les causes suivantes :

Nous avons exposé, dans le paragraphe précédent, que, lors des dépôts de la terrasse des sables de Chagny, les alluvions de la Saône étaient peu épaisses et constituées par des sables sans consistance; que celles des affluents étaient également peu développées le long des lisières constituées par des terrasses jurassiques. Nous avons dit qu'il y avait, au contraire, d'épais dépôts soit sur la lisière du massif granitique et porphyrique du Beaujolais, soit sur la bordure calcaire du Bugey et du Jura, là où les alluvions avaient une origine alpine ou vosgienne. Les mêmes faits ont dû vraisemblablement se produire lors de la formation des terrasses supérieures à celle des sables de Chagny; les dépôts n'ont acquis une sérieuse importance que là où ils étaient constitués par les alluvions du Beaujolais, des Alpes ou des Vosges; partout ailleurs, ils étaient peu puissants, peu étendus, et l'on conçoit aisément qu'il ait pu n'en rester que de rares témoins.

Ajoutons, en ce qui concerne le Beaujolais, que la région est beaucoup plus élevée et plus montagneuse que celle au nord de Mâcon. Tandis qu'aux environs de Monsols l'altitude atteint et dépasse 1,000 mètres, dans le Mâconnais, le Châlonnais et la Côte-d'Or les sommets les plus élevés ne dépassent guère 600 mètres. Une semblable différence de relief est de nature à modifier grandement l'importance des alluvions; les régions élevées possèdent des cirques d'éboulements qui donnent des débris nombreux et volumineux encombrant les cours d'eau, les obligeant à déplacer leurs lits, et provoquant ainsi de larges et puissants dépôts d'alluvions.

Une autre raison, et peut-être la plus importante, tient à ce qu'il y a eu des ablations beaucoup plus importantes dans la Bresse proprement dite que dans la Dombes.

L'importance des ablations dépend de divers facteurs : le nombre des cours d'eau, leur importance et les déplacements que subit leur lit.

Il est clair que si aucun cours d'eau ne traverse une région, il ne se produira que peu d'érosions. Or c'est le cas qui se présente pour la Dombes; il n'existe aucun cours d'eau important dans ce massif; il n'y a pas de rivière ayant son origine dans le Bugey, traversant la Dombes pour se rendre dans la vallée de la Saône; les cours d'eau de la région prennent naissance dans la Dombes elle-même; ils n'ont qu'un faible parcours, qu'un débit limité, par suite du peu d'étendue de leurs bassins d'alimentation, et ne sont pas susceptibles de provoquer des érosions importantes.

Dans la Bresse centrale, au contraire, comme le montre la carte, les cours d'eau sont extrêmement nombreux; ils partent du Jura pour aboutir à la Saône, et ils sont capables, vu leur nombre et l'importance de quelques-uns (Doubs, Loue, Reyssouze, Seille, etc.), de déterminer des ablations considérables.

Nous avons dit ci-dessus qu'il fallait tenir compte non seulement du nombre et de l'importance des cours d'eau, mais encore des déplacements de leur lit. Ce sont, en effet, ces déplacements qui contribuent surtout à raboter, à niveler les surfaces et à faire disparaître ainsi les formations des rives. Nous avons déjà exposé que la Saône, à l'époque des sables de Chagny, avait un lit fort large; elle était donc susceptible de déterminer de grandes ablations; et il est facile d'établir que lorsqu'une rivière se déplace dans un large lit, ses affluents se déplacent également dans un lit étendu, tandis que lorsque la rivière a un lit étroit et fixe, celui de ses affluents se déplace peu.

Supposons, en plan, un cours d'eau MM ayant un lit régulier, bien défini et étroit; soit AB un affluent transversal, l'observation montre que dans la vallée de la Saône, le cours des affluents est, dans la région voisine de leur embouchure, sensiblement normal au cours de la Saône; l'affluent AB ne tiendra donc pas à se déplacer si le cours d'eau MM ne se déplaçait pas lui-même.

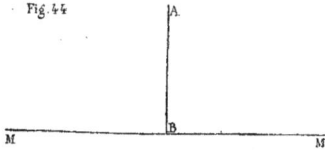
Fig. 44

Supposons, au contraire, un cours d'eau déplaçant son lit dans l'intervalle compris entre XX et YY.

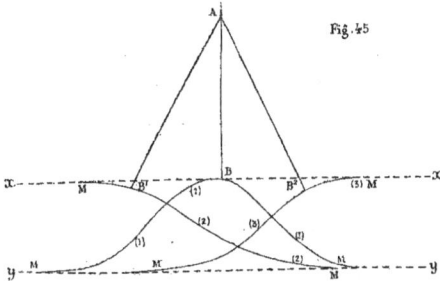
Fig. 45

Lorsque le cours d'eau occupera la position (1), l'affluent aura son lit en AB; lorsque le cours d'eau occupera la position (2), le lit de l'affluent sera AB^1; si le cours d'eau occupe la position (3), le lit de l'affluent sera AB^2.

On comprend alors que, par suite de divagations du cours d'eau, l'affluent pourra avoir recouvert successivement toute la surface AB^1B^2. Il aura nivelé cette dernière en déterminant une ablation complète; il aura, en outre, semé ses alluvions sur une large superficie.

On peut conclure de ces considérations que si un cours d'eau a un lit qui, d'abord large, va ensuite en se rétrécissant, les affluents d'amont auront eux aussi de larges lits et seront susceptibles de puissantes ablations, tandis que ceux d'aval auront des lits peu larges et auront peu attaqué leurs rives.

C'est précisément ce qui se produit dans la Bresse.

Si l'on examine, en effet, la carte de la Bresse, et si l'on se reporte aux observations présentées antérieurement, on voit que la surface occupée par la Saône, à l'époque des sables de Chagny, va en diminuant progressivement de largeur, à mesure qu'on va du côté de Lyon; le même fait se produisait également lors de la formation des autres terrasses pliocènes.

Il en résulte qu'au nord de Mâcon, la Saône, à l'époque des sables de Chagny, était fort large, qu'elle avait un lit mal défini et que les eaux y subissaient de nombreux déplacements. Les affluents étaient alors dans le cas représenté par la figure 45 (p. 223); ils avaient de larges lits, nivelaient leurs rives et faisaient disparaître ainsi les alluvions des terrasses plus anciennes.

Au sud de Mâcon, au contraire, la Saône a été, pendant toute la durée du Pliocène supérieur, d'autant plus encaissée qu'on se rapprochait davantage de Lyon. On comprend alors, dans ces conditions, que la rivière et ses affluents n'aient provoqué que de faibles démantèlements et qu'il soit resté de nombreux et importants témoins des alluvions antérieures à celles des sables de Chagny.

Les diverses observations que nous venons de présenter dans le présent paragraphe fournissent, croyons-nous, l'explication de la localisation des alluvions des hauts niveaux.

ORIGINE DES GALETS ALPINS DE LA DOMBES ET DE LA BRESSE.

Nous avons exposé précédemment que la Dombes était recouverte de galets alpins disposés en terrasses étagées. Nous avons montré qu'il y avait dans la vallée du Suran (près de Pont-d'Ain) les traces d'un ancien cours d'eau, situé à un niveau élevé, qui s'écoulait du massif du Bugey et avait charrié des galets alpins.

Nous avons dit que dans la vallée de l'Ain, il y avait près de Jujurieux des galets alpins formant un plateau à l'altitude d'environ 380 mètres, et que sur toute la lisière de la cuvette Bressane, de Jujurieux à Ambérieu, il y avait également des cailloutis alpins couronnant des plateaux élevés.

Nous avons exposé que la large terrasse Bressane se reliait à des cônes de déjections situés dans le rayon de Treffort et de Ceyzériat, et bien apparents, surtout à Ceyzériat. Nous avons montré qu'il y avait, à ce moment, des torrents sortant du Bugey qui déversaient dans la Bresse des cailloutis alpins et les entraînaient fort loin dans cette dernière région, jusqu'au delà de Montrevel.

Ajoutons que la disposition des autres terrasses de cailloutis du versant Nord de la Dombes, qui toutes se dirigent vers la bordure du Bugey, entre Pont-d'Ain et Ceyzériat, comme le montre la carte de la Bresse, permet de conclure que c'est également du Bugey que venaient les cours d'eau qui ont charrié les cailloutis de la Dombes.

Nous avons dit qu'au nord de Treffort, les galets alpins ne tardaient pas à disparaître et qu'il n'y avait plus que des alluvions constituées par des chailles jurassiques.

De ces faits, nous pouvons conclure qu'à l'époque pliocène, l'Ain, le Suran et les torrents qui s'échappent du Bugey, entre Pont-d'Ain et Treffort, charriaient des galets alpins. Aujourd'hui, ces cours d'eau ne transportent plus que des galets calcaires; le Rhône seul continue à charrier des galets alpins.

Nous avons exposé enfin qu'à l'époque pliocène, les cours d'eau empruntaient leurs alluvions aux massifs d'où ils sortaient, et nous avons montré que les faits constatés au sud de Treffort constituaient une anomalie.

C'est cette anomalie que nous allons chercher à expliquer.

Hypothèse d'un ancien cône de déjection du Rhône. — On avait jadis pensé que le Rhône avait formé, à son débouché dans la cuvette Bressane, un immense cône de déjection qui aurait constitué la Dombes. Cette hypothèse, formulée à une époque où la structure de la région était insuffisamment connue, ne saurait être maintenue.

D'abord, l'ampleur du cône de déjection qu'il faudrait supposer est telle, que de prime abord il semble peu rationnel d'admettre un phénomène aussi exceptionnel et aussi grandiose.

Mais des raisons absolument démonstratives vont nous permettre de réfuter cette hypothèse.

La Dombes n'est pas uniquement constituée par des cailloutis, comme on le croyait alors; le substratum est, comme nous l'avons établi, formé par les marnes et sables du Pliocène inférieur. Les cailloutis ne forment qu'une couverture; enfin ils se relient nettement à des cours d'eau descendant du Bugey.

C'est donc dans le massif même du Bugey qu'il faut rechercher l'origine des galets alpins.

Hypothèse du démantèlement du Miocène. — Une première hypothèse pourrait être formulée: on pourrait se demander si le Miocène supérieur n'était pas, dans le Bugey, comme il l'est dans le Dauphiné, constitué à sa partie supérieure par de puissants poudingues à éléments alpins; ces poudingues auraient été démantelés à l'époque du Pliocène supérieur, et auraient fourni ainsi les galets que charriaient les cours d'eau. Cette hypothèse nous paraît difficilement admissible pour les motifs suivants :

1° Le Miocène du Bugey ne montre nulle part des poudingues; il est constitué exclusivement par des sables fins et des grès à petits éléments.

Les galets alpins, dans la Dombes, sont fort abondants; ils recouvrent de vastes superficies et sont en nappes assez épaisses; il serait irrationnel d'admettre que des dépôts aussi considérables aient pu être empruntés à une formation qui ne montre plus aujourd'hui aucune trace de cailloutis.

2° Le Miocène existe sur toute la lisière du Bugey et du Jura, entre Ambérieu et Lons-le-Saunier. Or les cailloutis alpins s'observent seulement entre Ambérieu et Treffort; au delà de cette dernière localité, il n'y en a plus. Pareille disparition brusque se comprendrait difficilement si les galets étaient empruntés à des poudingues miocènes.

Hypothèse de glaciers pliocènes. — Une seule hypothèse nous paraît pouvoir fournir une explication rationnelle, c'est celle de glaciers ayant, à l'époque pliocène, envahi le massif du Bugey. Ces glaciers auraient alimenté l'Ain, le Suran, les divers torrents qui s'échappaient des montagnes entre Pont-d'Ain et Treffort, et leur auraient fait charrier des galets alpins.

Cette hypothèse de glaciers pliocènes explique bien les phénomènes observés. Voici, avec quelques développements, comment nous comprenons le phénomène.

Après le dépôt du Pliocène inférieur, un exhaussement des Alpes se produit; c'est lui qui provoque le ploiement du Pliocène lacustre Bressan; les vallées se creusent par l'effet de ce soulèvement.

Des glaciers commencent à s'établir sur les Alpes soulevées, et vont en progressant successivement. C'est alors que le Rhône charrie des galets volumineux qui constituent les cailloutis de Meximieux et de Montluel.

Conformément aux principes exposés précédemment sur le régime des cours d'eau, l'abondance des matériaux charriés oblige le Rhône à élever son lit, et la vallée se comble progressivement à mesure que les glaciers s'avancent. A un moment donné, ces glaciers arrivent à couronner les hauteurs du Bugey, près de la bordure de la cuvette Bressane; de nombreux torrents s'échappent de ce massif; l'Ain, le Suran et divers torrents rabotent la surface de la Dombes et y déposent des cailloutis à de grandes hauteurs. A ce moment, la vallée primitivement creusée par le Rhône, dans le Pliocène inférieur, est comblée, le fleuve s'étale sur ses rives qu'il nivelle et il recouvre de cailloutis les surfaces qu'il a arasées. C'est à ce moment que se déposent les alluvions alpines des hauts plateaux situés à l'ouest de Lyon.

En face de la région du Bugey occupée par les glaciers, s'étale sur la Dombes, à de hauts niveaux, une vaste plaine d'alluvions charriées par l'Ain, le Suran et divers torrents.

Le niveau du Rhône subit ensuite un abaissement, ses affluents creusent également leur lit. Toutefois cet abaissement subit des temps d'arrêt plus ou moins longs pendant lesquels s'opèrent de nouveaux alluvionnements; c'est alors que se forment les diverses terrasses de la Dombes et de la Bresse.

Il est d'ailleurs fort difficile, en l'état, de dire si les glaciers ont continué à stationner dans le Bugey pendant toute la période qu'ont exigée les formations des diverses terrasses; peut-être, lorsque se formaient les dernières terrasses de la Dombes et de la Bresse, les glaciers avaient-ils abandonné le massif du Bugey, mais ils y avaient laissé des moraines dont le démantèlement pouvait fournir aux cours d'eau les éléments alpins qu'ils charriaient et déposaient dans la cuvette Bressane.

Nous exposerons, dans le chapitre consacré aux glaciers quaternaires, comment le niveau du Rhône a varié, suivant l'éloignement ou le rapprochement des glaciers, et nous serons mieux à même alors de faire connaître la nature des phénomènes qui ont dû se produire à l'époque pliocène.

Sans doute, on peut objecter à notre hypothèse qu'il faudrait fournir une

preuve directe, qu'il faudrait montrer des moraines pliocènes. C'est là assurément une lacune, mais il nous est impossible de la combler. Il eût fallu,
pour tenter cette démonstration, explorer les montagnes du Bugey et de la
Savoie, et cette tâche eût exigé un temps considérable qui nous faisait défaut.
Nous nous sommes donc bornés à l'examen de la bordure de la Bresse; nous
n'y avons pas trouvé de moraines pliocènes; mais il faut tenir compte, d'une
part, de ce que ces dernières ont dû être démantelées, pour la plus grande
partie, peut-être même en totalité, à l'époque quaternaire; d'autre part, de ce
que les blocs erratiques rencontrés ne présentent aucun caractère permettant
de dire s'ils sont de l'époque pliocène ou de l'époque quaternaire.

Il y a là, en tous cas, une question intéressante qui comporte un nouvel
examen dans la région du Bugey et de la Savoie.

Disons seulement, à l'appui de notre hypothèse, que l'existence de glaciers pliocènes, en Auvergne, est de nature à la confirmer; on ne saurait
guère comprendre la présence, à cette époque, de glaciers dans le plateau
central, si les Alpes déjà soulevées ne portaient aussi à ce moment des glaciers
importants.

ORIGINE DES CAILLOUTIS VOSGIENS DES VALLÉES DU DOUBS ET DE LA LOUE.

Nous avons dit que les cailloutis de la vallée du Doubs et de la forêt de
Chaux étaient d'origine vosgienne; nous avons dit également que des petits
lambeaux de galets existaient dans la vallée du Doubs, près de Besançon;
ajoutons qu'on trouve à de hauts niveaux, aux environs de Montbéliard, de
vastes étendues recouvertes de cailloutis vosgiens très altérés.

Vu les différences d'altitudes, au-dessus des vallées, des alluvions vosgiennes observées, il faut, en outre, admettre qu'il y a eu des dépôts étagés
à plusieurs niveaux.

Il est remarquable de constater que, tandis que le Doubs charrie presque
exclusivement aujourd'hui des galets calcaires, il transportait surtout, à
l'époque pliocène, des galets vosgiens. Les affluents du Doubs venant des
Vosges avaient donc, à l'époque pliocène, une importance qu'ils n'ont plus
aujourd'hui; c'étaient eux qui fournissaient alors la presque totalité des alluvions que charriait le Doubs.

Ce qui est, en outre, fort singulier, c'est que la Loue elle-même a charrié
des galets vosgiens, à l'époque pliocène. La Loue n'a actuellement aucun

affluent provenant des Vosges; il faut donc admettre qu'elle a jadis été mise en communication avec le massif des Vosges, mais il est bien difficile de comprendre comment cette communication a pu s'établir, à moins d'admettre l'intervention de phénomènes exceptionnels.

En fait, il y a sur la lisière du Jura, depuis la vallée du Doubs, au nord, jusqu'au delà de Mouchard, au sud, des cailloutis vosgiens qui affectent la même allure que les cailloutis alpins qui apparaissent au sud de Treffort, et dont l'origine soulève des difficultés de même nature.

Nous avons admis que les galets alpins de la lisière Sud étaient dus à des glaciers pliocènes; les galets vosgiens de la lisière Nord proviendraient-ils de glaciers pliocènes vosgiens? Nous nous bornerons à énoncer cette hypothèse dont la démonstration exigerait, en dehors de la Bresse, de longues et minutieuses recherches qu'il nous eût été impossible de faire.

LIMITES DU PLIOCÈNE MOYEN ET DU PLIOCÈNE SUPÉRIEUR.

Nous croyons devoir, avant de clore ce chapitre, dire quelques mots de la limite que nous avons établie entre le Pliocène moyen et le Pliocène supérieur. Nous avons admis que le Pliocène moyen correspondait aux épais dépôts de cailloutis et de sables limités dans les vallées, tandis que nous rangeons dans le Pliocène supérieur toutes les alluvions pliocènes qui s'étendent en nappes peu épaisses sur les plateaux et sur les terrasses.

Si notre hypothèse de glaciers pliocènes est exacte, le *Pliocène moyen comprendrait la période de progression des glaciers,* tandis que le *Pliocène supérieur comprendrait la période de stationnement extrême et la période de retrait.*

Cette division entre les deux étages est, par suite, assez indécise; cependant elle se justifie assez bien par des arguments stratigraphiques et paléontologiques.

La terrasse des sables de Chagny est bien caractérisée par de nombreux ossements de mammifères rencontrés dans les tranchées de chemins de fer entre Meursault et Dijon, à Chagny, dans la tranchée du chemin de fer et celle du canal du Centre; enfin à Cheilly et à Saint-Germain-Mont-d'Or, dans les tranchées du chemin de fer, la présence fréquente de l'*Elephas meridionalis* et de l'*Equus Stenonis* montre que ces alluvions appartiennent au Pliocène supérieur.

Il est rationnel, au point de vue stratigraphique, de classer dans le même étage les alluvions des autres terrasses; ces dernières ne diffèrent de celles des sables de Chagny que par leur âge un peu plus ancien, et par leur plus grande altitude, tandis qu'elles diffèrent du Pliocène moyen qui a une manière d'être tout autre; ce dernier est localisé dans d'anciennes vallées, tandis que les cailloutis des terrasses recouvrent toute la région.

Ajoutons enfin qu'on a découvert jadis à Saint-Didier et au Mont-d'Or, dans des graviers situés à une altitude élevée (280 mètres), des ossements d'*Elephas meridionalis*. Cette découverte confirme la conclusion que nous avons admise.

On peut toutefois adresser à notre classification le reproche suivant, c'est que la limite entre le Pliocène moyen et le Pliocène supérieur est peu nette; nous le reconnaissons volontiers, mais nous n'avons pas trouvé le moyen de faire mieux. Deux choses seulement, en réalité, sont incontestables : c'est que, paléontologiquement, les sables de Trévoux appartiennent au Pliocène moyen, et que les alluvions contemporaines des sables de Chagny font partie du Pliocène supérieur. Les documents paléontologiques font presque complètement défaut pour les assises d'un âge intermédiaire. Dans cette situation, nous avons cru devoir établir la coupure en nous basant sur des considérations stratigraphiques qui avaient l'avantage de nous permettre de repérer plus facilement les divisions à figurer sur notre carte.

En revanche, nous sommes obligés, lorsque le Pliocène moyen et le Pliocène supérieur sont en contact, comme c'est le cas supposé dans la figure 42, d'admettre entre ces deux formations une limite qui ne serait guère apparente dans la vallée du Rhône, vu l'identité des cailloutis sur toute la hauteur de l'escarpement.

Nous pouvons dire enfin que l'indécision flotte dans des limites paléontologiques assez restreintes et qui ne sont nettes dans aucune autre région.

PALÉONTOLOGIE.

Les sables de la gare de Chagny et ceux qui recouvrent le plateau jurassique au sud de cette gare ont fourni aux recherches de Jourdan, une belle série d'ossements de Mammifères conservés au Muséum de Lyon. De plus, les travaux de construction de la ligne du chemin de fer, entre Dijon et Beaune, ont recoupé entre ces deux villes une série de cônes de déjection de torrents descendus de la Côte d'Or, à l'époque du Pliocène supérieur; ces formations qui ont été décrites en détail récemment par M. Parandier[1], ont livré aux recherches de ce géologue une série très importante d'ossements fossiles qui se trouvent dans les belles collections de l'École des mines de Paris, où M. le professeur Douvillé a bien voulu nous les communiquer. Nous comprendrons cet ensemble de documents qui se rapportent tous à la même époque sous le nom de *faune de Chagny*, en indiquant pour chaque espèce les localités précises.

Ursus (Helarctos) Arvernensis Cr. et Job. (pl. XI, fig. 5).

[Syn. : **Ursus minimus** Dev. et Bouill. — **Ursus minutus** Gervais.]

Ce petit Ours, du groupe des Ours arboricoles de l'Archipel malais (*U. malayanus*) et de la Cordillère de l'Amérique du Sud (*U. ornatus*), n'est représenté dans les sables de Chagny que par une unique carnassière inférieure, tout à fait identique à celle du type d'Auvergne et du Roussillon (Depéret, *Anim. plioc. du Roussillon*, pl. III, fig. 9-9²).

L'*Ursus Arvernensis* paraît avoir vécu en France pendant presque toute la période pliocène. Il existe dans la faune pliocène ancienne de Montpellier et de Perpignan et persiste dans celle du Pliocène supérieur de Perrier. On le trouve également en Angleterre, dans les *nodule-beds* de la base du Crag. L'espèce est remplacée en Italie (val d'Arno) par une espèce voisine, quoique distincte, l'*Ursus Etruscus*.

Gisements. — En Bresse, nous avons déjà signalé l'espèce dans les sables du Pliocène moyen à Trévoux; la carnassière que nous figurons provient de Chagny (Mus. Lyon).

Hyæna cf. Perrieri Cr. et Job. (pl. XI, fig. 4).

Nous ne connaissons du genre *Hyæna* qu'une moitié antérieure d'avant-dernière prémolaire d'en bas (*pm³*), qui, par l'épaisseur de son denticule principal, par l'absence de talon en avant, appartient d'une façon certaine au groupe de l'*H. crocuta*, dont l'*H. Perrieri*, du Pliocène supérieur de Perrier, représente le précurseur pliocène. Par ses dimensions et sa forme, cette dent s'accorde bien avec celle de l'*H. Perrieri* (Cr. et Jobert, *Oss. foss. Puy-de-Dôme*, Hyènes, pl. II, fig. 3), à laquelle nous l'attribuons provisoirement.

Gisement. — Chagny (Mus. Lyon).

[1] *Bull. Soc. géol.*, t. XIX, 1891, p. 794.

Machairodus crenatidens Fabrini (pl. XI, fig. 3-3ª).

Une canine supérieure, malheureusement privée de la plus grande partie de sa pointe, nous paraît appartenir à cette espèce du Pliocène du val d'Arno, décrite par M. Fabrini (*I. Machairodus del val d'Arno sup., Bollet. Comit. geol. Italia*, 1890, p. 26, pl. VI, fig. 3). On distingue aisément la canine du *M. crenatidens* de celle du *M. cultridens* Cuv., par sa forme plus aplatie en travers et plus large, et surtout par les crénelures élégantes qui ornent les bords tranchants antérieur et postérieur de la couronne. Le *M. latidens* Ow., du quaternaire ancien possède une canine encore plus comprimée et plus mince que celle du *M. crenatidens*.

Le type de cette espèce provient du Pliocène du val d'Arno; M. Boule en rapproche l'espèce du Pliocène supérieur du Puy (Sainzelle) nommée par Aymard *M. Sainzelli*.

Gisement. — Sables de Chagny (Mus. Lyon).

Castor Issiodorensis Croizet *in* coll. (pl. XI, fig. 6-8).

Les sables de Chagny ont fourni une demi-mandibule d'un Castor de grande taille (fig. 6), un peu plus fort qu'un Castor adulte actuel du Rhône; on y observe en place les trois premières molaires, qui diffèrent seulement de celles du *Castor fiber* par le bord postérieur de la couronne qui, au lieu d'être transverse, est dirigé obliquement en dehors et en avant; de plus, les trois sillons d'émail placés du côté interne de la couronne sont plus réguliers, plus rectilignes, moins sinueux et moins inégaux que dans le *C. fiber*.

Ces caractères différentiels, d'assez minime importance d'ailleurs, se retrouvent dans le Castor d'Issoire figuré par Gervais (*Zool. et paléontol. fr.*, pl. XLVIII, fig. 13-13ª), quoique l'obliquité du bord postérieur des molaires soit moins prononcée que dans la pièce de Chagny.

Nous avons fait figurer (fig. 7) une première molaire inférieure et (fig. 8) une portion d'incisive avec l'émail fortement coloré en jaune d'un sujet encore plus fort que le précédent.

Gisement. — Sables de Chagny (Mus. Lyon).

Mastodon Arvernensis Cr. et Job. (pl. XI, fig. 2), voir p. 191.

Nous avons donné plus haut des détails sur les caractères et la distribution géologique de ce Mastodonte caractéristique du Pliocène dans son ensemble;

il débute en Bresse dès le niveau de Condal (Niquedet, minerais de fer de la Haute-Bresse), passe dans l'horizon de Trévoux et est également très répandu dans le Pliocène supérieur de Chagny, où il est associé à l'*Elephas meridionalis*, comme au val d'Arno, dans l'Astésan et en Angleterre. Nous nous sommes bornés à figurer ici une dernière molaire supérieure de l'horizon de Chagny.

Gisements. — Tranchées de Chagny (fig. 2), de Comblanchien, de Perrigny, de Chorey-Jigny (École des mines); graviers ferrugineux de Saint-Didier et de Saint-Germain-au-Mont-d'Or; du fort Loyasse (Mus. Lyon).

Mastodon Borsoni Hays (voir *ante* p. 70).

Nous avons donné plus haut les caractères et la distribution de ce Mastodonte à molaires tapiroïdes, qui traverse l'ensemble du Pliocène de la Bresse; il apparaît, dès l'horizon de Mollon (tunnel de Collonges), devient commun dans la zone des minerais de fer de la Bresse septentrionale, et fait défaut ensuite dans l'horizon d'Auvillars et dans les sables de Trévoux; mais il reparaît dans l'horizon de Chagny, à Chagny même, d'où le docteur Loydreau en possède plusieurs molaires. Près de Lyon, on a trouvé une belle molaire de *M. Borsoni* (*Arch. Mus. Lyon*, t. II, pl. XVI *bis*), dans les graviers ferrugineux du Petit-Rosey, au sommet des sables de Rochecardon, graviers qui représentent les plus hauts niveaux du Pliocène supérieur.

Gisements. — Chagny (coll. Loydreau); vallon de Rochecardon, près Lyon (Mus. Lyon).

Elephas meridionalis Nesti (pl. XI, fig. 1).

Nous rencontrons à ce niveau, pour la première fois, en Bresse, une espèce du genre Éléphant; c'est le type à lamelles écartées, peu nombreuses, et formées d'un émail épais et solide, qui se rencontre partout en Europe, vers la fin du Pliocène, et à laquelle Nesti a donné le nom d'*Elephas meridionalis*. Les molaires de Chagny (fig. 1) ne présentent pas le maximum d'épaisseur d'émail et d'écartement que l'on peut observer ailleurs dans cette espèce, en Italie, par exemple, ou dans la Haute-Loire, mais sont néanmoins tout à fait typiques.

L'association que nous signalons ici de l'*E. meridionalis* avec les *Mastodon Arvernensis* et *Borsoni* dans l'horizon de Chagny a été parfois contestée en France, où cette association ne semble pas exister en Auvergne, ni dans le Midi. A Chagny, nous pensons qu'elle est tout à fait certaine; la présence de l'*Elephas meridionalis* est à peu près constante dans toutes les tranchées de la ligne de Dijon à Beaune, tranchées pratiquées dans des cônes de graviers torrentiels qui se relient stratigraphiquement d'une manière incontestable à la grande nappe de la terrasse Pliocène supérieure de la Bresse et dans lesquels toute subdivision est illusoire.

De plus, le Muséum de Lyon possède une molaire de cet Éléphant étiquetée de la main de Jourdan, comme provenant *de la partie inférieure de la tranchée de la gare de Chagny,* ce qui, à notre sens, tranche la question de la coexistence de l'*E. meridionalis* avec la faune de Chagny. En Italie d'ailleurs, cette coexistence de l'*E. meridionalis* et du *M. Arvernensis* est admise comme une règle par les géologues de ce pays, notamment au val d'Arno et dans les marnes du sommet de l'étage Astien, dans le bassin du Piémont (M. de Stefani, M. Sacco). On retrouve la même association dans le Crag fluvio-marin d'Angleterre.

Pour nous, cette association caractérise la faune pliocène que nous appelons *récente* ou *Pliocène supérieure,* par opposition à la faune pliocène ancienne ou *faune de Montpellier.*

Gisements. — Tranchées de la ligne de Dijon à Beaune (Chagny, Comblanchien (fig. 1); Perrigny, Choret-Jigny, Serrigny, Corgoloin) [École des mines Paris]; graviers de Cheilly (Mus. Lyon), Pommard (Faculté sciences Dijon); graviers ferrugineux de Saint-Didier-au-Mont-d'Or (Mus. Lyon), de Saint-Germain-au-Mont-d'Or (*id.*)

Tapirus Arvernensis Cr. et Job. (pl. XI, fig. 9), voir *ante* p. 138.

Nous avons déjà indiqué cette espèce en Bresse dans les minerais de fer du niveau Bressan moyen à Gray et dans les sables du Pliocène moyen à Montmerle. Nous retrouvons le même type dans les sables de la tranchée de Chagny, d'où provient le fragment de mâchoire avec les trois arrière-molaires (fig. 9) de l'École des mines de Paris; ces dents ont exactement les dimensions et la forme de celles du type de Perrier.

Gisement. — Sables de Chagny (École des mines).

Rhinoceros cf. Etruscus Falc. (pl. XII, fig. 6-7).

La détermination de cette espèce est quelque peu douteuse, parce que l'on n'a point trouvé à Chagny de pièce montrant la région nasale avec la demi-cloison internasale ossifiée qui distingue cette espèce du *R. leptorhinus,*

dont les narines ne sont point séparées par une cloison osseuse. Le seul caractère qui puisse nous servir est la dimension des molaires (fig. 6-7), plus
petites que dans le *Rhinoceros leptorhinus*, mais bien semblables pour les détails
de structure. Nous savons d'ailleurs que le *R. Etruscus* est abondant dans les
sables à Mastodontes du bassin du Puy (M. Boule), dont la faune a la plus
grande ressemblance avec celle de Chagny. Le type du *R. Etruscus* provient
du val d'Arno, et on le rencontre, en outre, dans le Pliocène supérieur de
Malaga, ainsi que dans le *Forest-bed* d'Angleterre (M. Lydekker). Cette espèce
semble donc remplacer le *R. leptorhinus* du Pliocène ancien, dans la faune du
Pliocène supérieur.

Gisement. — Tranchée de Chagny (fig. 6-7) [École des mines].

Equus Stenonis Cocchi (pl. XII, fig. 1-5), voir plus loin, p. 249.

Nous distinguerons dans le Cheval pliocène de Chagny deux races :

1° La *race type*, de petite taille, telle que nous la représentons dans les
figures 4 et 5 de la planche XIII. La première et la deuxième prémolaire
supérieure (fig. 4) montrent bien le caractère de l'espèce dans la forme
courte et triangulaire de la presqu'île interne d'émail; ce denticule est plus
allongé à la première qu'à la deuxième; dans l'*Equus caballus* quaternaire et
actuel, cet ilot d'émail s'allonge encore beaucoup plus et se comprime en
travers. L'émail de ces prémolaires est modérément plissé, moins que dans
la grande race. L'*E. Stenonis* de Chalon-Saint-Cosme (pl. XIV, fig. 1) ne diffère de la petite race de Chagny que par ses dimensions un peu plus fortes.

La première arrière-molaire inférieure (fig. 5) diffère de celle de l'*E. caballus* par les boucles du 8 formé par les denticules internes, qui sont plus
arrondies, moins comprimées en travers, moins déjetées en dehors à leurs
extrémités, et par ces caractères se rapprochent de la forme qu'elles ont dans
l'*Hipparion*.

2° Une grande race (race *major* Boule) que M. Boule a citée d'abord du
bassin du Puy, puis des sables de Chagny (*Bull. Soc. géol.*, 1891, t. XIX,
p. 801), comme une espèce distincte, mais qu'il est disposé aujourd'hui à
considérer comme une forte race de l'*E. Stenonis* sous le nom de race *major*,
sous lequel nous la désignons ici. Cette race diffère du type de l'*E. Stenonis*,
en dehors de la taille, par un plissement plus marqué de l'émail des molaires
supérieures (voir fig. 1) et par la forme encore plus courte et moins comprimée de la presqu'île interne.

30.

Nous avons fait figurer (fig. 1) la série des trois prémolaires et de la première arrière-molaire supérieure de cette race, où l'on voit, avec le plissement remarquable de l'émail, la forme courte et arrondie de la presqu'île interne à la première molaire, si on la compare à ce même denticule dans la petite race (fig. 4).

Une deuxième arrière-molaire inférieure (fig. 2) montre la forme arrondie et peu déjetée en dehors, des boucles de 8 formé par les denticules internes, caractère qui rappelle l'*Hipparion*.

Nous avons vu de cette même race un énorme métatarsien principal, mesurant 0 m. 32 de long, avec une largeur de 0 m. 065 en haut et de 0 m. 060 en bas; et une première phalange que nous figurons ici (fig. 3), pour donner une idée des fortes dimensions de ce Cheval pliocène.

Nous indiquons plus loin (p. 250) la distribution stratigraphique de l'*E. Stenonis*, qui caractérise la faune pliocène récente (Pliocène supérieur) dans son ensemble, et remplace l'*Hipparion* de la faune pliocène ancienne de Perpignan, de Montpellier et de la Bresse.

Gisement. — Petite race : tranchée de Perrigny (fig. 4 et 5), de Chorey-Jigny, de Serrigny (École des mines).

Race *major :* tranchée de Chagny (fig. 1-3), de Perrigny (École des mines).

Bos (Leptobos) elatus Croiz. et Job (pl. XIII, fig. 3 et 4).
[Syn. **Bos Etruscus** Falc.]

Nous avons décrit en 1884 (*Bull. Soc. géol.*, 1884, t. XII, p. 274) les caractères de ce Bovidé pliocène. Nous n'avons observé dans l'horizon de Chagny que deux arrière-molaires supérieures (fig. 3 et 4) où l'on retrouve tous les caractères du *Bos elatus* d'Auvergne, savoir : la présence d'un collet à la jonction de la racine et de la couronne (fig. 3); le développement faible, en proportion de ce qui existe dans les véritables *Bos*, du pilier médian de chacun des deux lobes sur la muraille externe, ce qui rapproche la dentition du *Bos elatus* de celle des Antilopidés; enfin la présence d'un petit denticule supplémentaire vers le milieu de la muraille externe (fig. 3), denticule qui est, il est vrai, assez inconstant, quoique fréquent, dans le *Bos elatus* de Perrier.

Le *Bos elatus* caractérise essentiellement la faune pliocène récente (Pliocène supérieur) en Auvergne (Perrier), dans le Velay et en Italie (val d'Arno); il manque dans la faune pliocène ancienne de Perpignan et de Montpellier.

Gisement. — Tranchée de Comblanchien (École des mines).

Gazella **Burgundina** n. sp. (pl. XIII, fig. 1 et 2).

La tranchée de Chagny a fourni deux magnifiques chevilles osseuses de cornes d'une Gazelle qui diffèrent de celles de *Gazella deperdita* de Leberon par leur forme aplatie latéralement au lieu d'être ronde, et de celles de *G. borbonica* du Pliocène de Bourbon et de Perrier (*Bull. Soc. géol.*, 1884, p. 251, pl. VIII, fig. 1) par leur taille plus faible et la présence de cannelures profondes sur la face antérieure. Nous pensons que l'espèce de Chagny est peut-être la même que celle qui a été trouvée par M. Munier-Chalmas dans les couches supérieures de la montagne de Perrier (coll. Sorbonne), mais qui n'a pas été décrite.

La *G. Anglica* Newton, du Crag de Norwich (*Vertebrate of plioc. deposits of Britain*, pl. III, fig. 6 et 6ᵃ), en est très voisine par la forme aplatie de ses chevilles, mais ne montre pas les larges et profondes cannelures de la face antérieure.

Gisement. — Tranchée de Chagny, fig. 1 et 2 (École des mines).

Cervus **(Axis) Pardinensis** Cr. et Job. (pl. XIII, fig. 5-7).

L'École des mines possède un magnifique bois (fig. 5 et 6), brisé en deux parties qui se raccordent à peu près, de ce Cerf de Perrier, dont le bois se reconnaît aisément : à sa forme générale droite, avec une très faible courbure entre les deux andouillers; à son andouiller basilaire assez élevé au-dessus de la meule, formant un angle aigu avec la branche principale; à son deuxième andouiller placé en avant et formant aussi avec la terminaison de la maîtresse branche un angle peu ouvert; à ses cannelures profondes et régulières. Il suffira de comparer ce bois à celui du type de la montagne de Perrier que nous avons figuré en 1884 (*Bull. Soc. géol.*, t. XII, p. 262, pl. VI, fig. 3 et 4) pour se convaincre de leur identité. Le Muséum de Lyon possède de Chagny une base de bois de la même espèce (fig. 7), montrant la présence d'un pédicule osseux d'insertion assez allongé.

Le type du *Cervus Pardinensis* provient de Perrier; M. Boule le cite dans les sables à Mastodontes du Puy et dans la faune de Sainzelle (Haute-Loire).

Gisement. — Tranchée de Chagny (École des mines; Mus. Lyon).

Cervus **(Axis) Etuerarium** Cr. et Job. (pl. XIII, fig. 8).

Le Muséum de Lyon possède de ce Cerf de Perrier un beau bois presque entier présentant bien les caractères de l'espèce, tels que nous les avons indiqués en 1884 (*Bulletin Soc. géol.*, t. XII, p. 265, pl. VI, fig. 5) : un andouiller inférieur presque basilaire, naissant à angle presque droit sur la perche et légèrement incurvé; un bois notablement incurvé; un 2ᵉ andouiller placé en avant et formant un angle très ouvert avec la branche principale; une perche ronde presque lisse, sauf quelques cannelures vers la base. Le bois de Chagny est un peu plus petit que celui de l'espèce d'Auvergne.

Le type de l'espèce provient de la montagne de Perrier; M. Boule le cite avec un point de doute des sables à Mastodontes du Puy; M. F. Major l'indique au val d'Arno, et M. Newton dans le *Forest-bed* de Cromer.

Gisement. — Sables de Chagny (Mus. Lyon).

Cervus (Axis) cf. Perrieri Cr. et Job. (pl. XIII, fig. 9).

Cette détermination provisoire repose sur une base de bois montrant la trace de la bifurcation du 1ᵉʳ andouiller, qui est brisé. La hauteur de la bifurcation, la forme arrondie de la base du bois, les cannelures larges et régulières de la surface sont des caractères du *C. Perrieri* (*Bull. Soc. géol.*, t. XII, p. 268, pl. VI, fig. 7).

Le type de l'espèce provient de Perrier; M. de Stefani le cite au val d'Arno.

Gisement. — Sables de Chagny (Mus. Lyon).

Cervus (Capreolus) cusanus Cr. et Job. (pl. XIII, fig. 10).
[Syn. C. Buladensis Depéret.]

Nous pensons pouvoir attribuer à ce petit Chevreuil pliocène de Perrier une base de bois légèrement aplati, cannelé, avec la trace d'une bifurcation d'andouiller à 0 m. 10 au-dessus de la meule, qui est fortement aplatie en ce point. Ce bois se rapproche beaucoup de celui que nous avons décrit en 1884 (*Bull. Soc. géol.*, t. XII, pl. VII, fig. 4) sous le nom de *Cervus Buladensis*, forme que nous sommes aujourd'hui disposé à regarder comme le jeune de *C. cusanus* (*ibid.*, pl. VII, fig. 1 et 2); ce serait le second bois (succédant à la forme *daguet* sans andouiller) caractérisé par sa gracilité générale et la position élevée de l'andouiller qui est encore unique et peu développé. Des modifications analogues du bois s'observent chez le Chevreuil actuel.

L'École des mines possède encore plusieurs bases de bois montrant un long pédicule osseux et ressemblant tout à fait au *Cervus cusanus* d'Auvergne.

Le type du *C. cusanus* provient de la montagne de Perrier; M. Boule le cite dans les sables à Mastodontes du bassin du Puy.

Gisement. — Tranchée de Chagny (fig. 10); tranchée de Perrigny (École des mines).

Cervus (Polycladus?) Douvillei n. sp. (pl. XIII, fig. 11).

Nous décrirons sous ce nom un peu provisoire des fragments malheureusement incomplets du bois d'un grand Cervidé qui diffère certainement de toutes les nombreuses espèces pliocènes de France, d'Angleterre, d'Italie. La base du bois (fig. 12) a une section ronde et une forme légèrement incurvée; il n'existe sur toute la longueur de ce fragment, qui mesure o m. 21 au-dessus de la meule, aucune trace de bifurcation d'andouiller; la surface est ornée de cannelures peu profondes, assez régulières.

Un second fragment appartient à une partie plus élevée du bois; il est fortement incurvé et présente vers le haut un aplatissement notable, indiquant la base d'une empaumure; les cannelures sont larges et régulières.

Aucun autre grand Cervidé pliocène ne porte des bois dépourvus d'andouiller sur une aussi grande hauteur. Le seul rapprochement possible est avec le *C. ardeus* Cr. (*Bull. Soc. géol.*, 1884, t. XII, pl. V, fig. 1), qui ressemble au *C. Douvillei* par son bois rond à la base, cannelé, par sa dilatation en empaumure vers le haut, par sa grande taille, mais dont l'andouiller basilaire naît à o m. 14 au-dessus de la meule. C'est un groupe de Cervidés tout à fait spécial, qui n'a plus de représentants actuels.

Gisement. — Tranchée de Chagny (fig. 11); tranchée de Perrigny (École des mines).

ÂGE ET RELATIONS PALÉONTOLOGIQUES DE L'HORIZON DE CHAGNY.

La faune de Mammifères de l'horizon de Chagny, comparée à celle du Pliocène lacustre Bressan et à celle des sables de Trévoux (qui sont à peu de chose près semblables, ainsi qu'on l'a établi plus haut), se distingue par un faciès d'ensemble nettement plus jeune. Ce fait résulte de l'apparition du genre Cheval (*Equus Stenonis*), remplaçant l'*Hipparion* du niveau lacustre moyen; de l'apparition du genre Éléphant (*Elephas meridionalis*), coexistant, il est vrai, dans le niveau de Chagny avec les *Mastodon Arvernensis* et *Borsoni* du Pliocène ancien; de l'évolution des Cervidés, qui deviennent nombreux en espèces (sous-genres *Axis, Capreolus, Polycladus*) et prennent des bois plus compliqués que dans le Pliocène ancien; de l'apparition des Bovidés (*Bos elatus*), qui manquent au Pliocène inférieur et moyen; enfin du caractère négatif tiré de la disparition des grandes Antilopes du groupe *Palæoryx*. De cet ensemble frappant de preuves, nous pouvons conclure que la faune de Chagny est nettement plus jeune que la faune du Pliocène moyen de Perpignan, de Montpellier et de Trévoux.

Une comparaison avec la *faune de Perrier*, en Auvergne, et avec celle des sables à Mastodontes du bassin du Puy, montre au contraire les plus complètes analogies; les Ruminants, en particulier, dont l'évolution donne des points de repère stratigraphiques de premier ordre dans les faunes tertiaires, sont, à Chagny, au même degré de complication des bois dans la famille des Cervidés et appartiennent même à des espèces identiques à celles de Perrier, comme *Cervus Pardinensis, Etuerarium, Perrieri, cusanus*. Notons encore comme point de rapprochement important l'apparition en Auvergne et à Chagny de la famille des Bovidés, sous la forme d'un type très spécial, à dentition voisine de celle des Antilopes, le *Bos elatus*; la présence de l'*Equus Stenonis* et d'un *Castor* extrêmement voisin du *C. fiber* actuel. La seule différence importante entre la faune de Chagny et celle de Perrier est l'absence, en Auvergne, de l'*Elephas meridionalis*, soit que cette espèce y ait jusqu'ici échappé aux recherches, soit qu'elle manque localement. Mais l'ensemble de la faune ne laisse aucun doute sur le parallélisme précis de ces deux stations et sur leur attribution commune au *Pliocène supérieur*.

Nous avons d'ailleurs une confirmation complète du parallélisme que nous indiquons en comparant la faune de Chagny avec celle du val d'Arno, où nous retrouvons le *Machairodus crenatidens*, l'*Equus Stenonis*, le *Bos elatus* (*Etruscus*), les *Cervus Perrieri* et *Etuerarium*, avec les *Mastodon Borsoni, Arvernensis*, associés dans ce gisement et dans beaucoup d'autres de l'Italie (Astésan) avec l'*Elephas meridionalis*, comme à Chagny.

Nous sommes ainsi amenés à la conclusion que les faunes de Chagny, de Perrier, des sables à Mastodontes du Puy, du val d'Arno sont à bien peu de chose près synchroniques et représentent une *faune pliocène récente* (Pliocène supérieur), par opposition à la *faune pliocène ancienne* de Perpignan, de Montpellier, de la Bresse (Pliocène inférieur et moyen). Nous reviendrons sur ces parallélismes généraux dans le résumé et le tableau d'ensemble qui terminent ce Mémoire.

B. Marnes et sables de Chalon-Saint-Cosme.

STRATIGRAPHIE.

CONSIDÉRATIONS GÉNÉRALES.

Après le dépôt des alluvions de l'âge des sables de Chagny, il y eut une interruption dans les phénomènes de sédimentation; il s'opéra un creusement des vallées; celle de la Saône fut approfondie d'au moins 40 ou 50 mètres, puis dans cette dépression se déposèrent les assises que nous avons désignées sous le nom de *marnes et sables de Saint-Cosme;* c'est, en effet, dans ce faubourg de Chalon qu'il est le plus commode d'étudier cette formation, par suite de l'existence de diverses carrières.

GÎTES DE SAINT-COSME.

Nous donnons ci-après la coupe des terrains, résultant tant des carrières de marnes pour tuileries, que des sondages destinés à trouver de l'eau.

Limon jaune...	2ᵐ 40
Sable fin, avec quelques graviers à la base, renfermant parfois des ossements...............................	2 50
Marne bien litée, en minces feuillets, présentant des couleurs variées (bleue, verte, rouge), exploitée pour tuileries.	5 00
Sable fin, argileux................................	12 00
Gros graviers (niveau d'eau).......................	?

Les épaisseurs des assises varient, suivant les points où on les observe; aussi la coupe ci-dessus ne doit être considérée que comme représentant une moyenne.

Les sables supérieurs renferment parfois de nombreuses coquilles; leur base contient quelques graviers; c'est dans cette zone graveleuse qu'on a pu recueillir un certain nombre d'ossements. Les marnes sont peu fossilifères, les coquilles y sont rares; on n'y a trouvé jusqu'à présent que peu de débris de mammifères : fragment de bois de *Cervus megaceros* (carrière Adenot); phalange de *Trogontherium.*

Les sables inférieurs ne sont connus que par les forages destinés à rechercher de l'eau.

31

Cet ensemble forme un plateau très régulier, ayant l'altitude de 190 à
195 mètres, et venant buter nettement contre les collines de la terrasse des
sables de Chagny. Cette terrasse a été ravinée, et c'est dans la dépression
créée que se sont déposés les terrains de Saint-Cosme, qui forment eux-
mêmes une terrasse élevée de 25 mètres environ au-dessus du lit actuel de
la Saône.

RAVINEMENT DES ASSISES ANTÉRIEURES PAR LES MARNES ET SABLES DE SAINT-COSME.

La preuve du ravinement et de la discordance de l'étage de Saint-Cosme
avec les assises que nous avons étudiées précédemment résulte d'ailleurs de
la dissemblance entre les coupes de deux sondages placés à peu de distance
l'un de l'autre. L'un était situé sur la terrasse de 205 à 210 mètres, au hameau de Theizé, à 1 kilomètre au sud-ouest de Saint-Cosme, tandis que
l'autre avait été foré à Saint-Cosme, sur la terrasse de 190 à 195 mètres.

Les coupes ci-jointes montrent les formations rencontrées par ces deux
ouvrages :

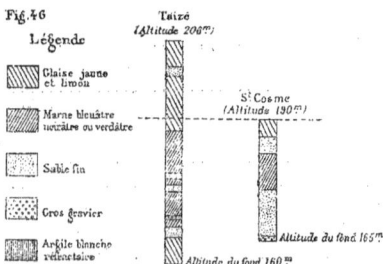

Ces coupes montrent qu'il y a dissemblance complète entre les assises
rencontrées par les deux sondages, et que les marnes de Saint-Cosme ne se
relient nullement avec les marnes du Pliocène inférieur.

Mentionnons encore, à l'appui de cette conclusion, les considérations suivantes :

Les marnes de Saint-Cosme n'ont jamais fourni de *Paludines* ni de *Pyrgy-
dium*, fossiles si fréquents dans les sables de la Bresse; on n'y rencontre guère,
en fait de mollusques, que la *Valvata inflata* et la *Bithynia tentaculata*. Comme

mammifères, on a trouvé un bois de Cerf, qui a été reconnu par M. Depéret pour appartenir au *Cervus megaceros* [1], et un os du grand Castor (*Trogontherium*), de Saint-Prest. Cette dernière découverte, bien qu'unique jusqu'à présent, suffit cependant pour séparer nettement les marnes de Saint-Cosme de celles du Pliocène inférieur.

On peut dire encore que les *marnes de Saint-Cosme* ont un aspect différent de celui des *marnes bressanes à Paludines;* elles sont beaucoup plus feuilletées; en outre, elles ne sont pas recouvertes par des graviers grossiers et profondément altérés, comme ceux qui, aux environs de Chalon, surmontent les marnes du Pliocène inférieur.

Enfin, ajoutons que la terrasse de 190 à 195 mètres suit régulièrement, d'une façon presque continue, le lit de la Saône, entre Saint-Jean-de-Losne et Villefranche, en conservant à peu près la même altitude, et que sur tout ce parcours, elle bute nettement contre une terrasse plus haute, recouverte par les graviers et sables de Chagny.

Cette terrasse de Saint-Cosme est d'ailleurs beaucoup moins découpée par l'effet des érosions que la terrasse des sables de Chagny, circonstance tendant encore à lui attribuer un âge plus récent.

Les considérations que nous venons de développer établissent que la disposition des marnes et sables de Saint-Cosme, par rapport aux autres terrains Bressans, peut être représentée par le croquis schématique suivant, dans lequel il est fait abstraction des terrains plus récents que les assises de Saint-Cosme.

Nous ignorons quelle est exactement la profondeur du ravinement; il nous paraît cependant probable que les graviers *a*, rencontrés au fond des sondages, constituent la base de la formation. Si on admet cette hypothèse, si on admet en outre que l'épaisseur des graviers aquifères ne dépasse pas 3 ou 4 mètres, on voit que la puissance totale de la formation, à Chalon, serait d'environ 25 mètres.

L'amplitude du ravinement dans la terrasse des sables de Chagny serait d'au moins 45 mètres, et le thalweg de la vallée creusée ne dépasserait guère la cote de 165 mètres, soit 5 mètres seulement au-dessous de l'étiage de la Saône à Chalon.

[1] Un premier examen avait porté M. Depéret à attribuer ce débris au *Cervus Perrieri.* C'est donc cette espèce que nous avions citée dans notre mémoire sur les marnes de Saint-Cosme (*Bulletin des services de la carte géologique de la France*, t. II, n° 12).

Nous avions été jadis conduit, par des arguments paléontologiques, à séparer les sables *d* du reste de la formation; nous les avions considérés comme

Fig. 47

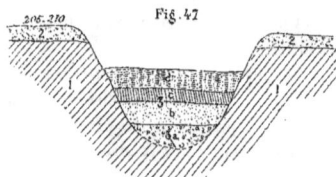

1. Marnes du Pliocène inférieur. — 2. Sables et graviers contemporains des sables de Chagny. — 3. Marnes et sables de Saint-Cosme, comprenant : *a*, graviers; *b*, sables fins; *c*, marnes; *d*, sables et limons subordonnés. Cette dernière assise est parfois très réduite, les sables font alors défaut, le limon seul existe.

sensiblement plus jeunes et comme ravinant les marnes *c* [1]. Or le ravinement existe assurément, mais il est peu accentué et il ne dépasse pas l'amplitude qu'on doit s'attendre à rencontrer, lorsqu'une formation sableuse succède à une formation argileuse ou marneuse; la surface de contact des deux formations est naturellement ondulée. En outre, l'étude paléontologique faite par M. Depéret ayant établi que ces sables renferment des mammifères du Pliocène le plus supérieur, il nous paraît convenable de rattacher les sables *d* au reste de la formation; le tout constituerait l'ensemble que nous avons désigné sous le nom de *marnes et sables de Saint-Cosme*.

AUTRES GÎTES DE LA VALLÉE DE LA SAÔNE.

Nous avons dit ci-dessus que les marnes et sables de Saint-Cosme se poursuivaient d'une manière à peu près continue entre Saint-Jean-de-Losne et Villefranche, en formant une terrasse d'une altitude moyenne de 25 mètres au-dessus du niveau actuel de la Saône. Cette formation acquiert son grand développement, surtout dans la région de Seurre et de Saint-Jean-de-Losne, au voisinage du confluent de la Saône et du Doubs. Cette dernière circonstance n'a rien que de naturel, la vallée creusée avant le dépôt des assises de Saint-Cosme devait être plus large là où les cours d'eau avaient une tendance à se déplacer, comme cela a lieu au confluent de deux grandes rivières.

[1] *Bulletin des services de la carte géologique*, t. II, n° 12.

Au nord-ouest de Saint-Jean-de-Losne, dans la large vallée de l'Ouche et de la Tille, existent deux plateaux assez étendus, qui nous ont paru devoir être également rattachés à la formation de Saint-Cosme. Ils contiennent, en effet, des assises de marnes (Tart-l'Abbaye); ils sont peu découpés et forment une terrasse intermédiaire entre celle des sables de Chagny et celle des alluvions quaternaires des vallées.

En dehors de cette grande zone s'étendant de Saint-Jean-de-Losne à Villefranche, on retrouve encore des affleurements des marnes de Saint-Cosme, mais ils sont discontinus.

Au nord de Gray existent, à Coreux, Voreux, Savoyeux, des argiles rouges qui sont exploitées pour tuileries et qui nous paraissent devoir être rattachées aux terrains de Saint-Cosme; elles constituent, en effet, des plateaux situés à l'altitude d'environ 200 mètres, et venant buter contre d'autres plateaux plus élevés, recouverts de sables et graviers, de l'âge des sables de Chagny.

Au sud de Villefranche, on retrouve à Parcieux, Genay, Neuville, des marnes identiques comme aspect à celles de Saint-Cosme et qu'on ne saurait en séparer; elles s'élèvent dans cette région à une altitude d'au moins 200 mètres et sont recouvertes par des cailloutis alpins.

Les marnes de Neuville ont été recoupées en tranchée par le chemin de fer P.-L.-M. et par le chemin de fer de Trévoux à Lyon. La tranchée du P.-L.-M., au hameau de Villevert, était importante et M. Falsan y a relevé la coupe suivante [1] :

Marnes sableuses, jaunâtres ou grisâtres.	2^{m}20
Sable ferrugineux, fin.	0 50
Argile sableuse, jaunâtre.	3 00
Argile grise, très plastique, en minces feuillets; lits sableux très micacés.	10 00
Sable ferrugineux avec chailles jurassiques.	0 10
Argile semblable à celle ci-dessus.	10 70

L'altitude de la gare de Neuville étant de 175 mètres, les marnes s'élèveraient à la cote de 201 m. 50. Elles auraient, en outre, une épaisseur de beaucoup supérieure à celle constatée à Saint-Cosme. On a observé les mêmes faits dans la tranchée du chemin de fer de Trévoux à Lyon.

---

[1] *Monographie géologique du Mont d'Or lyonnais*, par MM. Falsan et Locard, p. 343.

De ces constatations il est permis, pensons-nous, de conclure que la formation de Saint-Cosme a eu jadis, entre Saint-Jean-de-Losne et Villefranche, une puissance supérieure à celle constatée aujourd'hui, qu'elle a atteint une altitude dépassant un peu 200 mètres, et qu'elle a été démantelée ultérieurement par l'effet des agents atmosphériques.

Au sud de Villefranche, cette formation a été, comme nous le dirons plus loin, recouverte par des cailloutis; elle a été ainsi protégée contre les ablations, et sa surface s'élève plus haut que dans la zone d'amont.

Cette explication nous paraît d'autant plus plausible qu'on constate que le niveau superficiel de la formation de Saint-Cosme se relève brusquement au sud de Villefranche, dès qu'on arrive à Parcieux, et que c'est précisément en ce point que commence le recouvrement par des cailloutis.

VALLÉE DU RHÔNE.

Dans la vallée du Rhône, les alluvions contemporaines de celles de Saint-Cosme sont fort mal définies. Cette vallée a dû évidemment se creuser, comme celle de la Saône, après le dépôt des sables de Chagny; mais on n'y trouve pas de remplissage marneux, comme celui de Saint-Cosme et de Neuville; on n'y observe que des cailloutis qui constituent toute la berge du Rhône, ainsi qu'il est facile de le constater, par exemple, à Jons.

Ces graviers se relient, sans discontinuité et sans changement d'aspect, à ceux dont nous parlerons dans le paragraphe suivant. Ils paraissent former avec eux un ensemble peu susceptible d'être divisé. On constate simplement que la partie inférieure des cailloutis renferme, sur certains points, des lentilles argileuses qui font généralement défaut dans la partie supérieure.

Ainsi, à Décines, on aperçoit, dans une gravière située sur les bords de la vallée du Rhône, une couche d'argile ou de marne grise de 5 à 6 mètres d'épaisseur, intercalée au milieu des graviers. La cote d'altitude de la partie supérieure de cette couche est d'environ 190 mètres.

De même le tunnel de Collonges à Lyon-Saint-Clair (voir fig. 30) montre sur le versant du Rhône, entre les cotes 175 et 205 mètres, un assez grand développement de sables fins renfermant, surtout à leur partie inférieure, des lentilles argileuses; ces sables sont surmontés de graviers avec poudingues.

Au point de vue stratigraphique, la seule différence résulte, comme nous l'établirons dans le paragraphe suivant, de ce que les alluvions inférieures ont été déposées lorsque les glaciers étaient encore à une assez grande distance, tandis que les cailloutis supérieurs ont été déposés par des torrents qui s'écoulaient de glaciers situés à peu de distance. C'est cette différence d'origine qui a provoqué la dissemblance constatée dans la grosseur des éléments.

Il nous paraît logique d'admettre que ces alluvions à éléments un peu plus fins déposées par le Rhône, lorsque les glaciers n'avaient pas encore envahi la région, sont contemporaines des marnes de Saint-Cosme. Si leur composition est dissemblable, cela tient tout simplement à ce que leur origine est différente.

La présence, avant l'arrivée des glaciers dans la région, d'un ancien lit du Rhône, à l'altitude d'environ 205 mètres, résulte assez bien d'ailleurs des cotes qu'on est conduit à attribuer aux plateaux d'alluvions de Décines, de Jonage, de Bron, de Feyzin, en supposant enlevée la couverture des terrains glaciaires.

Nous verrons, dans le paragraphe suivant, que le lit du Rhône paraît avoir peu varié et s'être maintenu à cette altitude de 205 mètres environ, alors que les glaciers avaient envahi la région.

Nous avons vu, dans le paragraphe précédent, que la terrasse de Saint-Cosme atteignait également à Neuville l'altitude de 200 à 205 mètres. Il y aurait donc analogie complète, au point de vue stratigraphique, entre les alluvions de la vallée de la Saône et celles de la vallée du Rhône.

Nous verrons plus loin que la formation de Saint-Cosme doit être classée dans le Pliocène le plus supérieur; c'est donc au même niveau qu'il faut ranger les alluvions précitées de la vallée du Rhône. Mais si dans la vallée de la Saône, à Parcieux, à Neuville, il est très facile de distinguer la formation marneuse pliocène des cailloutis quaternaires qui la surmontent, dans la vallée du Rhône, il est au contraire impossible, au point de vue pratique, de séparer les cailloutis inférieurs pliocènes de ceux plus récents qui les recouvrent; nous avons donc dû, sur notre carte, les grouper avec ces derniers en désignant l'ensemble par l'indice a^{1a}, P^{1b}.

ÀGE DES MARNES ET SABLES DE SAINT-COSME.

Il serait, pensons-nous, plus rationnel en se basant sur les considérations stratigraphiques, de faire commencer le Quaternaire avec la formation de Saint-Cosme.

Ce dépôt a été précédé d'un ravinement important qui permettrait de clore la période pliocène.

Ce ravinement avait dû coïncider, en effet, avec le recul dans les Alpes des glaciers pliocènes.

La terrasse de Saint-Cosme occupe les vallées actuelles, dont elle suit assez fidèlement les contours; enfin nous avons dit déjà qu'elle s'était formée lorsque les glaciers avaient repris leur marche en avant.

Nous verrons, dans le chapitre suivant, que nous classons comme quaternaires les moraines formées par les glaciers et les alluvions déposées par leurs torrents lorsque ces glaciers occupaient la région Lyonnaise; il serait donc assez logique de considérer également comme quaternaires les alluvions du Rhône correspondant à la période de progression des glaciers dans la Savoie et dans le Bugey.

Mais nous avons cru devoir nous incliner devant les arguments paléontologiques tirés principalement de la présence de l'*Equus Stenonis* dans les assises de Saint-Cosme et, conformément à ce qui est généralement admis, rapporter ces assises au Pliocène le plus supérieur.

PALÉONTOLOGIE.

Mammifères.

Equus Stenonis Cocchi (pl. XIV, fig. 1-2).

Syn.: *Equus Stenonis* Coc. L'*Uomo foss. nell' Italia Centrale* (*Mém. Soc. It. Sc. Nat.*, t. II, 1867, n° 7, p. 18). — *Id.* Forsyth Major. *Beiträge zur Geschichte d. foss. Pferde* (*Mém. Soc. paléont. suisse*, 1877, t. IV.
   Equus fossilis Rutimeyer. *Weitere Beiträge z. Beurtheilung d. Pferde d. Quatern. Epoche* (*Mém. Soc. pal. Suisse*, 1875, t. II, pl. II, fig. 5).

Le Cheval paraît être l'animal le plus commun dans la formation de Chalon-Saint-Cosme : la collection de M. de Montessus, à Chalon, renferme en effet divers débris de ce genre, recueillis dans les exploitations de Saint-Cosme aussi bien que dans celles de Saint-Jean-des-Vignes; ces débris consistent en un humérus presque entier, un beau métacarpien, un os iliaque, enfin une seule molaire supérieure isolée.

Cette dent (pl. XIV, fig. 1) est de beaucoup la pièce la plus intéressante : c'est une première arrière-molaire supérieure du côté droit, dans un état moyen d'usure. Par la surface de sa couronne de forme à peu près carrée, par son émail à peine plissé vers le côté interne des deux ilots médians, enfin et surtout par la forme triangulaire, peu allongée, du denticule ou presqu'ile interne, cette molaire est tout à fait semblable à celles de certains sujets de l'*Equus Stenonis* de Dusino, près Asti, et du val d'Arno figurés par M. Rutimeyer (*loc. cit.*, pl. II, fig. 5, m^1) et par M. F. Major (*loc. cit.*, pl. I, fig. 2). D'autres sujets d'Italie possèdent, il est vrai, un denticule interne plus arrondi, moins triangulaire; mais cette différence paraît devoir être mise sur le compte du degré d'usure de la couronne, moins avancé dans ces derniers sujets. La molaire de Saint-Cosme ressemble aussi aux molaires de l'*E. Stenonis* de Chagny, sans atteindre les énormes dimensions de la grande race de cette localité.

M. F. Major a décrit sous le nom d'*Equus quaggoïdes* (*loc. cit.*, p. 117, pl. II, fig. 1, 2, 18, 20-22) une deuxième espèce de Cheval du Pliocène supérieur du val d'Arno et du Quaternaire ancien du val de Chiana. Ce type, intermédiaire entre l'*Equus Stenonis* et l'*Equus caballus*, se distingue facilement du Cheval de Chalon-Saint-Cosme par sa première arrière-molaire de forme sensiblement allongée d'avant en arrière, au lieu d'être carrée, et par son denticule interne plus prolongé, en avant et en arrière, se rapprochant davantage du type du Cheval actuel.

Enfin R. Owen (*Rep. Brit. Assoc.*, 1843, p. 231) a fait connaître sous le nom d'*Equus plicidens* des molaires caractérisées par le plissement remarquable de l'émail; l'espèce existe à la fois dans le Pliocène supérieur ou *Forestbed* et dans la faune quaternaire ancienne de la caverne de Kent. M. Lydekker (*Cat. Brit. Mus.*, part. III, p. 73) a rattaché ce type, malgré le plissement prononcé de l'émail, à l'*Equus caballus*.

Le métacarpien du Cheval de Saint-Cosme (pl. XIV, fig. 2-2*) indique, comme la molaire précédente, un animal de petite taille, un peu inférieure même à la petite race d'*Equus caballus* de Solutré, et atteignant à peu près les dimensions d'un âne ordinaire.

Cet os présente d'ailleurs la plupart des caractères indiqués par M. F. Major (*loc. cit.*, p. 92) pour distinguer l'*Equus Stenonis* du Cheval actuel. Ainsi le corps de l'os dans sa partie inférieure, au-dessus de la tête articulaire, est plus dilaté en travers que dans l'*E. caballus*, caractère qui rappelle de loin l'*Anchitherium*.

La surface articulaire proximale ne montre en arrière qu'une toute petite

IMPRIMERIE NATIONALE.

facette pour l'articulation du trapézoïde. Dans l'*Equus Stenonis*, cette facette manque souvent, ou bien elle est très réduite, comme dans l'os de Saint-Cosme; au contraire, elle fait rarement défaut dans les types de Chevaux actuels, et elle y est en général beaucoup plus développée que dans le métacarpien de Saint-Cosme. Il est vrai de dire que dans la race ancienne de Solutré, la facette trapézoïdale est en général aussi assez réduite.

Enfin le sillon ligamentaire transverse qui sépare en deux parties la facette d'articulation de l'unciforme est beaucoup moins large que chez l'*E. caballus* et s'étend à peine sur la surface articulaire du grand os, tandis qu'elle entame la moitié de cette facette dans le Cheval actuel. Dans le type de Saint-Cosme, cette rainure ligamentaire est à peu près comme dans l'*E. Stenonis* d'Italie. Dans le Cheval ancien de Solutré, cette gouttière est déjà un peu plus large et échancre un peu plus profondément la facette du grand os.

Les autres os du Cheval de Saint-Cosme n'offrent aucune particularité notable.

Distribution. — Au point de vue stratigraphique, l'*Equus Stenonis* est un type essentiellement *Pliocène supérieur,* et il existe aussi bien dans l'*horizon de Perrier* (Perrier, le Coupet, Chagny, val d'Arno) que dans l'*horizon plus récent du Forest-bed de Cromer* (*Forest-bed,* Saint-Prest) ou zone à *Elephas meridionalis* sans Mastodontes. Nous ne connaissons aucun gisement franchement quaternaire de l'*E. Stenonis.*

Elephas, sp.

L'existence d'un Proboscidien du genre *Elephas* dans la faune de Saint-Cosme est indiquée par une portion d'atlas provenant de Chalon-Saint-Cosme, ainsi que par divers débris de gros ossements et un fragment de côte trouvés dans les tuileries de Saint-Jean-des-Vignes (coll. Montessus). Il serait fort à désirer que la découverte d'une molaire d'*Elephas* permît une détermination précise, qui serait d'un grand intérêt stratigraphique.

Cervus megaceros Hart. (pl. XIV, fig. 3).

SYN.: *Alces. gigantea* Blumemb. — *Cervus hibernus* Desm. — *Megaceros hibernicus* Ow. — *Cervus giganteus* Blum, *in* Lydekker, *Cat. foss. Mamm.,* part. II, p. 82.

Les tuileries de l'horizon de Chalon-Saint-Cosme ont fourni à Saint-Cosme et à Saint-Jean-des-Vignes divers ossements de ce grand Cervidé (coll. Montessus, à Chalon), notamment deux vertèbres dorsales, un cubitus et une belle base de bois.

J'attribue avec un point de doute à la même espèce un autre fragment de bois, trouvé non plus comme les pièces précédentes à la limite des sables et des marnes, mais dans les marnes mêmes de Saint-Cosme.

La pièce la plus importante est la base de perche figurée pl. XIV, fig. 3. Avec des dimensions un peu plus petites que celles des forts sujets du *C. megaceros* d'Irlande, ce bois présente bien les caractères de l'espèce, c'est-à-dire un andouiller basilaire unique, placé très près de la meule et ayant une direction nettement proclive sur le front. La base du bois, de section à peu près ronde, tend à s'aplatir pour se dilater en empaumure, à une distance de 0^m 024 à partir de la meule. La surface du bois est ornée d'empreintes longitudinales peu profondes. Le fragment de bois des marnes de Saint-Cosme paraît se rapporter à la base de l'empaumure, au point de naissance du deuxième andouiller.

Parmi tous les Cervidés fossiles, le seul qui pourrait, en dehors du *C. megaceros*, être comparé au type de Saint-Cosme est le *Cervus Arvernensis* Cr. et Job. (*Oss. foss. Puy-de-Dôme*, Cerfs de Malbattu, pl. XI et XII, fig. 1), espèce de la zone à *Elephas meridionalis* de Malbattu. Ce type, dont j'ai donné une description (*Bull. Soc. géol.*, 3ᵉ série, t. XII, pl. VII, fig. 5-7) et dont le *Cervus macroglochis* Pomel (*Cat. méth. Vert. foss. Loire et Allier*, p. 104), des alluvions pliocènes de Peyrolles, n'est fort probablement qu'un synonyme, présente, comme le *Cervus megaceros*, un andouiller basilaire unique et fortement infléchi vers le bas; mais les dimensions plus petites de ce bois, sa forme qui reste à peu près ronde jusqu'au deuxième andouiller et au delà, sans former d'empaumure, enfin les cannelures plus profondes et plus régulières de sa surface permettent de distinguer aisément le *Cervus Arvernensis* du *C. megaceros;* malgré la ressemblance de la base de leurs bois, ces deux espèces n'appartiennent certainement pas à la même section du grand genre *Cervus*.

Les autres parties du squelette, vertèbres et cubitus, n'offrent d'autre particularité que leur grande taille, comparable à celle des sujets moyens du grand Cerf des tourbières d'Irlande.

Distribution. — Le *Cervus megaceros* débute dans la zone à *Elephas meridionalis* à Saint-Prest (Eure-et-Loir) et dans le Crag de Norwich, mais il caractérise surtout le Quaternaire ancien (interglaciaire) d'Irlande, d'Angleterre (Essex, grottes de Kent, de Kirkdale, etc.), d'Allemagne, de Russie, de France (notamment dans le lehm des environs de Lyon).

Cervus, sp. (taille du C. ramosus).

Une petite espèce de Cervidé est seulement indiquée dans la formation de Saint-Cosme par une extrémité supérieure de tibia (coll. Montessus), exactement de la dimension du tibia du petit Cervidé pliocène de Perpignan que j'ai décrit sous le nom de *C. ramosus* Cr. et Job; l'espèce est notablement plus petite que le Cerf élaphe. La détermination spécifique doit rester douteuse.

Un bassin complet du même Cervidé a été récemment recueilli dans les sables de Saint-Cosme (M. Delafond).

Bos, sp. (taille du Bison priscus, pl. XIV, fig. 4).

Une première arrière-molaire supérieure droite trouvée à Chalon-Saint-Cosme (coll. Montessus) indique un Bovidé de taille semblable à un grand Bœuf du Charolais actuel, dont il est difficile de le distinguer d'après cette seule dent. Il est également impossible de dire si cette molaire (pl. XIV, fig. 4) a appartenu plutôt au *Bison priscus* qu'au *Bos primigenius*, fréquents l'un et l'autre dans le Quaternaire de la région.

Il est, dans tous les cas, certain que le Bovidé de Saint-Cosme présente de très grandes ressemblances avec le groupe des Bovidés quaternaires et actuels, et diffère nettement du *Bos (Bibos) elatus* Cr. et Jobert, type de l'horizon de Perrier et de Chagny : dans cette espèce pliocène, en effet (voir Depéret, *Bull. Soc. géol.*, 3ᵉ série, t. XII, p. 274), les molaires supérieures ont un collet plus apparent à la jonction de la couronne et de la racine; le cément est moins développé; les colonnettes interlobaires sont plus étroites et moins accolées au fût; la côte médiane de chacun des lobes sur la muraille externe est relativement moins forte et moins saillante.

Quant aux Bovidés de l'horizon de Saint-Prest et du *Forest-bed*, ils paraissent se rapprocher tout à fait, comme l'espèce de Saint-Cosme, des types quaternaires.

Canis (taille du Chacal, pl. XIV, fig. 5).

Une moitié inférieure de tibia (pl. XIV, fig. 5) de Chalon-Saint-Cosme (coll. Montessus) se rapporte à un Canidé de la taille du Chacal actuel (*Lupulus aureus*). Il serait d'autant plus désirable de pouvoir étudier les mâchoires de ce type qu'il représente probablement une espèce encore inconnue. En effet, les *Canidés* connus du Pliocène supérieur ont, les uns, comme le *Vulpes Donnezani* du Roussillon et le *Vulpes megamastoides* de Perrier, à peine les dimensions d'un petit Renard, tandis que les espèces du val d'Arno (*Canis Etruscus* et *Falconeri*) atteignent des dimensions comparables à celles du Loup. Dans l'état actuel, l'espèce de Saint-Cosme est tout à fait indéterminable.

Trogontherium Cuvieri Owen (pl. XIV, fig. 6-6*.)

Ce grand Castoridé, caractéristique de l'horizon de Saint-Prest, n'est cité ici que d'après un seul deuxième métatarsien, parfaitement semblable à cet os chez un *Castor fiber* de grande taille, du Rhône, mais notablement plus fort; tandis que la longueur totale de l'os mesure $0^m 040$ dans le type vivant, elle atteint $0^m 046$ dans le spécimen de Saint-Cosme. Cette différence de grandeur est à peu près de même ordre que celle qui existe entre les mâchoires du *Castor fiber* et celles du *Trogontherium Cuvieri*. Aussi l'attribution de l'os de Saint-Cosme à cette dernière espèce est-elle des plus probables.

Le *Trogontherium* est connu du Pliocène supérieur anglais (Crag de Norwich et *Forest-bed* de Cromer), des graviers à *Elephas meridionalis* de Saint-Prest (Eure-et-Loir) et du Pliocène de Sibérie. C'est la première fois que ce type est rencontré dans le bassin du Rhône, et il se trouve exactement au même niveau que dans le bassin anglo-parisien. Le spécimen figuré provient des marnes de Chalon-Saint-Cosme.

Mollusques.

La faune des Mollusques des sables de Saint-Cosme est assez variée, tandis que dans les marnes on ne trouve guère que des Valvées.

La liste des espèces, d'après les documents de la collection Tournouër et d'après nos propres recherches est la suivante :

Pyrgidium Nodoti Tourn. (pl. IX, fig. 77-78).

Ce type si caractéristique du Pliocène inférieur Bressan (voir p. 152) a été trouvé parfaitement intact, quoique assez rare, dans les sables de Chalon-Saint-Cosme, ce qui a longtemps induit en erreur et fait considérer la formation de Saint-Cosme comme appartenant au Pliocène lacustre Bressan. La

présence de cette coquille à Saint-Cosme peut s'expliquer, soit par un remaniement presque sur place des marnes bressanes, soit peut-être plutôt par la
survivance de ce type jusqu'à ce niveau, c'est-à-dire jusqu'à l'extrême fin du
Pliocène supérieur.

Helix plebeia Drap. (pl. IX, fig. 87-89).

Espèce du Quaternaire récent de la vallée du Rhône (Gerland) et actuelle.

Helix? arbustorum L.

Espèce pliocène en Angleterre (*Red-crag* et *Forest-bed*), quaternaire et
actuelle sur le continent. Un seul sujet en mauvais état des sables de Saint-
Cosme (coll. Tournouër).

Succinea putris L., var. (pl. IX, fig. 105-106).

Espèce quaternaire et vivant actuellement dans le nord et l'est de l'Europe.

Succinea oblonga Drap. (pl. IX, fig. 96-97).

Espèce pliocène supérieure (Crag de Norwich), quaternaire et vivante dans
le centre et le nord de l'Europe.

Succinea Canati Tourn., *in* coll. (pl. IX, fig. 107-108).

Tournouër a désigné sous ce nom, que nous conservons, une Succinée à
dernier tour très grand et ventru, à spire très courte et obtuse, à sutures peu
profondes, assez commune dans les sables de Saint-Cosme. Cette forme est
voisine de *S. Pfeifferi* actuelle, mais avec une spire notablement plus obtuse.

Valvata inflata Sandb., var. subpiscinalis Tourn. (pl. IX, fig. 79-81),
voir p. 150.

Le type de l'espèce est des marnes de Bligny (Pliocène Bressan), mais on
ne trouve ici que la variété de passage à *V. piscinalis* actuelle (*subpiscinalis*
Tourn.). La *V. inflata* n'est pas connue dans le Quaternaire.

Valvata interposita de Stef. (pl. IX, fig. 82-83),
voir p. 150.

Cette Valvée à flancs plats, à spire courte, déjà signalée dans l'horizon
d'Auvillars, se retrouve, quoique assez rare, dans les marnes de Saint-Cosme.

Valvata piscinalis Müll. (pl. IX, fig. 84-86).

Type d'une grande extension verticale depuis le Pliocène jusqu'à nos jours.

Valvata contorta Menke., var.

Espèce quaternaire et actuelle. La variété de Saint-Cosme est plus grande, moins allongée que le type, et se rapproche davantage de *V. piscinalis*.

Bithynia labiata Neum., var. (pl. IX, fig. 101-104).

Le type est pliocène (couches à Paludines de Transylvanie, Condal, Bligny); on ne le connaît pas dans le Quaternaire. Nous connaissons de Saint-Cosme la forme type (fig. 101-102) et sa variété de passage à *B. tentaculata* (fig. 103-104).

Limnæa palustris Müll., var. **angusta** Tournouër
(pl. IX, fig. 99-100).

L'espèce pliocène en Angleterre (*Red-crag*), selon Prestwich, est répandue dans le Quaternaire de toute l'Europe et y vit actuellement. La variété de Saint-Cosme a une spire plus étroite que le type, d'où le nom d'*angusta* donné par Tournouër (coll. Mus.)

Limnæa palustris Müll., var. **minor** Tourn. (pl. IX, fig. 109-110).

Avec la forme précédente, on trouve à Saint-Cosme des coquilles plus petites, à spire plus effilée, à tours plus nombreux et un peu plus convexes, que Tournouër (coll. Mus.) considère comme intermédiaires entre *L. palustris* et *L. truncatula* actuelles. Nous préférons les rattacher à la première espèce, à titre de variété *minor*.

Limnæa truncatula Müll., var.

Espèce quaternaire et actuelle, plus répandue dans le nord que dans le midi.

Limnæa limosa Moq.

Espèce quaternaire et actuelle dans toute l'Europe.

Planorbis rotundatus Poiret (pl. IX, fig. 92-93).

Espèce quaternaire de France, d'Allemagne, d'Autriche, vivante dans toute l'Europe; elle est annoncée dès le Pliocène inférieur de la Bresse par le *Pl. Mariæ* de l'horizon de Mollon.

Planorbis marginatus Drap. (**oomplanatus** auct.) [pl. IX, fig. 94-95].

Nous avons signalé dès la base du pliocène Bressan (horizon de Mollon) ce type, qui se continue dans le Quaternaire et vit actuellement en Europe.

Planorbis spirorbis? L. (pl. IX, fig. 90-91).

Tournouër a rapproché (coll. Mus.) de ce type quaternaire et actuel de jeunes sujets d'un Planorbe plus petit, plus rond que la forme habituelle de l'espèce. Les sujets ne nous paraissent pas assez adultes pour permettre une description plus précise.

Corbicula sp. (pl. IX, fig. 98).

Une seule valve, ornée de costales concentriques régulières, a été désignée par Tournouër (coll. Mus.) comme une espèce nouvelle sous le nom de *Corbicula Delafondi*. Il nous a paru impossible de décrire cette forme avec des matériaux aussi incomplets.

ÂGE ET RELATIONS PALÉONTOLOGIQUES.

L'âge géologique des marnes et sables de Chalon-Saint-Cosme a été longtemps méconnu; on les a en général considérés comme faisant partie de la formation lacustre Bressane à Paludines, à cause de la présence du *Pyrgidium Nodoti* qui a été trouvé en bon état de conservation dans les sables qui recouvrent les marnes : pourtant ces dernières présentent physiquement des différences notables avec les marnes de la Bresse, qui sont moins feuilletées et plus calcaires. M. Delafond a le premier démontré (voir plus haut *Stratigraphie*) l'individualité de la formation de Chalon-Saint-Cosme et sa situation dans le fond d'une vallée de ravinement creusée aux dépens des marnes bressanes.

La paléontologie, et spécialement l'étude des Mammifères, vient confirmer très heureusement les conclusions précédentes. Nous avons pu, en effet, en réunissant les diverses trouvailles assez rares d'ossements fossiles faites dans la formation de Saint-Cosme par MM. de Montessus et Delafond, citer trois espèces : l'*Equus Stenonis*, le *Cervus megaceros* et enfin le *Trogontherium*, dont l'association ne laisse pas de doute sur le parallélisme précis de ces couches avec l'horizon à *Elephas meridionalis* de Saint-Prest (Eure-et-Loir) et du *Forest-bed* d'Angleterre.

Parmi ces trois espèces, l'*Equus Stenonis* a une signification nettement pliocène, car ce type débute dans *l'horizon de Chagny*, où il est associé avec *Mastodon Arvernensis*, et on le trouve au même niveau en Angleterre (*Norwich-crag*), en Auvergne, dans le Velay et en Italie (val d'Arno); mais il continue dans le niveau à *Elephas meridionalis* de Saint-Prest et du *Forest-bed*; on ne le connaît nulle part dans le Quaternaire. Le *Trogontherium*, grand Castoridé d'espèce éteinte, paraît avoir la même distribution géologique; il débute dans le Crag de Weybourn et dans le Crag de Norwich, mais il est surtout connu du *Forest-bed* et des graviers de Saint-Prest. Quant au *Cervus megaceros*, il est également cité par Owen du Crag de Suffolk, mais, selon M. Newton, il faut le rayer de la faune du *Forest-bed* de Norfolk; en France, il se trouve dans les graviers de Saint-Prest et passe dans le Quaternaire ancien (Irlande, bassin de Paris, vallée du Rhône, etc.).

Quant au *Bos* et au *Capreolus* de Chalon-Saint-Cosme, ils n'ont aucune signification stratigraphique, faute de détermination spécifique précise.

Ainsi la faune de Mammifères de Châlon-Saint-Cosme appartient à la fin de l'âge de l'*Elephas meridionalis*, et il nous paraît probable que la découverte de quelque molaire de ce Proboscidien confirmera un jour cette attribution.

D'ailleurs la faune de Mollusques de Saint-Cosme vient à l'appui de ces mêmes conclusions. Nous avons cité, en effet, dans la liste ci-dessus deux espèces, *Valvata inflata* et *Bithynia* (*Neumayria*) *labiata*, qui appartiennent à la faune pliocène de la Bresse supérieure et ne sont nulle part connues dans le Quaternaire; il est vrai qu'elles sont représentées à Saint-Cosme par des variétés où les caractères du type sont déjà sensiblement atténués. Nous laissons même de côté le *Pyrgidium Nodoti*, bien qu'il ne *soit pas absolument impossible qu'il ait pu survivre jusqu'à ce niveau;* mais nous préférons le considérer comme remanié, parce qu'il ne se trouve pas dans l'horizon plus ancien des sables de Trévoux.

Mais, en laissant à part ces quelques formes pliocènes, la faune de Chalon-Saint-Cosme est, dans son ensemble, une faune plus récente que celle de la Bresse : un simple coup d'œil jeté sur notre liste fera voir qu'elle contient déjà une bonne part des types qui vont surtout devenir communs dans le

Quaternaire d'Europe et dont la plupart, sous des formes plus ou moins identiques, se sont continués jusqu'à nos jours.

Nous n'avons donc aucune hésitation à placer l'horizon des marnes et sables de Chalon-Saint-Cosme au niveau des couches à *Elephas meridionalis* de Saint-Prest et du *Forest-bed*. Quant à la question controversée de classer cet horizon à l'extrême fin du Pliocène supérieur ou, au contraire, au début du Quaternaire, nous n'avons pas en Bresse de preuves paléontologiques nouvelles à apporter en faveur de l'une ou l'autre de ces opinions. Nous nous sommes bornés à indiquer plus haut que, stratigraphiquement, la formation de Saint-Cosme se relie mieux avec la série quaternaire qu'avec la série pliocène de la cuvette Bressane.

CHAPITRE VI.

QUATERNAIRE ET ALLUVIONS MODERNES.

———

A. Cailloutis de la période de progression des glaciers. — (a^{1a}.)

CONSIDÉRATIONS GÉNÉRALES.

Nous avons, dans le paragraphe précédent, indiqué brièvement que des alluvions quaternaires avaient été déposées par des torrents s'écoulant des glaciers, alors que ces derniers avaient quitté le massif du Bugey et envahi les environs de Lyon. Nous allons, dans le présent paragraphe, entrer dans quelques détails sur cette formation.

C'est Fontannes qui a, le premier, croyons-nous, reconnu qu'aux environs de Lyon existaient à de hauts niveaux, sur le plateau de Caluire, des cailloutis qui devaient être séparés des alluvions pliocènes. Les éléments de ces alluvions sont beaucoup moins altérés que ceux du Pliocène. Dans ce dernier terrain, les galets de granite et de gneiss sont très décomposés et s'effritent sous une faible pression; l'ensemble de la formation a une teinte jaunâtre ou rougeâtre; enfin le dépôt présente une certaine cohésion.

Dans les alluvions de Caluire, au contraire, les galets de roches granitiques sont peu altérés, l'ensemble de la formation présente une teinte grise et sa consistance est faible; on y trouve, en outre, de nombreux débris de fossiles marins arrachés aux terrains antérieurs. Ce sont là les caractères distinctifs qu'avaient déjà mentionnés MM. Torcapel et Collot entre les alluvions quaternaires de la vallée du Rhône et les alluvions plus anciennes.

Enfin Fontannes avait montré, et c'était assurément là l'argument le plus démonstratif, que les alluvions de Caluire ravinaient les alluvions pliocènes du plateau de Sathonay.

Il avait conclu de ces observations que toute la région comprise entre la Dombes et les collines du Bas-Dauphiné avait été, avant l'arrivée des glaciers, remblayée par une nappe caillouteuse s'élevant à Caluire jusqu'à l'altitude

33.

d'au moins 260 mètres. Ces alluvions auraient été déposées par le Rhône, alors que ce fleuve était alimenté par des glaciers établis dans la Savoie et les Alpes. Il aurait ensuite, à mesure que les glaciers progressaient, raviné ces dépôts, qui auraient été ainsi fortement démantelés au moment où les glaciers arrivaient dans la région lyonnaise.

Cette explication ne nous paraît pas pouvoir être admise.

LOCALISATION DES CAILLOUTIS QUATERNAIRES
SITUÉS À DES ALTITUDES ÉLEVÉES.

L'hypothèse de Fontannes soulève, en effet, l'objection suivante, qui est décisive. Un remblayage complet de la vallée du Rhône, longtemps avant l'arrivée des glaciers dans la Dombes et le Dauphiné, se serait étendu certainement fort loin en aval de Lyon, et on en retrouverait aujourd'hui encore de nombreux témoins. Or on constate que tous les dépôts de hautes alluvions quaternaires sont situés soit dans le périmètre de l'extension glaciaire, soit dans une zone ne dépassant pas 4 ou 5 kilomètres au delà des limites de cette extension. Les alluvions de Caluire ne sont pas les seules, en effet, qui présentent la particularité d'être quaternaires, recouvertes de glaciaire, et situées à de hauts niveaux; on peut citer aussi les alluvions du plateau d'Ambutrix près d'Ambérieu, du plateau de Béligneux entre Montluel et Meximieux, des plateaux entre Leyment et Lagnieu, de ceux de Grenay, de Saint-Bonnet-de-Mure, de Satolas, de Chavanoz, de Pusignan, de Génas, etc. Or tous ces plateaux sont situés dans l'intérieur du périmètre de l'extension glaciaire.

Au delà de ce périmètre, on ne trouve comme cailloutis quaternaires occupant de hauts niveaux que ceux de Neuville-sur-Saône, de Collonges-au-Mont-d'Or, de Tassin, de la Demi-Lune, de Trion (Lyon-Fourvières). Or tous ces dépôts sont situés à proximité des limites de l'extension glaciaire, dans une zone ne s'étendant pas au delà de 4 ou 5 kilomètres.

Ces constatations suffisent à montrer qu'il ne saurait y avoir eu de remplissage général de la vallée du Rhône; elles établissent, en outre, qu'il existe une relation étroite entre les alluvions précitées et les glaciers de la région.

ORIGINE DES ALLUVIONS DE CALUIRE ET DE CAILLOUX-SUR-FONTAINES.

La démonstration de cette relation entre les alluvions et des glaciers situés à proximité est d'ailleurs fournie très nettement par les phénomènes qu'on peut observer à Caluire et à Cailloux-sur-Fontaines.

Alluvions de Caluire. — Le plateau de Caluire n'est pas horizontal, il forme en réalité un plan incliné aboutissant aux puissants dépôts morainiques de Vancia. On voit, en effet, les alluvions quaternaires contourner le plateau pliocène de Sathonay à l'est du village, et venir se souder avec les moraines qui couronnent la Dombes. Ce plan incliné se poursuit jusqu'à la Croix-Rousse, et il se relie en outre avec un autre plan incliné qui existe sur l'autre versant de la Saône, dans la vallée de Tassin. Le croquis ci-dessous (fig. 48),

Fig. 48

Nota: *Dans cette coupe on a supprimé les buttes morainiques du plateau de Caluire et de la Croix-Rousse.*

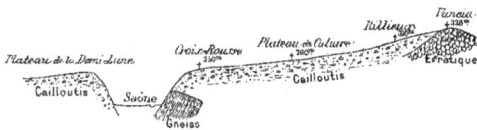

dans lequel nous avons supprimé le glaciaire de recouvrement, montre la disposition générale de ce vaste plan incliné, momentanément interrompu par la vallée de la Saône. Il est difficile de ne pas reconnaître là le profil d'un ancien cours d'eau prenant sa source au glaciaire de Vancia et s'écoulant dans la vallée de Tassin.

Ajoutons que les cailloutis renferment fréquemment de gros blocs calcaires à peine roulés, qui ne sauraient avoir subi un long charriage, et ne peuvent ainsi provenir que d'une moraine située à une faible distance; aussi ces gros éléments ne se rencontrent-ils que dans le voisinage des moraines.

Alluvions de Cailloux-sur-Fontaines. — Dans la vallée de Cailloux-sur-Fontaines, où les cailloutis n'ont pas été recouverts par le glaciaire, on constate plus facilement encore que sur le plateau de Caluire que ces derniers forment un plan incliné se reliant aux moraines situées près du Marais des Échets : le croquis ci-dessous (fig. 49) montre cette disposition.

Fig. 49. — Projection sur un plan vertical des profils du plateau pliocène et du plateau quaternaire de Cailloux-sur-Fontaines situé en avant du premier.

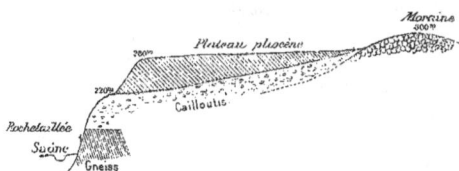

ENSEMBLE DES DÉPÔTS
FORMÉS PAR LES TORRENTS DES GLACIERS DE LA RÉGION DE VANCIA.

En somme, les glaciers, qui ont laissé les puissants amas morainiques qui s'étendent des Échets à Vancia, ont engendré des torrents qui se sont écoulés dans la vallée de la Saône et y ont déposé d'épaisses alluvions. Ces alluvions sont venues buter contre le massif du Mont d'Or, et ont constitué les plateaux ou terrasses de Collonges, de Saint-Rambert, d'Écully. Ajoutons, comme on doit s'y attendre, que ces plateaux ont des altitudes décroissantes du côté Sud ; ils s'élèvent à 250 mètres à Collonges, et s'abaissent progressivement, pour venir se souder, à l'altitude de 225 mètres, avec le plan incliné de la Demi-Lune.

Au sud de Lyon, on retrouve également des alluvions quaternaires formant le prolongement de celles de la Croix-Rousse ; elles viennent buter contre le massif de Fourvières et de Sainte-Foy, où elles forment une terrasse assez bien marquée par le relief du sol ; cette terrasse va en s'abaissant du côté du sud et se relie à Oullins avec les alluvions de la vallée de Francheville, à l'altitude d'environ 200 mètres.

Nous sommes ainsi amenés à penser que lorsque les glaciers de la Dombes occupaient les hauteurs de Vancia et des Échets, ils ont eu un temps d'arrêt notable, et qu'ils ont alors engendré des torrents qui ont comblé de leurs alluvions la vallée de la Saône en face du Mont d'Or. Ces torrents auraient également envahi la vallée de Francheville et d'Oullins, et y auraient déposé les alluvions qu'on observe aujourd'hui.

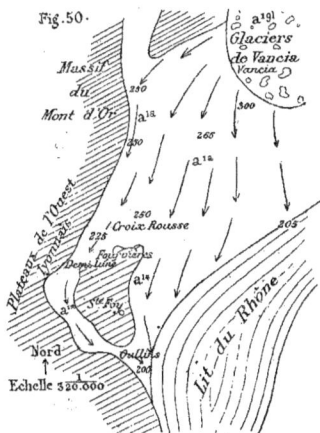

Fig. 50.

Le croquis ci-dessus (fig. 5o) montre comme serait, dans notre opinion, la disposition qu'offrait alors la région.

CONCLUSIONS DÉDUITES DES OBSERVATIONS PRÉCÉDENTES.

ANCIEN BARRAGE DE LA SAÔNE.

Il résulte des faits que nous venons d'exposer les conséquences suivantes :

1° La vallée de la Saône a été entièrement comblée par des cailloutis, en amont de Lyon, jusqu'à l'altitude d'au moins 25o mètres. La Saône a donc dû former alors dans la Bresse un vaste lac. Toutefois ce barrage n'a pas dû persister pendant une longue période; nous n'avons trouvé, en effet, dans la vallée de la Saône aucun dépôt lacustre pouvant être rapporté à cette époque.

2° La vallée de Tassin—la Demi-Lune—Francheville—Oullins, qui ne renferme aujourd'hui qu'un cours d'eau insignifiant, a été parcourue jadis par un torrent important descendant de la Dombes, qui y a déposé d'épaisses alluvions alpines. Depuis longtemps déjà cette abondance d'alluvions dans la vallée de Francheville, la largeur occupée par elles, avaient attiré l'attention des géologues lyonnais; on avait admis que la Saône, barrée à Lyon, avait dû s'écouler par la vallée précitée. Nous avons montré que cette explication ne saurait être maintenue.

3° Enfin, au moment où les glaciers occupaient le sommet de Vancia, le Rhône coulait en face d'Oullins à l'altitude de 200-205 mètres.

AUTRES EXEMPLES D'ALLUVIONS DUES À DES TORRENTS GLACIAIRES.

Vallée de la Saône. — Au nord de Fontaines, on trouve encore dans la vallée de la Saône des cailloutis alpins déposés par les glaciers de la Dombes; nous citerons les localités suivantes :

A Neuville-sur-Saône existe un mamelon ayant l'altitude d'environ 245 mètres et composé d'épaisses alluvions. Ces dernières forment nettement un cône de déjection au débouché de la vallée de la Camille; cette vallée est trop étroite pour que des dépôts puissent y subsister; le cône de déjection seul est resté.

Les plateaux de Genay, de Massieux et de Parcieux sont également recouverts de cailloutis qu'ont dû amener les torrents s'échappant des glaciers de Civrieux par la vallée du Grand Ruisseau.

De même à Saint-Bernard, au débouché de la vallée du Formans, on observe un dépôt incliné de cailloutis formant un véritable cône de déjection au débouché de ladite vallée. Toutefois ces alluvions atteignent tout au plus l'altitude de 200 mètres.

Région centrale de la Dombes. — Dans le reste de la Dombes on trouve peu de cailloutis de l'âge de ceux de Neuville et de Caluire; il a dû cependant se former des torrents en avant des glaciers, mais ces derniers avaient leur front à une assez grande distance de la Saône et probablement les gros galets n'arrivaient pas jusqu'à cette rivière; ils devaient se déposer en amont dans les vallées. Déjà nous avons vu qu'à Saint-Bernard, les cailloutis ne constituaient qu'un amas important et peu élevé; la disparition des cônes de déjection au nord de Trévoux n'a donc rien d'anormal.

Dans le massif de la Dombes, on doit en revanche, d'après les considérations qui viennent d'être exposées, trouver des alluvions quaternaires occupant le fond des vallées. L'absence de coupes naturelles rend l'observation assez difficile; cependant nous pouvons citer les points suivants, où la présence de ces alluvions a pu être nettement reconnue.

Au nord de la Dombes, près de Bourg, dans la vallée de la Reyssouze, on observe d'épaisses alluvions qui nous ont paru être quaternaires; elles s'étendent sans interruption depuis Bourg jusqu'à Pont-d'Ain, atteignent leur hauteur maximum à peu près en face de Saint-Martin-du-Mont, et s'abaissent à partir de ce point tant du côté de Bourg que du côté de Pont-d'Ain.

Ces cailloutis paraissent d'ailleurs avoir été recouverts par le glaciaire à Montagnat. Ils sont vraisemblablement le produit de torrents provenant de glaciers situés dans la région de Saint-Martin-du-Mont; une partie de ces eaux torrentielles s'écoulait du côté Nord dans la vallée de la Saône, et l'autre du côté Sud dans la vallée de l'Ain.

A Châtillon-sur-Chalaronne, on observe dans la vallée de ce nom des cailloutis quaternaires recouverts de glaciaire. Dans une carrière située près de la gare du chemin de fer de Châtillon à Marlieux, on voit, sur une dizaine de mètres de hauteur, des cailloutis peu altérés ayant tout à fait l'aspect de ceux de Caluire; ils sont recouverts de dépôts glaciaires ayant 3 ou 4 mètres d'épaisseur.

Vallées de Francheville et du Garon. — Lorsque les glaciers ont envahi les coteaux de Sainte-Foy et de Millery, ils ont également engendré de nombreux torrents qui ont déposé des alluvions. Ainsi à Trion près de Fourvières, on trouve des alluvions quaternaires décrites par M. Riche[1], qui atteignent en ce point l'altitude de 260 mètres; mais on constate qu'elles constituent le sommet d'un plan incliné partant du plateau de Fourvières et allant se souder à la Demi-Lune avec les alluvions dont il a déjà été parlé ci-dessus.

A l'est de Brignais, on voit les alluvions, qui forment sur le bord du Garon des terrasses d'au moins 40 mètres de hauteur, venir de souder insensiblement à une moraine frontale qui barre la vallée. On retrouve là la trace d'un ancien torrent s'échappant du glacier de Brignais. Ce torrent a déposé de puissantes alluvions dans la vallée du Garon, qui avait alors une largeur et une

---

[1] Riche, *Étude géologique sur le Plateau lyonnais* (1887), page 62.

34

importance tout à fait disproportionnées avec celles actuelles. Il venait à Grigny se jeter dans le Rhône, et l'on constate que les alluvions du Garon quaternaire s'élevaient, au débouché dans le Rhône, à l'altitude d'environ 190 mètres.

Vallée du Rhône. — Nous avons décrit tout d'abord les formations de cailloutis dont l'origine était la plus facile à saisir, celles pour lesquelles nous avions pu trouver l'ancien glacier générateur des torrents.

Dans la vallée du Rhône, il existe encore de nombreuses alluvions quaternaires qui ont été recouvertes par le glaciaire et auxquelles il est naturel d'attribuer une origine de même nature. Nous allons les passer rapidement en revue.

A Montluel, dans la vallée de la Sereine, on observe des cailloutis recouverts par un lambeau de glaciaire, qui remontent assez loin dans la vallée et forment un plan incliné dont la pente est du côté du Rhône; leur origine doit être certainement attribuée à un torrent venant de la Dombes.

A Béligneux existe une grande masse de cailloutis qui s'étend jusqu'à Montluel et jusqu'à Meximieux; elle s'élève (en faisant abstraction du glaciaire qui forme la butte de la Croix de Béligneux) à l'altitude d'environ 255 à 260 mètres. Elle paraît former aussi un cône de déjection dû à un torrent de la Dombes; ce cône aurait son sommet près de Béligneux, et s'abaisserait ensuite tant du côté de Montluel que de celui de Meximieux.

Près Ambérieu, le plateau d'Ambutrix, qui atteint l'altitude de 350 mètres, se présente comme un grand cône de déjection provenant de la vallée de l'Albarine; il se reliait probablement jadis avec les cailloutis de Lagnieux et de Leyment, et l'ensemble de la formation allait en s'abaissant progressivement du côté du sud et du côté de l'ouest.

De Grenay à Bron s'étend une colline constituée par les alluvions que recouvre un manteau de glaciaire. Cette colline présente une pente accentuée du côté de l'est; elle s'élève à Grenay à l'altitude de 270 mètres; elle n'a plus que 228 mètres à Saint-Priest et 211 mètres à Bron.

De même à Décines et à Genas, le plateau s'abaisse du côté du Rhône, où son altitude n'est plus que de 207 mètres.

Si l'on considère l'ensemble du massif de Satolas, Colombier, Chavagnieu, Pusignan, Chavanoz, Villette, Jons et Jonage, on constate qu'il va en s'abaissant vers la vallée du Rhône. L'altitude est de 293 mètres à l'ouest de Satolas; elle n'est plus que de 225-230 à Villette, Jonage et Jons. Nous sommes donc conduits à penser qu'à un moment donné les glaciers ont, pendant leur période de progression, stationné pendant un temps plus ou moins long sur les massifs de Panossas, de Saint-Quentin, etc., et ont alors engendré des torrents qui ont déposé les alluvions constituant les plateaux précités.

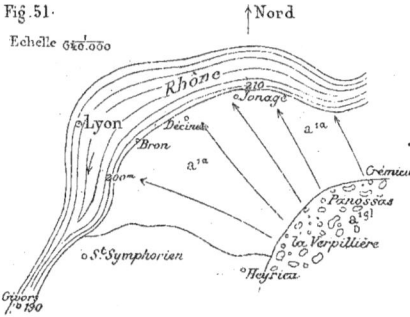

Fig. 51.

↑Nord

Echelle $\frac{1}{640.000}$

Le croquis ci-dessus (fig. 51) montre comme nous comprenons les phénomènes survenus à cette époque.

NIVEAU DU RHÔNE À L'ÉPOQUE DE PROGRESSION DES GLACIERS.

Nous avons exposé précédemment qu'au moment où les glaciers occupaient les hauteurs de Vancia, le Rhône coulait à Lyon à l'altitude d'environ 205 mètres, et qu'au moment où les glaciers occupaient les plateaux de Sainte-Foy et de Millery, le même fleuve avait à Oullins l'altitude de 200 mètres et à Givors celle d'environ 190 mètres.

A Villette et à Jonage, situés sur les bords du Rhône, l'altitude des cailloutis ne dépasse pas, en faisant abstraction de la couverture des terrains glaciaires qui couronnent les plateaux, l'altitude de 210 à 215 mètres. Cette cote représente celle des alluvions du Rhône avant que ces dernières fussent recouvertes de glaciaire.

Or, actuellement, les altitudes du fleuve sont à Villette de 180 mètres, à Lyon de 170 mètres, à Oullins de 165 mètres et à Givors de 155 mètres, chiffres inférieurs en moyenne de 35 mètres à ceux précités.

34.

Nous avons, dans le chapitre précédent, montré que les alluvions des marnes et sables de Saint-Cosme s'étaient élevées dans la vallée de la Saône, avant que leur épaisseur fût réduite par les érosions, à 4o mètres environ au-dessus du niveau actuel de la rivière; nous avons exposé que ces alluvions étaient contemporaines de celles de Villette, Jonage, etc., dans la vallée du Rhône; nous en avons conclu que le niveau du fleuve était, avant l'arrivée des glaciers dans la région, supérieur d'environ 4o mètres à son niveau actuel.

Or nous venons de voir, dans le présent chapitre, que lorsque les glaciers occupaient les hauteurs de Vancia, et plus tard encore lorsqu'ils couronnaient les hauteurs de Fourvières, le niveau du Rhône dépassait de 35 mètres au moins son niveau actuel. Si l'on tient compte des ablations subies depuis cette époque par les cailloutis de la vallée du Rhône, on est amené à penser que pendant la période qui a immédiatement précédé l'arrivée des glaciers dans la Dombes et le Lyonnais, et pendant celle qui a correspondu à leur extension dans la région, le niveau du Rhône est demeuré à peu près stationnaire et qu'il dépassait d'une quarantaine de mètres le niveau actuel.

C'est là un fait intéressant et peut-être même assez imprévu.

Des considérations qui ont été exposées dans le présent paragraphe, il résulte que les diverses alluvions que nous venons de mentionner ont été déposées à des périodes différentes, mais il n'était évidemment pas possible de les subdiviser et nous les avons réunies en un seul groupe comprenant également les alluvions déposées pendant la période de stationnement des glaciers à leur limite extrême d'avancement.

Nous avons donc figuré toutes ces alluvions avec le même indice a^{ln}.

PALÉONTOLOGIE ET ÂGE GÉOLOGIQUE.

Le seul point qui ait jusqu'à ce jour fourni des débris fossiles est la localité de la Demi-Lune, où passe la traînée des graviers alpins qui va de Vaise à Oullins. Le Muséum de Lyon possède, provenant des argiles intercalées au milieu des graviers gris de ce niveau et exploitées comme terre à poterie, une belle mandibule d'un sujet encore jeune d'*Elephas primigenius* (pl. XV), avec une molaire en place de chaque côté. Les plis d'émail de ces molaires y sont étroits et serrés, parfaitement réguliers et parallèles, comme dans la race sibérienne du Mammouth. On peut donc se fier à la présence de cet animal pour affirmer le refroidissement du climat de la région lyonnaise à l'époque du dépôt des graviers a^{la}, et pour classer ces alluvions dans le Quaternaire; mais il faut se souvenir qu'elles succèdent sans lacune aux dépôts de Saint-Cosme (Pliocène supérieur du niveau de Saint-Priest) et qu'elles représentent donc tout à fait le début de l'époque quaternaire.

B. Glaciaire. — (a^{lgl}.)

CONSIDÉRATIONS GÉNÉRALES.

Nous dirons peu de chose du terrain glaciaire de la région, qui a été déjà décrit bien des fois et au sujet duquel nous n'avons aucune particularité nouvelle à signaler. MM. Falsan et Chantre ont, dans leur grand ouvrage sur les glaciers, fourni sur le glaciaire du Lyonnais et de la Dombes des détails très circonstanciés, qu'il nous paraît superflu de reproduire.

Nous nous bornerons à présenter les considérations suivantes :

Les glaciers ont recouvert presque toute la Dombes; ils se sont étendus jusqu'à Bourg; leur moraine frontale décrivait, à l'ouest de cette ville, un contour légèrement convexe, aboutissant au plateau de Beauregard, près de Villefranche; de ce point jusqu'à Lyon-Croix-Rousse, le front du glacier s'étendait sur les plateaux qui bordent la rive gauche de la Saône. Cette rivière constituait un obstacle qui n'a pas été franchi.

Mais la vallée du Rhône n'a pas arrêté la marche des glaciers, et ces derniers se sont étendus sur les plateaux de Fourvières, de Saint-Genis-Laval et de Millery, en décrivant un grand arc de cercle qui coupe le Rhône à Lyon, au nord, et entre Grigny et Givors, au sud.

Les moraines paraissent avoir formé dans la Dombes, et sur les plateaux du Lyonnais et du Dauphiné, un manteau à peu près continu, mais accidenté.

La surface des dépôts morainiques est irrégulière et présente une série de protubérances. Ces irrégularités peuvent provenir soit d'ablations ultérieures, soit d'irrégularités dans les hauteurs des dépôts glaciaires. Les moraines ont, en effet, sur certains points, des hauteurs plus grandes que sur les points voisins; elles présentent des bourrelets.

La carte montre bien dans le Dauphiné et le Lyonnais de grands amas de glaciaires avec bourrelets. Dans la Dombes, au contraire, il n'est figuré que des buttes isolées.

GLACIAIRE DE LA DOMBES.

Dans la Dombes, on aperçoit, en effet, émergeant au-dessus des plateaux, une série de buttes caillouteuses qui donnent à la contrée un aspect tout spécial. Ces buttes sont le plus souvent surmontées par des châteaux, et leurs pentes sont cultivées en vignes; on dirait une série d'oasis qui émergent au milieu d'une grande plaine parsemée d'étangs.

Le glaciaire existe, le plus souvent sans doute, dans l'intervalle compris entre les buttes précitées, car on constate sa présence sur le pourtour de la Dombes partout où des tranchées permettent d'observer le sous-sol; mais il est masqué sur les plateaux par une couverture plus ou moins épaisse de limon.

Nous pensons donc que si l'on pouvait relever une coupe complète des terrains situés entre deux buttes morainiques voisines, on aurait fréquemment la disposition figurée ci-dessous (fig. 52).

Fig. 52.

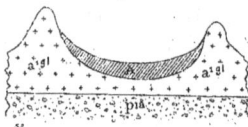

P^{li}. Cailloutis pliocènes. — a^{1g1}. Glaciaire. — A. Limon formé par ruissellement.

Disons, à l'appui de cette hypothèse, que les buttes morainiques sont, en général, essentiellement caillouteuses à leur surface; la boue glaciaire a disparu, et ce n'est qu'en pratiquant une ouverture plus ou moins profonde dans la masse qu'on trouve du glaciaire bien caractérisé. La boue glaciaire a été entraînée par les eaux pluviales et a formé le limon qu'on observe autour des buttes.

C'est donc presque exclusivement du limon qu'il eût fallu figurer sur le plateau de la Dombes; nous avons pensé qu'il valait mieux, à l'effet de rendre la carte plus intelligible, faire abstraction de ce limon et du glaciaire qui devait être au-dessous; nous pouvions ainsi figurer les terrains sous-jacents, qui eussent été sans cela complètement masqués. En revanche, il en résulte que la figuration du glaciaire dans la Dombes est fort incomplète; les buttes morainiques indiquées sur la carte ne représentent que la partie visible du glaciaire, et cette dernière est assurément minime par rapport à celle recouverte de limon.

La figure 52 représente la disposition qui nous paraît devoir être la plus fréquente dans la Dombes; mais il existe d'autres cas où on observe un arrangement différent.

Le glaciaire a dû parfois être enlevé en partie, ou même en totalité, par les torrents qui s'échappaient des glaciers pendant leur période de retrait. On constate, en effet, que les buttes morainiques sont surtout nombreuses près de la ligne de faîte de la Dombes, de la dorsale qui s'étend de Lyon aux environs de Pont-d'Ain. Sur cette dorsale il ne pouvait y avoir de cours d'eau notable, et le glaciaire a été peu démantelé. Les torrents glaciaires devaient, au contraire, acquérir de l'importance à mesure qu'on s'éloigne de cette ligne de faîte; aussi constate-t-on que les buttes morainiques deviennent alors de moins en moins nombreuses. Nous pensons donc que dans certains cas on aurait entre deux buttes la disposition représentée par la figure 53.

Fig. 53.

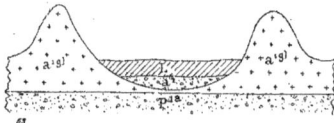

P$^{l\text{c}}$. Cailloutis pliocènes. — a$^{l\text{g}l}$. Glaciaire. — a^l. Cailloutis. — L. Limon superficiel

La présence de cailloutis recouvrant le glaciaire a été effectivement signalée par MM. Falsan et Chantre dans une tranchée du chemin de fer de Lyon à Bourg, près de Servas; on y observait la coupe suivante [1] :

Limon.
Cailloutis de quartzites et lentilles de sables.
Glaciaire.

En ce point, les cailloutis ont donc raviné le glaciaire; on conçoit d'ailleurs

[1] Falsan et Chantre, *Monographie géologique des anciens glaciers*, tome I, page 210.

que sur d'autres points ils aient pu l'enlever complètement et se déposer sur
le Pliocène.

Une observation analogue peut être faite à Châtillon-sur-Chalaronne. Une
carrière ouverte près du *Champ de Foire* montre la superposition suivante :

Limon	1^{m}50
Cailloutis	1 50
Bouc glaciaire, galets de calcaire noir striés	4 00
Cailloutis quaternaires peu altérés . . . . 7^{m}00 à	8 00

Les cailloutis inférieurs ont été vraisemblablement, comme nous l'avons
dit déjà dans le précédent chapitre, déposés pendant la période de progression des glaciers; les alluvions supérieures se sont formées, au contraire, pendant la période de recul, alors que les glaciers battaient en retraite au delà
de Châtillon.

La présence à Châtillon-sur-Chalaronne de glaciaire intercalé au milieu
des cailloutis a été signalée depuis longtemps, notamment par Scipion Gras[1].
On l'avait expliquée par des mouvements d'oscillation des glaciers. Nous ne
voyons pas la nécessité de faire intervenir, dans ce cas, de phénomène autre
que celui tout à fait général de progression des glaciers jusqu'à Lyon, suivi
d'une période de retrait. Cependant ces phénomènes d'oscillation sont bien
établis sur certains points.

ALLUVIONS INTERCALÉES DANS LE GLACIAIRE.

M. Depéret[1] a observé, en effet, sur les bords de l'Ain, au hameau de
Pollet, commune de Saint-Maurice-de-Gourdans, une intercalation de glaciaire
au milieu de cailloutis. On peut relever en cet endroit la coupe suivante :

Glaciaire	10^{m}00 à 12^{m}00	
Cailloutis	5 00	6 00
Glaciaire (formant une bande jaunâtre très appa-		
rente)	1 00	1 50
Cailloutis visibles sur	4 00	5 00

La présence de deux glaciaires implique nécessairement des oscillations du
glacier.

[1] Depéret, *Bulletin de la Société géologique*, 3e série, tome XIV, page 122.

Nous exposerons ultérieurement que les glaciers ont eu, pendant leur retrait, lorsque leur front passait à Saint-Maurice-de-Gourdans, une longue période d'arrêt. Il est donc naturel de penser que le front de ces glaciers n'était pas immobile et qu'il éprouvait des oscillations.

Nous verrons, dans les paragraphes suivants, que lorsque les glaciers stationnèrent à Saint-Maurice-de-Gourdans, les torrents qu'ils engendraient déposaient en avant d'eux d'importantes alluvions (a[1b]). On comprend que les glaciers, en s'avançant plus ou moins loin, aient pu recouvrir ces alluvions et y déposer de la boue glaciaire qui a été ultérieurement recouverte de cailloutis, lorsque les glaciers ont éprouvé une oscillation en sens inverse. Nous n'avons malheureusement que des données tout à fait insuffisantes sur la nature et l'importance de ces oscillations.

ALTITUDES DU GLACIAIRE.

Le glaciaire s'observe à des altitudes diverses :

Dans la Dombes, il s'élève jusqu'à 328 mètres, au fort de Vancia; sur le plateau à l'ouest de Lyon, il atteint 320 mètres, près de Sainte-Foy, tandis que dans les plaines, à l'est de Lyon, il est très bas; à Bron, l'altitude n'est guère que de 200 mètres; à Anthon, en face du confluent du Rhône et de l'Ain, on voit même du glaciaire descendre jusqu'au niveau du Rhône; cependant nous pensons qu'en ce dernier point le glaciaire n'est pas en place.

Les berges de la vallée du Rhône montrent, en effet, non loin d'Anthon, des escarpements constitués par des cailloutis (Villette, Jons, Jonage), et le glaciaire occupe seulement le sommet des escarpements. Nous pensons donc qu'à Anthon, le glaciaire observé au niveau du Rhône a glissé sur les pentes et ne constitue qu'un éboulis. Vu le désordre que présentent toujours les éléments qui constituent le glaciaire, il est d'ailleurs bien difficile de distinguer un éboulis d'un dépôt en place.

Nous croyons devoir présenter encore au sujet du glaciaire l'observation suivante :

GLACIAIRES DES PÉRIODES DE PROGRESSION ET DE RECUL.

Dans toute la région située à l'est de Lyon, les glaciers ont occupé successivement deux fois les mêmes points : une première fois pendant la période

de progression, et une seconde fois pendant celle de recul. Les points limites
extrêmes de l'extension glaciaire font seuls exception. On doit donc avoir
presque partout deux glaciaires superposés; mais il est impossible de les distinguer. On peut dire seulement que les buttes observées appartiennent à la
période de retrait; que les glaciers ont dû démolir, en effet, dans leur période
de progression, les bourrelets trop saillants qu'ils avaient formés en avant
d'eux; le glacier de la période de progression ne forme donc probablement
qu'une nappe peu accidentée.

C. **Alluvions de la période de recul des glaciers.** — $(a^{1b}.)$

VALLÉE DU RHÔNE.

La carte de la Bresse montre qu'il existe, à l'est de Lyon, de grands
espaces non recouverts de glaciaire, qui constituent de vastes plaines; nous
citerons notamment la plaine d'Heyrieu à Saint-Fons, celles de Meyzieux,
de Villeurbanne, de la Valbonne; enfin celle située sur les rives de l'Ain en
aval de Pont-d'Ain.

Ces plaines sont essentiellement constituées par des cailloutis recouverts de
limon et très peu altérés; l'altération des dépôts est seulement superficielle,
et s'étend à une profondeur moindre que pour les cailloutis décrits dans le
premier paragraphe du présent chapitre.

Relation entre ces alluvions et les anciennes moraines. — Les plaines précitées ne forment pas, comme on est tout d'abord porté à le croire, des surfaces horizontales; elles constituent bien sur les rives du Rhône et de l'Ain
des terrasses d'une élévation moyenne de 12 à 15 mètres, mais elles se relèvent progressivement à mesure qu'on s'éloigne de ces cours d'eau, et forment
en réalité des plans inclinés. Si l'on considère, en particulier, la plaine qui
s'étend d'Heyrieu à Saint-Fons, région dans laquelle le chemin de fer de
Lyon à Grenoble fournit un profil exact (fig. 54), on voit que le sol s'élève
de la cote d'environ 182 mètres à celle de 270 mètres, sur une longueur de
16 kilomètres, soit une pente moyenne dépassant 5 m. 1/2 par kilomètre. On
remarque également que cette pente s'accroît à mesure qu'on s'éloigne du
Rhône, et que le profil correspond à celui d'un cours d'eau partant du point A
et aboutissant au point B (courbe concave, et sensiblement horizontale dans

sa partie la plus basse). D'autre part, on constate que les cailloutis s'arrêtent au point A contre une moraine; on remarque, en outre, qu'en ce point la moraine se confond avec les cailloutis à tel point qu'il est le plus souvent impossible de reconnaître les limites respectives des deux formations.

Fig. 54. — Coupe suivant le chemin de fer de Lyon à Heyrieu.

Il faut conclure de cet examen que les alluvions de la plaine d'Heyrieu-Saint-Fons représentent les dépôts d'anciens cours d'eau qui s'échappaient des glaciers d'Heyrieu et s'écoulaient dans un Rhône dont le niveau dépassait de 12 ou 15 mètres le niveau actuel.

Les autres plaines alluviales mentionnées ci-dessus présentent les mêmes caractères que celle d'Heyrieu-Saint-Fons et sont formées de la même manière; celles de Meyzieux et de Villeurbanne aboutissent à la moraine comprise entre Grenay et Anthon; la plaine de la Valbonne vient se souder à la moraine comprise entre Saint-Maurice-de-Gourdans et Leyment.

On constate là encore que le niveau du Rhône était alors supérieur à son niveau actuel, et que ses alluvions formaient une terrasse ayant 12 à 15 mètres d'élévation.

Dans la suite de notre exposé, nous désignerons, pour abréger, cette terrasse sous le nom de *terrasse de Villeurbanne*.

Les anciennes vallées caillouteuses que nous venons de décrire sont actuellement privées de cours d'eau ou ne possèdent que des ruisseaux sans importance.

Les alluvions sont très perméables; les ruisseaux ou rivières du Bugey se perdent pendant la majeure partie de l'année (même l'importante rivière de l'Albarine), dès qu'ils arrivent dans les cailloutis.

Ancienne moraine s'étendant de Lagnieu à la Verpillière. — Si on examine la carte de la Bresse, on voit que les moraines que nous venons de mentionner constituent un immense bourrelet qui s'étend presque sans discontinuité

35.

depuis Lagnieu jusqu'au delà de la Verpillière, en passant par Chazey, Saint-Maurice-de-Gourdans, Anthon, Colombier, Grenay. Il se poursuit même plus loin que la Verpillière, jusqu'au delà de Saint-Georges-d'Espéranche, occupant ainsi une longueur de plus de 50 kilomètres. Il y a là, comme l'avait déjà remarqué Lory, les restes d'une vaste moraine frontale.

Nous venons de voir que c'est du front du glacier occupant cette zone que s'échappaient les torrents qui déposaient les alluvions des plaines situées à l'est de Lyon. Vu l'importance de ces dépôts, il est nécessaire d'admettre que les glaciers ont eu, lorsque leur front occupait la ligne précitée, une assez longue période de stationnement.

Variations du niveau du Rhône avant la formation de la terrasse de Villeur-banne. — Nous avons vu aussi que le Rhône coulait alors à Lyon à l'altitude d'environ 180 mètres, tandis que pendant la période de progression et d'extension maximum des glaciers, le niveau du fleuve était 20 ou 25 mètres plus haut.

Il y aurait donc eu, entre le moment où les glaciers occupaient les hauteurs de Fourvières et celui où ils stationnaient sur la ligne de Lagnieu–la Verpillière, un important abaissement de niveau du fleuve.

On est alors conduit à se demander si le glaciaire de Lagnieu–la Verpillière ne constitue qu'une halte dans la période de retrait des glaciers, ou si, au contraire, après la grande extension glaciaire, il n'y aurait pas eu un recul des glaciers jusque dans les montagnes du Bugey ou de la Savoie, puis une nouvelle invasion qui les aurait amenés à Lagnieu et à la Verpillière.

Cette dernière hypothèse paraît au premier abord plus satisfaisante que la première. On a, en effet, quelque peine à admettre que dans l'intervalle de temps qu'à exigé le recul des glaciers de Fourvières à Lagnieu, il ait pu se produire un abaissement aussi notable du niveau du Rhône.

En admettant que les glaciers se soient retirés au loin, on conçoit très bien, au contraire, que le Rhône ait d'abord creusé son lit et l'ait ensuite comblé à nouveau lorsque les glaciers ont opéré leur nouveau mouvement de progression. Cependant un argument très démonstratif nous paraît devoir faire rejeter cette deuxième hypothèse. Si les glaciers s'étaient retirés au loin avant de revenir occuper la ligne Lagnieu–la Verpillière, et si, pendant cette période d'éloignement, le Rhône avait abaissé son lit de 20 à 25 mètres, on trouverait sur le bord du fleuve, à Villette, Saint-Maurice-de-Gourdans, et sur les rives de l'Ain, à Charnoz, Chazey, le glaciaire reposant sur des terrasses d'une hauteur moyenne de 10 à 15 mètres; or il n'en est rien, les moraines recouvrent seulement les cailloutis quaternaires anciens a^{la} [1]. On constate, en outre, que toute la grande plaine, entre le Rhône et l'Ain, comprise entre les villages de Proulieu, Saint-Vulbas, Blye, Chazey, est constituée par des alluvions qui forment une terrasse de 10 à 15 mètres d'élévation; cette terrasse aurait été déjà, dans l'hypothèse que nous combattons, formée avant le retour des glaciers et devait supporter des amas morainiques; or on n'en trouve aucun indice. Il faut donc admettre que c'est pendant la période de recul des glaciers de Fourvières à Lagnieu-la Verpillière que s'est produit l'abaissement du niveau du Rhône.

Il faut encore, vu la présence dans les vallées du Rhône, de l'Ain et de la Bourbre, en arrière de la ligne Lagnieu–Saint-Maurice–la Verpillière, de terrasses ayant la même hauteur que celle de Villeurbanne, admettre que le Rhône a conservé son niveau pendant un temps plus ou moins long, durant la période du recul des glaciers, après que ces derniers avaient abandonné la ligne Lagnieu–la Verpillière. Il resterait à expliquer l'abaissement assez rapide du niveau du Rhône dans les conditions indiquées ci-dessus. S'est-il produit un mouvement d'élévation de la région? Faut-il, au contraire, admettre que les glaciers étant dans leur période de décroissance charriaient par ce motif moins de matériaux, et qu'alors, conformément aux considérations présentées dans le chapitre IV, le profil du fleuve devait s'abaisser? Il est difficile, en l'état, de se prononcer entre ces deux hypothèses; cependant nous pensons que la deuxième est plus simple et plus satisfaisante que la première.

Épaisseur des alluvions. — Les données font défaut pour évaluer l'épaisseur des alluvions que nous venons d'examiner. Les cailloutis reposent, en effet, sur des cailloutis antérieurs, et il n'est pas possible de distinguer deux formations d'aspect et de constitution identiques.

VALLÉE DE LA SAÔNE.

Dans la vallée de la Saône, on observe, depuis Gray jusqu'à Villefranche, des lambeaux discontinus d'une terrasse venant buter contre celle des marnes

[1] On constate seulement en ces points quelques intercalations de glaciaires dans les cailloutis a^{lb}, ainsi que nous l'avons exposé précédemment pour la localité du Pollet.

et sables de Saint-Cosme, et située à une dizaine de mètres au-dessus du niveau de la Saône.

Le profil ci-dessous (fig. 55), relevé sur le chemin de fer de Chalon à Bourg, montre nettement cette terrasse qui supporte le village de Saint-Marcel et présente l'altitude d'environ 182 mètres; elle est constituée par des sables meubles siliceux extrêmement fins.

Fig. 55.

On retrouve la même terrasse avec des sables fins à Gray, au nord et au sud d'Auxonne, près de Seurre, près de Sennecey-le-Grand (Saint-Cyr), à la Truchère près Tournus, aux environs de Mâcon, à Belleville, à Saint-Georges, Villefranche, etc. Dans cette dernière ville, le sable est exploité et les carrières ont fourni divers ossements de Mammifères qui ont permis fort heureusement de dater cette formation et de la considérer comme correspondant à la période dite *interglaciaire* (voir *Paléontologie*).

Ces sables nous paraissent, vu leur altitude au-dessus de la Saône, être contemporains des alluvions de la terrasse de Villeurbanne; leur altitude au-dessus de la vallée de la Saône est, il est vrai, un peu moindre, mais il faut tenir compte du peu de cohésion des sables qui a facilité les érosions et a réduit la hauteur de la terrasse.

Nous n'avons malheureusement, pas plus dans la vallée de la Saône que dans celle du Rhône, de données sur l'épaisseur de la formation. Il n'a été opéré aucun forage un peu profond faisant connaître la nature et la puissance des assises. Il y a là une lacune qui ne pourra être comblée qu'ultérieurement.

VALLÉE DE L'OUCHE.

Dans la vallée de l'Ouche et de la Tille, on trouve des représentants des deux niveaux des terrasses de Saint-Cosme et de Saint-Marcel; le phénomène est bien net aux environs de Saint-Jean-de-Losne, à Saint-Usage.

La terrasse qui porte le village de Saint-Usage est à l'altitude de 189 mètres et bute contre le plateau de Montot, qui est à l'altitude de 200 mètres; le premier se relie à la terrasse de Saint-Marcel, tandis que le second corres-pond à la terrasse de Saint-Cosme.

PALÉONTOLOGIE.

VALLÉE DU RHÔNE.

Les alluvions a[1b] de la période de recul des glaciers sont pauvres en osse-ments fossiles dans la vallée du Rhône, en raison du facies grossier et torren-tiel des graviers de cette vallée.

Nous pouvons citer cependant les documents suivants :

1° *La grande terrasse de la Valbonne* a fourni une omoplate d'*Equus caballus* de petite race, dans la balastière de la Grande-Dangereuse, en face Beligneux (Faculté des sciences de Lyon).

Sur le prolongement de la même terrasse à Miribel, on a trouvé une che-ville de corne de *Bison priscus* (Mus. Lyon).

2° *La terrasse de Villeurbanne* a fourni, à Montchat, près de Lyon, une molaire inférieure d'*Elephas;*

3° *La terrasse de la gare de Chasse,* sur les confins méridionaux de notre carte, a fourni à M. Mermier un tibia de grande taille d'un Bovidé, probable-ment le *Bison priscus* (Faculté des sciences de Lyon).

VALLÉE DE LA SAÔNE.

Faune interglaciaire de Villefranche. — La basse terrasse, élevée de 10-15 mètres au-dessus du thalweg actuel, qui s'est formée dans la vallée de la Saône pendant la période de recul des glaciers est composée d'éléments sableux beaucoup plus fins que les alluvions contemporaines du Rhône, ce qui a permis la conservation des débris de Mammifères et même parfois de Mol-lusques fluviatiles.

Le point qui s'est montré le plus riche en découvertes de fossiles est la loca-lité de Villefranche, où l'on exploite, le long de la route qui va de cette ville au pont de Beauregard, toute une série de sablières dont la coupe est assez uniforme.

La partie supérieure exploitée du dépôt consiste en sables fins, gris jau-nâtres, et ne contient que quelques coquilles de *Bithynia tentaculata.* Mais au-dessous des sables fins, on trouve des graviers plus grossiers, que l'exploitation des sablières atteint seulement par intervalles et qui renferment une grande abondance d'ossements et de dents de Mammifères, ainsi que des silex taillés de main humaine [1].

La faune de Villefranche comprend, dans l'état actuel, les espèces suivantes (Faculté des sciences de Lyon) :

Silex taillés humains (pl. XVI, fig. 1-3).

Les silex assez nombreux recueillis dans les graviers inférieurs des sablières possèdent une taille intentionnelle non douteuse. Leur caractère principal consiste à ne posséder de retouches que sur une face, comme dans les types du *Moustier*, et non sur les deux faces, comme dans le type amygdaloïde classique de *Saint-Acheul*. Le rapprochement avec les silex taillés du Moustier persiste jusque dans le détail des formes, car on rencontre dans les graviers de Villefranche le *racloir* (pl. XVI, fig. 1 et 3) relativement grand et large, et la *pointe* (pl. XVI, fig. 2) de forme étroite et allongée. L'industrie humaine qui accompagne, dans la vallée de la Saône, la faune tempérée à *Rhinoceros Mercki*, aurait donc été sensiblement différente de celle du bassin de Paris à la même époque.

Les silex de Villefranche sont les traces les plus anciennes connues, *trouvées en place dans les alluvions*, de la présence de l'homme dans la vallée de la Saône, pendant la période de réchauffement qui a suivi la plus grande extension des glaciers alpins.

Hyæna crocuta Erxl, race spelæa Goldf. (pl. XVI, fig. 8).

L'Hyène tachetée est représentée par une demi-mandibule portant en place la canine brisée à la pointe et les trois prémolaires (pm^2, pm^3, pm^4), qui se rapportent bien au type *crocuta* par leur forme raccourcie, épaisse, et par l'absence de talon en avant de la prémolaire médiane (pm^3). Les prémolaires inférieures du groupe de l'Hyène rayée (*H. striata*) sont plus allongées et plus tranchantes.

L'*Hyæna spelæa* débute dans le *Forest-bed* de Suffolk, et elle est une des espèces les plus répandues dans les graviers interglaciaires d'Angleterre (Essex), de France et d'Allemagne, et dans la faune des cavernes (Kent's Hols,

---

[1] Depéret, *Sur la découverte de silex taillés dans les alluvions quaternaires à* RHINOCEROS MERCKI, *de la vallée de la Saône à Villefranche.* (*Comptes rendus Ac. sc.*, Paris, 8 août 1892.)

Brixham, etc.); elle constitue à peine une variété de l'Hyène tachetée actuelle du centre de l'Afrique.

Rhinoceros Mercki Kaup. (pl. XVI, fig. 4-7, et pl. XVIII, fig. 1-3).
[Syn. : **R. leptorhinus** Ow. non Cuv. — **R. hemitraeohus** Falc.]

Nous avons recueilli diverses pièces de ce Rhinocéros, bien distinct de l'espèce glaciaire (*R. tichorhinus*) par ses molaires supérieures plus larges, dont les collines s'insèrent à peu près perpendiculairement sur la muraille externe, au lieu de s'infléchir fortement en arrière, et dont les molaires supérieures usées portent deux fossettes au lieu de trois sur leur couronne : nous signalerons une prémolaire très usée (fig. 6), une arrière-molaire également très usée (fig. 5), enfin une belle arrière-molaire à l'état de germe et montrant bien la disposition caractéristique des collines transverses (fig. 4).

Nous avons également trouvé une arrière-molaire inférieure assez usée (fig. 7) et plusieurs os des membres : un calcanéum (fig. 3), un unciforme (fig. 2), enfin un beau métacarpien médian (fig. 1), dans les proportions du *R. bicornis* actuel.

Le *Rh. Mercki* est un type de climat tempéré ou chaud, qui se rattache de très près aux *Rh. Etruscus* et *leptorhinus* du Pliocène, tandis qu'il diffère beaucoup plus du type *R. tichorhinus,* ami d'un climat froid ou glaciaire. Il caractérise parfaitement les graviers interglaciaires d'Angleterre (Ilford, Grays, Lexden, Clacton, etc.), de France (Chelles, etc.), d'Allemagne (Weimar, etc.); c'est la première fois que l'espèce est signalée dans le bassin du Rhône.

Sus scrofa L. (pl. XIX, fig. 9).

La présence du Sanglier est indiquée à Villefranche par deux défenses ou canines supérieures identiques à celles d'un sanglier actuel.

Equus caballus (pl. XVII, fig. 2, et pl. XIX, fig. 10).

Le Cheval est, avec le Bison, l'animal le plus commun dans les graviers de Villefranche. Il y est représenté par une race de grande taille, supérieure à celle de la petite race de Solutré, mais ne nous ayant montré aucun caractère qui permette de le distinguer du Cheval actuel.

Elephas cf. antiquus Falc.

Nous n'indiquons qu'avec une certaine réserve la présence de l'*E. antiquus*

36

à Villefranche, parce que nous n'avons recueilli encore aucune molaire complète permettant une détermination précise; mais les fragments de molaires (dont l'un porte 6 lamelles en connexion) que nous avons entre les mains présentent bien la forme étroite des molaires de l'*Equus antiquus*, compagnon fidèle du *R. Mercki* dans les graviers interglaciaires, correspondant à un réchauffement relatif du climat quaternaire.

Bison bonasus L., race **priscus** Boj. (pl. XVII, fig. 1; pl. XVIII, fig. 4-7, et pl. XIX, fig. 6-8).

Le Bison fossile, ancêtre du *Bison europæus* actuel des forêts de Lithuanie, est abondant à Villefranche.

Nous avons entre les mains une belle cheville de corne (pl. XVII, fig. 1), longue de 0^{m}37 en ligne droite, avec un diamètre de 0^{m}12 à la base; sa forme conique, légèrement infléchie, profondément cannelée de larges sillons parallèles sur la face convexe, permet aisément de reconnaître ce type, qui ne diffère du Bison actuel que par ses cornes un peu moins courbées.

Nous avons également recueilli deux demi-mandibules (pl. XVIII, fig. 7) et des molaires supérieures (pl. XIX, fig. 6-8) de ce grand Bovidé, et en outre une grande quantité d'os des membres, en particulier le métacarpe (pl. XVIII, fig. 4), long de 0^{m}25, et le métatarse (pl. XVIII, fig. 5), long de 0^{m}30.

Le *Bison priscus* débute dans le *Forest-bed* d'Angleterre et devient très abondant dans les alluvions interglaciaires de toutes les contrées de l'Europe; il a habité encore le centre de l'Europe à des époques historiques, et s'est réfugié aujourd'hui dans les forêts de la Lithuanie, où il vit grâce à la protection humaine.

Cervus megaceros? Hart. (pl. XIX, fig. 1).

Nous attribuons avec quelque réserve au grand Cerf du Pliocène supérieur (Saint-Prest, Chalon-Saint-Cosme) et du Quaternaire ancien (Angleterre, tourbières d'Irlande, France, etc.) deux molaires supérieures d'un Cervidé de grande taille, qui, pour leurs dimensions, pourraient s'accorder aussi bien avec la forte race quaternaire de l'Élaphe (race *Canadensis*).

Cervus elaphus L. (pl. XIX, fig. 2-5).

Un Cerf de la taille du *C. elaphus* actuel est indiqué à Villefranche par des dents, des fragments de bois, et des os des membres qui ne diffèrent pas de ceux du type vivant.

Mollusques.

Bithynia tentaculata L.

La Bithynie de Villefranche est identique au type actuel de la Saône. C'est d'ailleurs une forme ancienne que nous avons trouvée dès le Pliocène du niveau de Saint-Amour, d'Auvillars, de Chalon-Saint-Cosme.

Valvata obtusa Studer.

Cette coquille, distincte de *V. piscinalis* par sa spire peu élevée, ses tours à sutures peu profondes, par son ombilic petit et étroit, est rare à Villefranche. M. Locard l'a signalée dans les argiles postglaciaires de la Caille et de Fleurville, et M. Bourguignat dans les graviers quaternaires des environs de Paris. Elle vit dans le lac du Bourget, en Suisse et aux environs de Paris.

ÂGE INTERGLACIAIRE DE LA FAUNE DE VILLEFRANCHE.

L'association des huit espèces qui forment la faune de Mammifères des sables de Beauregard s'accorde pour faire considérer cette faune comme une faune quaternaire de climat tempéré ou chaud, ainsi que l'indiquent l'abondance des herbivores (Cerfs, Bison) et l'absence des espèces de climat froid ou *glaciaire*, comme le Renne, le Rhinocéros à toison épaisse (*R. tichorhinus*) et le Mammouth sibérien à longs poils (*E. primigenius*). La présence du *Rhinoceros Mercki*, espèce à affinités pliocènes, et celle moins certaine d'un Éléphant du type *antiquus* sont importantes à faire ressortir, parce que ces deux espèces caractérisent partout en Europe la faune quaternaire chaude, dite *chelléenne*, que les observations des géologues d'Angleterre et d'Allemagne s'accordent pour considérer comme ayant vécu entre deux périodes de grande extension des glaciers quaternaires et qui mérite, par conséquent, le nom d'*interglaciaire*.

La stratigraphie s'accorde du reste avec ces conclusions paléontologiques pour attester la position interglaciaire des graviers de Villefranche. Ceux-ci sont incontestablement postérieurs, par leur faible altitude au-dessus de la Saône, à la grande extension glaciaire dont les moraines frontales ont poussé leurs cônes de déjection sous forme de hautes terrasses de graviers qui s'élèvent à plus de 40 mètres au-dessus du thalweg actuel dans les environs de

36.

Lyon. Nous avons plus haut admis que la terrasse de Villefranche était à peu près contemporaine des basses terrasses de graviers (15-20 mètres) édifiées par le Rhône à l'époque du grand recul des glaciers.

D'autre part, nous verrons qu'on trouve dans la vallée de la Saône, dans les graviers de fond de la rivière, et par conséquent à un niveau bien inférieur à celui de la terrasse de Villefranche, de nombreuses molaires d'*Elephas primigenius* du type sibérien, indiquant un retour du froid dans la région après le dépôt des sables de Villefranche. Il nous paraît probable que ce retour du froid correspond à une nouvelle période d'avancement des glaciers alpins, mais nous devons dire que nous ignorons encore jusqu'à quel point exact se sont avancées les moraines de cette deuxième phase de progression des glaciers quaternaires; du moins il ne semble pas que ces glaciers aient atteint alors les limites de la région bressane.

D. **Graviers de fond de la Saône et du Rhône.** — (a^{1b}.)

Les lits de la Saône et du Rhône renferment des graviers dans lesquels on rencontre très fréquemment l'*Elephas primigenius*.

CONSTITUTION DE LA FORMATION.

Une coupe transversale de la Saône faite à Chalon serait représentée par la figure ci-dessous (fig. 56).

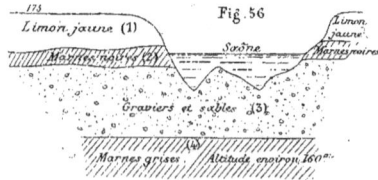
Fig. 56

Le limon (1) résulte de dépôts formés par la Saône dans les périodes d'inondations; il contient dans sa partie supérieure des débris de l'industrie humaine.

Marnes supérieures. — Les marnes noires supérieures (2) affleuraient

autrefois pendant la période des basses eaux, avant la création des barrages ;
elles se poursuivent d'ailleurs sur toute la longueur du cours de la Saône ;
elles ont été décrites déjà par les géologues lyonnais sous le nom d'*argiles de
la Caille;* elles renferment de nombreux mollusques, qui ont été étudiés par
M. Locard [1].

Le canal de Fleurville à Pont-de-Vaux a recoupé cette formation, et l'on
y a trouvé des ossements d'*Elephas primigenius.*

Graviers. — Les graviers (3) ont fourni de nombreux débris d'*Elephas primigenius* ramenés par les dragues qui exploitent les graviers et les sables ; nous
nous bornerons à citer les principales localités suivantes, où ce mammifère a
été trouvé : Gray, Verdun-sur-le-Doubs, la Truchère, Saint-Albin, Mâcon,
Collonges, Lyon (graviers de la Saône et graviers du Rhône).

Marnes inférieures. — Les marnes inférieures (4) n'ont pas été traversées
à Chalon, mais elles l'ont été sur d'autres points ; elles se relient, en effet, à
une importante formation marneuse qui se poursuit dans toute la vallée de
la Saône. Près de Trévoux, au port Bernalin, en face de Parcieux, un sondage dans le lit même de la rivière, et commencé à 6 mètres au-dessous de
l'étiage, a donné la coupe suivante :

Graviers fins	0^m46
Marnes grises plastiques	1 29
Tourbe	0 10
Argile grise avec beaucoup de débris de végétaux	1 25
Argile grise plastique	1 60
Tourbe en décomposition	0 00
Eau jaillissante provenant de la base de cette assise (due probablement à la pression des gaz résultant de la décomposition des matières végétales)	3 72
Marne grise et bleue	4 09
Sables fins avec quelques galets (non traversés)	?

Les graviers qui constituent la couche supérieure sont ceux que charrie
actuellement la Saône ; ils sont en ce point très peu épais ; ailleurs, notamment aux environs de Chalon, ils sont plus développés.

[1] Locard, *Nouv. rech. sur les argiles lacustres des terrains quaternaires des environs de Lyon.* (Soc.
agric. hist. nat. de Lyon, 1880.)

D'autres sondages, que nous allons passer en revue, ont fourni des coupes analogues.

A Pagny-la-Ville, au nord de Seurre, un forage situé sur la rive gauche de la Saône a donné :

Terre végétale................................. 1^m70
Argile jaune.................................. 1 20
Sable et graviers............................. 1 91
Graviers fins................................. 5 99
Sable fin.................................... 0 48
Marnes bleues et débris de bois................. 7 27
    (Assise non traversée entièrement.)

A Gergy, on a eu la succession suivante dans un sondage fait sur la berge Ouest de la Saône :

Terre végétale................................ 1^m60
Argile jaune.................................. 0 85
Sable jaune et gris........................... 3 40
Marne noire.................................. 0 80
Sable gris et jaune avec lits de graviers......... 12 30
Marne verdâtre............................... *0 25*
Sable argileux................................ 0 95
Marne verdâtre ou grise avec lignite............ *1 85*
    (Assise non traversée entièrement.)

Les coupes que nous venons de reproduire montrent qu'il existe au-dessous des graviers du lit de la Saône une assise constante de marnes renfermant des débris de bois.

Il nous semble, dans ces conditions, qu'il y a lieu de considérer comme appartenant à la même formation les graviers et les marnes inférieurs. L'ensemble représenterait le Quaternaire le plus récent.

ÉPAISSEUR DE LA FORMATION, CREUSEMENT DE LA VALLÉE AVANT LE DÉPÔT.

Nous ignorons quelle est exactement l'épaisseur de cet ensemble; cependant nous pouvons, en rapprochant les résultats des sondages de Chalon de ceux du sondage de Port Bernalin, dire qu'elle est d'au moins 20 mètres. Les assises supérieures s'élèvent à peine au-dessus de l'étiage. En acceptant ces chiffres, qui sont des minima, nous sommes conduits à admettre qu'après le dépôt de la terrasse de Villefranche et de Saint-Marcel, il s'est effectué, dans la vallée de la Saône, un creusement d'au moins 32 ou 35 mètres, puis que la dépression ainsi formée a été remplie ensuite par les marnes et graviers à *Elephas primigenius*.

Il est d'ailleurs intéressant de constater que la Saône, depuis cette époque, tend toujours à combler progressivement son lit majeur, de telle sorte qu'il n'y a aucune discordance, aucun ravinement entre les dépôts actuels et ceux du Quaternaire supérieur, dont ils forment la continuation.

Le régime de la rivière s'est seulement modifié : elle ne dépose plus dans son lit majeur que du limon, tandis qu'à l'époque quaternaire, elle y charriait des sables et des graviers.

Le creusement opéré dans la vallée de la Saône, après la formation de la terrasse de Saint-Marcel, a été provoqué par celui de la vallée du Rhône; ce dernier s'explique aisément d'ailleurs par le recul des glaciers, qui abandonnèrent les massifs du Bugey pour se retirer plus ou moins loin dans les montagnes de la Savoie.

CONTINUITÉ DU PHÉNOMÈNE DE COMBLEMENT DE LA VALLÉE JUSQU'À L'ÉPOQUE ACTUELLE.

Le nouveau remplissage de la vallée du Rhône, et par suite de celle de la Saône, résulterait d'un dernier réveil de l'activité glaciaire, provoquant le charriage par le Rhône de matériaux plus volumineux et plus abondants. Il résulte, en effet, des études faites par les géologues étrangers qu'à la fin du Quaternaire, il y a eu une nouvelle extension des glaciers des Alpes qui ont alors recouvert, en Allemagne et en Suisse, de vastes superficies. Nous n'avons trouvé, dans la région étudiée, aucun dépôt morainique pouvant être rattaché à cette époque. Les glaciers ne seraient donc pas arrivés alors jusqu'à la bordure de la cuvette Bressane.

D'ailleurs il est possible que dans la région située à l'ouest des Alpes, cette dernière période glaciaire ait correspondu plutôt à un abaissement de la température qu'à une augmentation sérieuse dans les précipitations atmosphériques. Nous avons mentionné, en effet, qu'après le dépôt des graviers et marnes à *Elephas primigenius*, le lit de la Saône n'avait subi aucun abaissement, ce qui semblerait indiquer qu'il n'y a pas eu, depuis cette époque, de variations bien saillantes dans le régime des cours d'eau.

PALÉONTOLOGIE DES GRAVIERS DE FOND DU QUATERNAIRE SUPÉRIEUR.

Les musées de Lyon, de Gray, de Dijon, de Pont-de-Vaux, de Tournus contiennent de nombreux débris de mammifères trouvés dans les graviers de fond du Rhône et surtout dans la vallée de la Saône ou de ses affluents. Voici la liste des espèces, avec les principales localités où elles ont été découvertes :

Elephas primigenius Blum. — La plus grande partie sont des molaires du type à lamelles étroites (race sibérienne) ; mais quelques-unes ont des lamelles plus écartées, avec un émail plus plissé et se rapprochent du type nommé par Jourdan *intermedius* (race à lames écartées de M. Gaudry).

    Vallée du Rhône. — Aux environs de Lyon (Brotteaux, Vitriolerie, Perrache, Oullins).

    Vallée de la Saône. — Gray, Pontailler, Maxilly près Auxonne, Verdun-sur-le-Doubs, Saint-Jean-de-Losne, Tournus, Pont-de-Vaux, la Truchère à l'embouchure de la Seille, Ratenelle près Cuisery, Mâcon, Saint-Albin-sur-Mâcon, environs de Lyon (Pont-de-Collonges, Saint-Rambert-l'île-Barbe, Serin, Pont-au-Change, Pont-Nemours, quai de l'Arsenal, la Mulatière).

Rhinoceros tichorhinus Cuv. — Une seule molaire supérieure du lit de la Saône, près Pontailler.

Equus caballus L. — Auxonne, Bonnencontre, Lyon-Vaise.

Sus scrofa L. — Une canine supérieure à Seurre.

Cervus elaphus L. — Lit de la Saône à Chaney, Pontailler, Pagny-la-Ville, au Châtelet près Seurre.

Cervus tarandus L. — Une base de bois avec les deux andouillers trouvée par M. Cuvier dans le lit de la Saône, au pont de Collonges, au-dessous des argiles de la Caille. — Un bois plus complet du lit de la Seille, près la Truchère (Mus. Tournus).

Bos sp. — Un astragale à Pontailler.

Cette faune des graviers de fond, quoique peu nombreuse en espèces, se distingue nettement de la faune interglaciaire de Villefranche par la présence des espèces les plus importantes de la faune quaternaire froide (*Mammouth*, *Rhinoceros tichorhinus*, *Renne*), et mérite bien, en conséquence, les noms de *glaciaire*, en ce sens qu'elle correspond à une période de retour du froid (avec progression probable des glaciers) qui a suivi l'époque de réchauffement relatif correspondant à la faune de Villefranche. Cette dernière, caractérisée par le *Rhinoceros Mercki*, se trouve ainsi comprise entre deux faunes froides caractérisées l'une et l'autre par le Mammouth sibérien.

E. Limon des plateaux et limon des pentes. — (A.)

Le limon occupe de grandes superficies; il recouvre la plupart des plateaux et tapisse les pentes. C'est surtout dans la Dombes et aux environs de Lyon que cette formation est le plus développée.

LIMON DES PLATEAUX.

Sur les plateaux, le limon résulte surtout de l'altération des terrains superficiels; les calcaires ont été dissous, les quartzites elles-mêmes s'effritent, se réduisent en sable fin, et il reste un résidu argilo-sableux qui a généralement une épaisseur comprise entre 1 et 2 mètres. Diverses carrières mettent bien en évidence ce phénomène de formation du limon par altération des terrains sous-jacents. Nous signalerons notamment une carrière située près de Francheleins, en bas de la montée de Cesseins; on y voit des cailloux recouverts d'un limon contenant encore quelques petits galets de quartz rougeâtre qui ont jusqu'ici, par suite de leur dureté, échappé à la décomposition qui a détruit les autres galets.

Naturellement le véritable limon d'altération renferme peu de fossiles; ces derniers ont été le plus souvent décomposés et ont disparu.

LIMON DES PENTES.

Il est un limon qui est dû à une autre origine, au ruissellement sur les pentes. Aux environs de Lyon, le ruissellement a entraîné soit la boue glaciaire des moraines, soit les produits d'altération des roches du Mont d'Or, et a déposé sur les pentes du limon qui atteint parfois une épaisseur de 5 à 6 mètres.

Le limon de ruissellement a naturellement une composition et un aspect un peu différents, suivant qu'il provient du lessivage des moraines ou du lessivage d'autres terrains; aussi la désignation de *lehm* s'applique-t-elle surtout au limon provenant des moraines. Mais ce n'est là qu'une différence d'ordre secondaire, qu'il nous a paru inutile de maintenir.

Le limon est généralement jaune, mais la partie supérieure est altérée et rubéfiée.

PALÉONTOLOGIE ET ÂGE DU LIMON.

Mollusques.

Le limon de ruissellement renferme des mollusques terrestres dont l'étude a été faite par M. Locard[1], qui a reconnu des différences, assez notables suivant les districts, dans le groupement des espèces et dans le caractère général des faunules du limon de la région lyonnaise. Selon cet auteur, la *faune du lehm du Mont d'Or,* sur la rive droite de la Saône, est celle qui manifeste le plus de dissemblance avec la faune vivante, et dont le caractère alpestre est le mieux accusé. Le *lehm du plateau de la Dombes* contient une faune assez voisine de la précédente, mais avec un caractère alpestre moins accusé, par suite de l'introduction de plusieurs espèces de la faune actuelle et d'habitat moins élevé. Enfin la *faune du lehm du Bas-Dauphiné* (entre Lyon et Vienne) est celle qui présente le plus d'analogie avec la faune actuelle.

Nous pensons que l'on peut attribuer les différences malacologiques constatées par M. Locard à une différence d'âge assez sensible dans l'époque de formation du lehm de ces trois districts. Le limon du Mont d'Or est pour nous le plus ancien; il se serait formé à l'époque du maximum d'extension des glaciers, en avant du front des moraines, dans une région qui n'a jamais été recouverte par la glace. Le limon de la Dombes s'est formé ensuite à l'époque du recul des glaciers, au moment où ceux-ci ont abandonné le plateau de la Dombes, tout en occupant encore le fond de la vallée du Rhône et les plaines basses du Dauphiné, ainsi que nous l'avons montré dans un chapitre précédent. Enfin le lehm du Bas-Dauphiné n'a pu se produire que lorsque les glaciers ont eu définitivement quitté ces régions basses.

Mammifères.

La faune mammalogique du lehm est assez nombreuse : elle a été décrite

[1] Locard, *Descr. de la faune malacol. du terr. quatern. des environs de Lyon* (Ann. Soc. agric. Lyon, 1879).

par MM. Lortet et Chantre[1], et nous nous bornerons à la résumer de la manière suivante :

A. Le *lehm des plateaux et des régions élevées* (Mont d'Or lyonnais, plateau de Caluire) est peu riche en Mammifères. Nous pouvons citer (Mus. Lyon) :

Elephas intermedius Jourdan, ainsi nommé par Jourdan parce que ses molaires se rapprochent de celles de l'*Elephas antiquus* par le degré d'écartement des lamelles d'émail, tandis qu'elles s'écartent de ce type par la largeur de leur couronne et sont plus voisines à cet égard des molaires de l'*E. primigenius*. Dans la Sarthe, M. le professeur Gaudry désigne une race semblable à celle de Lyon sous le nom de *E. primigenius, variété à lames écartées*. Les molaires de cet *Elephas intermedius* sont fréquentes dans le limon des plateaux (le Vernay, Caluire, la Duchère, la Boucle, la Demi-Lune, Saint-Just, Fourvières, la Quarantaine). De cette dernière localité, située dans l'intérieur même de la ville de Lyon, provient le magnifique squelette monté qui orne les galeries du Muséum de cette ville.

Elephas primigenius Blum. — Rares molaires à lamelles serrées et à couronne large (type sibérien) trouvées dans le lehm à Caluire, à la Croix-Rousse, à Saint-Didier au Mont d'Or.

Ursus spelæus Blum. — Lehm de Saint-Didier au Mont d'Or.

Sus scrofa L. — Grande race. Une énorme tête entière a été trouvée dans le limon de Saint-Didier au Mont d'Or.

Cervus megaceros Hart. — Lehm de Saint-Didier. Nous avons trouvé nous-même une demi-mandibule de ce grand Cerf dans le lehm de Sathonay.

Bos primigenius Bojanus. — Lehm de Saint-Didier, de Fontaines, de Loyasse.

B. Le lehm des pentes et des bas-fonds (vallée de la Saône, la Pape, Saint-Clair, Bas-Dauphiné) est plus riche en débris de Mammifères. La localité la plus importante est celle de la gare de Saint-Germain-au-Mont-d'Or, qui a fourni les espèces suivantes :

Elephas primigenius Blum.

Rhinoceros Jourdani Lortet et Chantre. — Crâne du groupe *tichorhinus*, à cloison osseuse nasale complète, mais différent du type sibérien par ses régions nasale et occipitale relevées, ce qui rappelle les *Rhinoceros* pliocènes.

Equus caballus L.

[1] Lortet et Chantre (*Archives du Mus. de Lyon*, t. I).

37.

Bos primigenius Boj.

Bison priscus Boj. — Crâne trouvé à Chaponnay (Isère).

Cervus tarandus L.

Arctomys primigenia Kaup.

Nous pouvons mentionner spécialement la découverte faite par M. Cuvier, dans le limon sableux à l'entrée du tunnel de Caluire, d'un magnifique bois de Renne entier (Mus. Lyon) et d'une demi-mandibule d'*Equus caballus*.

ÂGE DU LIMON.

Il résulte de ce résumé paléontologique sommaire que le lehm des pla- teaux seul contient des débris de l'*Elephas intermedius,* associé, il est vrai, quoique assez rarement, à l'*E. primigenius* sibérien et à une faune d'herbi- vores de climat tempéré. Au contraire, le lehm des bas-fonds renferme une faune de climat plus froid, caractérisée surtout par le Renne, la Marmotte, le Mammouth sibérien et un Rhinocéros du groupe *tichorhinus.* Nous pouvons en conclure que la formation du limon a dû commencer à avoir lieu à l'*époque interglaciaire* (limon à *E. intermedius*), c'est-à-dire après le retrait des glaciers de la première extension quaternaire et avant le dépôt des graviers de fond des vallées, à *Elephas primigenius.* Toutefois le limon a continué à se former ultérieurement, surtout sur les pentes et dans les bas-fonds, comme le montre le beau gisement de Saint-Germain-au-Mont-d'Or (limons à Mammouth sibé- rien et Renne), à une époque qui correspond à la dernière période de refroi- dissement dans la Bresse et à la deuxième extension glaciaire quaternaire dans la région alpine.

Le limon de ruissellement et celui d'altération doivent sans doute se for- mer encore aujourd'hui, mais leur formation est beaucoup plus lente qu'à l'époque quaternaire; il y avait alors des pluies plus abondantes, et en outre les froids plus vifs devaient avoir pour effet d'émietter plus rapidement les rochers. Il nous a donc paru rationnel de classer le limon dans l'étage quater- naire.

CHAPITRE VII.

RÉSUMÉ.

Il nous paraît utile, après ce long exposé, de résumer en quelques pages les faits les plus saillants fournis par l'étude de la Bresse, tant au point de vue stratigraphique qu'au point de vue paléontologique.

STRATIGRAPHIE.

ÉOCÈNE.

Après le dépôt des terrains crétacés, les mouvements orogéniques se sont fait sentir dans la région, la cuvette Bressane a commencé à s'esquisser, le crétacé émergé a subi des ablations considérables, et le résidu de son altération par l'effet des agents atmosphériques a constitué les *argiles à silex* des côtes Chalonnaises et Mâconnaises.

Dans la cuvette se sont formés, à l'époque du calcaire grossier supérieur, les calcaires lacustres à *Planorbis pseudo-ammonius*.

Les formations *éocènes* ne constituent que des lambeaux discontinus et sont encore assez mal connues.

OLIGOCÈNE.

L'*Oligocène* est, en revanche, assez bien développé, bien qu'il ait été fort morcelé par les dislocations et par les érosions. Les témoins qui subsistent sont assez nombreux pour permettre de reconstituer à peu près les limites du dépôt primitif. On arrive à reconnaître ainsi qu'un vaste lac oligocène recouvrait toute la Bresse; ce lac s'étendait, au nord, jusqu'au delà de Gray; au sud, il se continuait vraisemblablement au delà de Lyon et occupait toute la vallée du Rhône.

Dans la région Bressane, la largeur du lac oligocène dépassait sensiblement, tant à l'est qu'à l'ouest, les limites de la cuvette actuelle.

Il y avait donc alors, dans les vallées de la Saône et du Rhône, un lac *oligocène* dépassant de beaucoup en étendue ceux du Plateau central.

Mais les dépôts *oligocènes* ont été fort disloqués par l'effet des mouvements alpins, et il ne reste plus aujourd'hui que des lambeaux disséminés et généralement discontinus.

La cuvette Bressane a continué à s'affaisser; les dépôts oligocènes ont été enfouis en profondeur, et dans la dépression ainsi créée se sont formés les dépôts successifs du Miocène et du Pliocène.

Dans les autres cuvettes oligocènes du Plateau central, les mouvements provoqués par les soulèvements alpins ont eu un moindre retentissement; aussi ces dépôts offrent-ils aujourd'hui encore un ensemble généralement homogène et continu.

Ces circonstances expliquent pourquoi l'existence d'un vaste lac oligocène Bressan n'avait pas été, croyons-nous, constatée dans le passé.

MIOCÈNE.

Dans le synclinal formé par l'Oligocène plissé s'est déposé le *Miocène* (*mollasse marine Tortonienne et mollasse d'eau douce Pontique*). Toutefois le Miocène n'a occupé qu'une superficie restreinte; il s'est déposé seulement dans la région orientale de la Bresse, et il n'a probablement pas dépassé au nord la ville de Lons-le-Saunier. L'aire d'extension du Miocène à l'ouest et au nord a donc été de beaucoup inférieure à celle de l'Oligocène. Il est d'ailleurs assez difficile, en l'état actuel de nos connaissances et vu l'absence ou la rareté des fossiles, de savoir jusqu'où s'étend au nord, dans la Bresse, le Miocène marin. Il est possible que la plupart, peut-être même la totalité des dépôts reconnus sur la lisière du Jura, au nord de Pont-d'Ain, appartiennent au Miocène d'eau douce. Ce dernier renferme, à sa partie supérieure, des gîtes de lignite de minime importance autrefois exploités.

Le Miocène d'eau douce (Pontique) est exclusivement sableux et rappelle comme aspect le Miocène marin, tandis que l'Oligocène est essentiellement calcaire; cette dernière formation est franchement lacustre, tandis que le Miocène supérieur serait plutôt une formation d'estuaire; de là l'origine de la dissemblance dans les dépôts.

MOUVEMENTS OROGÉNIQUES APRÈS LE MIOCÈNE.

Après le Miocène, les mouvements orogéniques ont eu une intensité exceptionnelle; la cuvette Bressane s'est effondrée, et, par l'effet d'une compression latérale énergique, le Jura a redressé jusqu'au delà de la verticale les assises de l'Oligoçène et du Miocène. A la suite de ces mouvements, le synclinal Bressan avait vraisemblablement la disposition figurée par le croquis schématique ci-dessous (fig. 57).

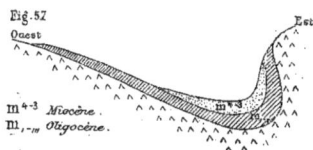

Il s'était formé une profonde et vaste cuvette qui était toute préparée pour recevoir les dépôts pliocènes.

PLIOCÈNE.

PLIOCÈNE INFÉRIEUR. — A l'époque du Pliocène inférieur, la mer occupait la majeure partie de la vallée du Rhône; elle arrivait jusqu'à Givors, presque aux portes de Lyon. La Bresse constituait alors un lac dont les eaux s'écoulaient au sud de Lyon dans la mer Pliocène; des dépôts lacustres constitués par des marnes, des sables fins siliceux à aspect mollassique, s'y accumulèrent. Sur le pourtour de ce lac se formaient en même temps des minerais de fer en grains.

Trois subdivisions stratigraphiques nous ont paru pouvoir être établies dans ce Pliocène lacustre : la zone inférieure marneuse, constituée par les *marnes de Mollon*; la zone moyenne, formée par une alternance de sables, de marnes et d'argiles plus ou moins réfractaires (*zone des marnes et sables de Condal*); enfin la zone supérieure principalement marneuse, appelée *marnes d'Auvillars*.

Pendant que s'effectuaient ces dépôts, la forme de la cuvette Bressane se modifiait progressivement; il en résulte que la zone de Mollon est localisée dans le sud, que la zone moyenne occupe presque toute la dépression, tandis que les marnes d'Auvillars n'existent que dans la région centrale du côté de la lisière Ouest.

Les minerais de fer appartiennent essentiellement à la zone moyenne; il en est de même des argiles réfractaires.

Les mouvements orogéniques qui ont affecté la cuvette Bressane, soit pendant le dépôt du Pliocène inférieur, soit postérieurement, ont eu pour effet d'en relever les assises. Ce relèvement s'est opéré vraisemblablement sur les divers bords de la cuvette, mais il est surtout accentué et apparent du côté de la lisière jurassienne.

Ce sont ces mêmes mouvements orogéniques qui ont chassé la mer Pliocène de la vallée du Rhône.

L'épaisseur du Pliocène est difficile à évaluer, mais elle est certainement importante; elle dépasse plusieurs centaines de mètres.

Nous sommes ainsi conduits à une conclusion très différente de celle autrefois admise, alors qu'on considérait le Pliocène Bressan comme sensiblement horizontal.

Nous sommes amenés, en outre, à admettre que la cuvette Bressane a été, pour ainsi dire, constamment en mouvement, depuis le début du Tertiaire jusqu'après le Pliocène inférieur.

PLIOCÈNE MOYEN. — Le Pliocène moyen et le Pliocène supérieur présentent des caractères tout autres que ceux du Pliocène inférieur; ce sont des dépôts essentiellement fluviatiles. La formation de ces alluvions a été accompagnée de phénomènes assez complexes, que nous allons passer rapidement en revue.

Nous avons dit que le Pliocène inférieur Bressan avait été suivi d'un soulèvement alpin qui en avait notablement relevé les assises vers l'est; à ce moment, les Alpes surélevées donnèrent naissance à des torrents et à des rivières, dont les eaux provoquèrent le creusement de la vallée actuelle du Rhône et, par suite, celle de la Saône et de ses affluents. Cette dernière fut alors creusée à 10 mètres au moins au-dessous de son niveau actuel.

Des glaciers ne tardèrent pas à s'établir sur le massif Alpin et à s'avancer progressivement du côté de l'ouest; le Rhône, encombré par des masses de galets amenés par les torrents glaciaires, comble alors son lit sur une hauteur de plus de 100 mètres. La Saône et le Doubs, dont les niveaux dépendent essentiellement de celui du Rhône, sont obligés de combler également leurs vallées. C'est alors que se forment les *cailloutis et tufs de Maximieux et de Montluel*, les *sables de Trévoux*, les *cailloutis de Nevy-Parcey*, près de Dôle, etc.

PLIOCÈNE SUPÉRIEUR. — 1° *Cailloutis de la Dombes. Sables de Chagny.* — Le mouvement de progression des glaciers amène finalement ces derniers sur le massif du Bugey; à ce moment, le Rhône, l'Ain, le Suran charrient de grandes quantités de galets alpins, qu'ils déposent sur la Dombes et sur les plateaux arasés des environs de Lyon.

A cette période de grande extension glaciaire succède une période de moindre activité; les glaciers battent en retraite, et le Rhône creuse de nouveau son lit. Toutefois ce niveau d'abaissement du niveau du fleuve n'est pas continu; il y a des périodes d'arrêt pendant lesquelles l'alluvionnement s'opère de nouveau. Ces reprises des phénomènes d'alluvionnement correspondent vraisemblablement à de nouveaux réveils de l'activité glaciaire; les glaciers éprouvent dans leur recul des temps d'arrêt, peut-être même opèrent-ils de nouveaux mouvements de progression.

Ces alluvionnements successifs succédant à des périodes de creusement provoquent, sur le pourtour de la cuvette Bressane et dans la cuvette elle-même (région de la Dombes), des dépôts de cailloutis étagés en terrasses. Ces dernières ont, le plus souvent, disparu par l'effet des ablations ultérieures, mais elles se voient encore nettement dans la Dombes, où l'on ne compte pas moins de cinq terrasses.

La terrasse du niveau de 40 mètres est fort étendue, elle occupe la majeure partie de la Bresse centrale; c'est elle qui renferme les gisements classiques de Chagny à *Mastodon Arvernensis, Elephas meridionalis, Equus Stenonis.*

PLIOCÈNE SUPÉRIEUR. — 2° *Sables et marnes de Saint-Cosme.* — Le dépôt de la terrasse de Chagny est suivi d'un important creusement des vallées; mais les glaciers des Alpes, qui avaient battu en retraite, progressent de nouveau, et le Rhône recommence à combler son lit. La Saône dépose également des alluvions, et la formation des marnes et sables de Saint-Cosme se constitue. Ces assises clôturent la période pliocène; au point de vue stratigraphique, elles se rattacheraient même beaucoup mieux à la période quaternaire.

Il serait plus logique, en effet, de ranger dans le même étage les diverses alluvions qui correspondent à cette nouvelle extension glaciaire. Toutefois nous avons dû nous conformer, sous ce rapport, aux données paléontologiques généralement admises.

Cailloutis de la période de progression des glaciers. — Après le dépôt des marnes et sables de Saint-Cosme, les glaciers envahissent la région du Bas-Dauphiné et de la Dombes; ils ont, dans leur marche en avant, d'assez longues périodes de stationnement, et les torrents qu'ils engendrent alors déposent de puissantes alluvions de cailloutis, qui s'élèvent sur les plateaux jusqu'aux moraines génératrices. C'est alors que se forment les alluvions des plateaux du Bas-Dauphiné, de Caluire, de Tassin-la-Demi-Lune, de Neuville, etc. La Saône est momentanément barrée par ces alluvions jusqu'au niveau d'au moins 250 mètres.

Les glaciers s'avancent en recouvrant leurs alluvions et arrivent jusque sur les plateaux situés à l'ouest de Lyon, où ils laissent d'épais dépôts morainiques. A leur extrême limite de progression, ils donnent naissance à de nouvelles alluvions (vallée du Garon, etc.). Pendant toute cette période de progression et d'avancement extrême des glaciers, le Rhône coulait à un niveau supérieur d'environ 35 à 40 mètres à son niveau actuel.

Période de recul des glaciers. — Les glaciers battent ensuite en retraite, le niveau du Rhône s'abaisse, mais une assez longue période de stationnement se produit lorsque le front des glaciers occupe la ligne allant de Lagnieu à la Verpillière; c'est alors que les torrents engendrés par les glaciers déposent les alluvions des plaines situées à l'est de Lyon (plaines de Villeurbanne, de Meyzieu, d'Heyrieu, de la Valbonne, etc.); le Rhône coulait, à cette époque, à 12 ou 15 mètres au-dessus de son niveau actuel. La Saône constituait au même moment la terrasse des sables de Saint-Marcel-lès-Chalon, de Villefranche, etc.

Les glaciers se retirent de plus en plus dans les montagnes de la Savoie, le Rhône creuse progressivement son lit d'au moins 35 mètres.

Cette période de retrait correspond à un relèvement de température, et on trouve alors dans le limon qui surmonte l'Erratique des collines lyonnaises l'*Elephas intermedius,* et dans les sables du pont de Beauregard (Villefranche-sur-Saône) le *Rhinoceros Mercki.* C'est la période dite *interglaciaire.*

Les phénomènes de ruissellement sur les pentes paraissent avoir acquis alors une grande intensité : les limons les plus épais des environs de Lyon datent de cette époque.

Un abaissement de température suit cette période de réchauffement ; les glaciers recommencent à progresser, et les lits du Rhône, de la Saône et de leurs affluents se comblent une dernière fois. C'est alors que se déposent les alluvions de la Saône à marnes tourbeuses et à graviers avec *Elephas primigenius*.

C'est alors aussi que se forment quelques limons qui renferment l'*Elephas primigenius* et le *Cervus tarandus*, etc.

Les glaciers ne sont pas revenus jusque dans les régions de la Dombes et du Bas-Dauphiné. Il semblerait même qu'ils n'ont eu, à l'ouest des Alpes, qu'une extension assez restreinte, car leur retrait n'a pas provoqué, ainsi que cela avait eu lieu dans les précédentes périodes d'activité glaciaire, un nouveau creusement des vallées du Rhône et de la Saône. Cette dernière rivière a aujourd'hui le même profil longitudinal que celui qu'elle possédait à l'époque où se déposaient les graviers à *Elephas primigenius*; elle se borne à recouvrir ses dépôts quaternaires de nouvelles alluvions limoneuses.

RÉCAPITULATION DES PHÉNOMÈNES
D'ABAISSEMENT DE NIVEAU DES EAUX ET D'ALLUVIONNEMENTS.

L'exposé rapide que nous venons de faire montre que, depuis le début du Pliocène moyen, il n'y a pas eu moins de huit périodes d'abaissement du niveau des eaux ou de creusements, suivies d'autant de périodes d'alluvionnements.

Ces phénomènes sont résumés dans le tableau suivant :

	ABAISSEMENT DU NIVEAU DES EAUX ou CREUSEMENT DES VALLÉES.	ALLUVIONNEMENTS.
PLIOCÈNE MOYEN.	Creusement des vallées à 10 mètres au moins au-dessous de leur niveau actuel.	"
	"	Sables de Trévoux, cailloutis et tufs de Meximieux et de Montluel. Cailloutis de Nevy-Parcey.
	"	Cailloutis supérieurs des hauts plateaux, surmontant le Pliocène moyen.
PLIOCÈNE SUPÉRIEUR. Phase ancienne.	Abaissement de 40 à 50 mètres dans le niveau des eaux.	"
	"	Cailloutis de la terrasse de 110 mètres (Dombes).
	Abaissement de 40 mètres environ dans le niveau des eaux.	"
	"	Cailloutis de la terrasse de 90 mètres (Dombes et Beaujolais).
	Abaissement dans le niveau des eaux de 40 mètres environ.	"
	"	Cailloutis de la terrasse de 60 mètres (Dombes et Beaujolais).
	Abaissement de 30 mètres environ dans le niveau des eaux.	"
	"	Cailloutis et sables de la terrasse de 40 mètres (Bresse et Beaujolais).
Phase récente.	Creusement des vallées de 35 mètres environ.	"
	"	Marnes et sables de Saint-Cosme.

	ABAISSEMENT DU NIVEAU DES EAUX ou CREUSEMENT DES VALLÉES.	ALLUVIONNEMENTS.
Période de progression des glaciers.	"	Cailloutis déposés par les torrents glaciaires depuis le niveau de 205 mètres environ jusqu'à des niveaux dépassant 300 mètres. Barrage de la vallée de la Saône.
	Creusement des vallées d'au moins 30 mètres.	"
QUATERNAIRE . . . . . . Période de recul des glaciers.	"	Alluvions des plaines à l'est de Lyon. Sables de Saint-Marcel, de Villefranche, etc.
	Creusement des vallées d'au moins 35 mètres.	"
Dernière période d'activité glaciaire.	"	Alluvions de fond du Rhône et de la Saône.
PÉRIODE ACTUELLE	"	Dépôts limoneux du lit majeur des cours d'eau.

La figure 58 représente une coupe schématique de la Dombes, dans laquelle nous avons représenté les diverses formations alluviales mentionnées dans le tableau ci-dessus.

Fig. 58.

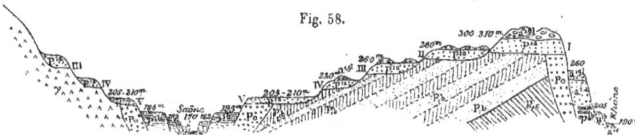

P_{1a} Marnes de Mollon. — P_{1b} Marnes et sables de Condal. — P_0 Pliocène moyen. — P^{1a} Sables de Chagny et cailloutis des terrasses. — P^{1b} Marnes et sables de Saint-Cosme. — a^{1a} Cailloutis de la période de progression des glaciers. — a^{1g1} Glaciaire. — a^{1b} Alluvions de la période de recul des glaciers. — a^{1c} Graviers de fond des vallées. — a^2 Alluvions modernes. — I, II, III, IV, V. Terrasses de cailloutis Pliocènes de la Dombes et du Beaujolais.

Cette coupe irait approximativement de la vallée du Rhône, aux environs

de Meximieux, à celle de la Saône, dans la région de Thoissey. Nous avons
d'ailleurs admis, dans ladite coupe, que les diverses formations alluviales
étaient toutes régulièrement représentées. Cette hypothèse n'est pas conforme
à la réalité, mais elle a pour but de mettre mieux en évidence la succession
des divers dépôts.

La coupe précitée montre que la vallée proprement dite de la Saône a été
le siège de quatre ravinements importants suivis de quatre remplissages (Pliocène moyen de Trévoux, Po; Pliocène le plus supérieur des marnes et sables
de Saint-Cosme, P^{1b}; sables de Saint-Marcel, a^{1b}; enfin graviers de fond, a^{1c}).
Il serait assurément intéressant de savoir à quelle profondeur se sont étendus
ces ravinements successifs; malheureusement nous n'avons à ce sujet, par
suite de la rareté des sondages, que des données très insuffisantes. Tout ce
que nous pouvons dire, c'est que les profondeurs des creusements, au-dessous
de l'étiage actuel de la Saône, sont égales ou supérieures aux chiffres ci-
dessous :

Vallée du Pliocène moyen de Trévoux.................	10 mètres.
Vallée des marnes de Saint-Cosme.....................	5
Vallée des sables de Saint-Marcel.....................	5
Derniers creusements avant le dépôt des alluvions a^{1c}........	20

Nous n'avons pas mentionné, pendant les Pliocènes moyen et supérieur et
pendant le Quaternaire, de mouvements orogéniques; nous n'en avons pas, en
effet, trouvé de traces apparentes dans la région. Les importants et multiples
phénomènes de creusement et d'alluvionnement nous paraissent être surtout la
conséquence des mouvements des glaciers alpins. Lorsque ces glaciers étaient
dans leur période d'extension, ils encombraient de leurs galets la vallée du
Rhône et en provoquaient le remblaiement partiel; lorsque, au contraire, ils
diminuaient d'importance, qu'ils transportaient moins de galets, le Rhône
déblayait son lit et la vallée se creusait.

Sans doute, il est probable que les mouvements orogéniques n'ont pas
cessé brusquement à partir du dépôt du Pliocène moyen, mais ils ont été
vraisemblablement peu importants, et leurs effets sont masqués par ceux
beaucoup plus considérables dus aux phénomènes glaciaires.

Ce sont ces derniers qui ont donné, aux dépôts des deux derniers étages du
Pliocène et du Quaternaire, les dispositions fort complexes et toutes spéciales
qu'ils présentent dans les vallées du Rhône et de la Saône.

PALÉONTOLOGIE.

Nous étudierons séparément les faunes de Mammifères et celles de Mollusques.

Faunes de Mammifères de la Bresse.

L'ÉOCÈNE et l'OLIGOCÈNE ne nous ont fourni aucune espèce de documents mammalogiques.

MIOCÈNE. — Il existe en Bresse deux grandes faunes de Mammifères miocènes successives :

1° Une faune contemporaine du dépôt de la mollasse marine *tortonienne*, et dont on trouve les débris dans les argiles rouges avec minerai de fer en grains (facies sidérolithique continental) qui remplissent les fentes des calcaires jurassiques sur le pourtour de la cuvette Bressane (la Grive-Saint-Alban, Vieux-Collonges dans le Mont-Ceindre, la Clôtre près Lissieu, Tournus, citadelle de Gray). Cette faune, qui mérite de prendre le nom de *faune de la Grive-Saint-Alban* à cause de la richesse de cette dernière localité, a les plus grands rapports avec la *faune de Sansan* dans le sud-ouest, et plus encore avec celle de la mollasse d'eau douce supérieure ou tortonienne de Suisse (Ellg, Kapfnach), du Wurtemberg (Steinheim) et de Bavière (Georgengsmund). Elle est caractérisée surtout par le *Pliopithecus antiquus*, le *Listriodon*, l'*Anchitherium* précurseur de l'*Hipparion*, le *Mastodon angustidens*, le *Dicrocerus elegans*.

2° Une faune miocène supérieure (étage Pontique) caractérisée par l'apparition de l'*Hipparion gracile* remplaçant l'*Anchitherium*, par le *Mastodon longirostris*, la fréquence des Antilopidés (*Gazelle, Tragocéridés*).

Nous y avons distingué deux horizons : une faune inférieure ou *faune de Soblay*, caractérisée par le *Protragocerus* précurseur du *Tragocerus;* et une faune supérieure ou *faune de la Croix-Rousse* avec *Tragocerus amalthæus, Gazella deperdita*, etc. Ce dernier horizon faunique est tout particulièrement identique à la *faune de Pikermi* (Grèce), de Baltavar (Hongrie), du Belvédère (Autriche), de Concud (Espagne), du Leberon et d'Aubignas, dans la vallée du Rhône, et correspond aux couches les plus élevées, fluviatiles ou continentales, de la période miocène.

Pliocène. — Les faunes pliocènes de la Bresse, assez nombreuses, se succèdent dans l'ordre suivant :

A. PLIOCÈNE INFÉRIEUR. 1° *Horizon inférieur ou de Mollon.* — Nous connaissons seulement de ce niveau :

> *Mastodon Borsoni* Hays.
> *Rhinoceros* cf. *leptorhinus* Cuv.

2° *Horizon moyen ou de Condal.*

a. Les sables de Sermenaz ont fourni :

> *Rhinoceros leptorhinus* Cuv.

b. Les couches des environs de Saint-Amour (marnes du Niquedet, sables de Montgardon, marnes de Beaupont) contiennent :

> *Mastodon Arvernensis* Cr. et Job.
> *Rhinoceros leptorhinus* Cuv.
> *Mus Donnezani* Dep.
> *Lutra Bressana* n. sp.

c. Les minerais de fer de la Côte-d'Or et de la Haute-Saône, qui appartiennent au niveau Bressan moyen, contiennent :

> *Mastodon Arvernensis* Cr. et Job.
> —   *Borsoni* Hays.
> *Rhinoceros leptorhinus ?* Cuv.
> *Tapirus Arvernensis* Dev. et Bouillet.
> *Hipparion* sp.
> *Palæoryx Cordieri* Gerv.

3° *Horizon supérieur ou d'Auvillars.* Aucun document connu.

B. PLIOCÈNE MOYEN. — Les sables ferrugineux de *l'horizon de Trévoux* renferment :

> *Mastodon Arvernensis* Cr. et Job.
> *Rhinoceros leptorhinus* Cuv.
> *Tapirus Arvernensis* Dev. et Bouillet.
> *Ursus Arvernensis* Cr. et Job.
> *Capreolus australis* de Ser.
> *Palæoryx Cordieri* Gerv.

C. Pliocène supérieur. 1° *Horizon de Chagny*. — La faune de Chagny et des graviers ferrugineux des hautes terrasses bressanes est la suivante :

> *Elephas meridionalis* Nesti.
> *Mastodon Arvernensis* Cr. et Job.
> — *Borsoni* Hays.
> *Equus Stenonis* Cocchi type.
> — race *major* Boule.
> *Tapirus Arvernensis* Dev. et Bouillet.
> *Rhinoceros* cf. *Etruscus* Falc.
> *Gazella Burgundina* n. sp.
> *Bos elatus* Cr. et Job.
> *Cervus Pardinensis* Cr. et Job.
> — *Etueriarum* —
> — *Perrieri* —
> — *Douvillei* n. sp.
> *Capreolus cusanus* Cr. et Job.
> *Machairodus crenatidens* Fabrini.
> *Ursus Arvernensis* Cr. et Job.
> *Hyœna* cf. *Arvernensis* Cr. et Job.
> *Castor Issiodorensis* Croiz.

2° *Horizon de Chalon-Saint-Cosme*. — La faune de ce niveau terminal du Pliocène comprend :

> *Equus Stenonis* Cocchi.
> *Cervus megaceros* Hart.
> *Cervus* sp.
> *Bos* sp. (taille du Bison).
> *Trogontherium Cuvieri* Fischer.
> *Elephas* sp.

Nous pouvons grouper ces divers horizons de Mammifères en deux grandes faunes distinctes :

1° Une *faune pliocène ancienne*, comprenant les couches lacustres de la Bresse dans leur ensemble et les sables de Trévoux. Cette faune est caractérisée par la présence de l'*Hipparion*, la fréquence des grandes Antilopes du groupe *Palœoryx*, la rareté des Cervidés et la simplicité de leur bois, enfin par l'*absence des genres Equus, Bos* et *Elephas*. Elle correspond paléontologiquement aux faunes de Perpignan, de Montpellier, des *Nodule-beds,* du Coralline et du *Red-crag* d'Angleterre. Il importe de remarquer que, stratigraphiquement, cette faune répond à la plus grande partie de la période pliocène et en particulier à tout le Pliocène marin de la vallée du Rhône, c'est-à-dire à l'ensemble du Pliocène inférieur et du Pliocène moyen (étages *Plaisancien* et *Astien*).

2° Une *faune pliocène récente*, comprenant les sables de Chagny avec les graviers ferrugineux des hautes terrasses bressanes et les marnes de Chalon-Saint-Cosme. Cette faune est, dans son ensemble, caractérisée par l'apparition des genres *Equus* (*E. Stenonis*) et *Elephas* (*E. meridionalis*), par le grand nombre et la complication du bois des Cervidés, par l'apparition des Bovidés (*Bos elatus*). Nous y distinguons deux subdivisions : un *horizon inférieur ou de Chagny*, caractérisé par la coexistence des *Mastodon Arvernensis* et *Borsoni* avec l'*Elephas meridionalis*, et un *horizon supérieur* ou de *Chalon-Saint-Cosme*, où le Mastodonte a définitivement disparu et laisse la place à l'*Elephas* seul. Le premier de ces horizons répond paléontologiquement aux faunes de Perrier, des sables à Mastodontes du bassin du Puy, du val d'Arno, du Crag de Norwich ; le second répond aux gisements de Saint-Prest, de Durfort, du *Forest-bed* d'Angleterre.

Il est à remarquer que, stratigraphiquement, l'ensemble de ces deux horizons ne représente qu'une partie très minime du Pliocène et mérite seulement de former un étage sous le nom de *Pliocène supérieur*.

Quaternaire. — Les faunes quaternaires sont moins nombreuses.

Nous n'avons signalé dans les graviers de la première période d'extension glaciaire quaternaire que l'*Elephas primigenius* sibérien.

Une faune *interglaciaire* très intéressante, avec *Rhinoceros Mercki*, *Hyæna crocuta*, *Bison priscus*, *Cervus megaceros* et *silex taillés humains*, provient des graviers de la terrasse de Villefranche et se retrouve dans le limon des plateaux élevés (gisement de l'*Elephas intermedius*).

La faune froide correspondant à la deuxième extension glaciaire quaternaire (*Rhinoceros tichorhinus*, *Elephas primigenius*, *Arctomys primigenia*, *Cervus tarandus*) se trouve dans les graviers de fond des rivières et dans le limon des pentes et des basses vallées (gare de Saint-Germain-au-Mont-d'Or, Saint-Clair).

Le tableau général suivant résume cette succession des faunes tertiaires et quaternaires et leur parallélisme avec celles des autres contrées :

ÉTAGES.	FAUNES DE MAMMIFÈRES DE LA BRESSE.	GISEMENTS ÉQUIVALENTS DES AUTRES CONTRÉES.
QUATERNAIRE SUPÉRIEUR.	Faune froide des graviers de fond et du limon des vallées. (Renne, Marmotte, *Elephas primigenius*, *Rhinoceros tichorhinus*.)	Âge du Renne.
QUATERNAIRE MOYEN.	Faune tempérée interglaciaire des graviers de Villefranche et du limon des plateaux. (*Rhinoceros Merchi*, *Elephas intermedius*.)	Chelles, Saint-Acheul, Gray's Thurrock, Dürnten, etc.
QUATERNAIRE INFÉRIEUR.	Faune froide des graviers de la 1ʳᵉ période glaciaire quaternaire. (*Elephas primigenius*.)	
PLIOCÈNE SUPÉRIEUR.	II. Faune de Chalon-Saint-Cosme à *Equus Stenonis* et *Trogontherium*.	Saint-Prest, Durfort, *Forest-bed*.
	I. Faune de Chagny à *Mastodon Arvernensis*, *Borsoni*, *Elephas meridionalis*, nombreux Cerfs, Bos elatus, etc.	Perrier, Vialette, Sables à Mastodontes du Puy, *Norwich-crag*, Villafranca, val d'Arno.
PLIOCÈNE MOYEN.	Faune de Trévoux et de Montmerle à *Palæoryx Cordieri*, *Mastodon Arvernensis*.	Perpignan, Montpellier (Palais-de-Justice), *Red-crag*.
PLIOCÈNE INFÉRIEUR.	III. Horizon de Condal et des minerais de fer de la Bresse du nord. (*Hipparion*, *Palæoryx Cordieri*, *Mastodon Arvernensis* et *Borsoni*.) II. Horizon de Sermenaz (*Rhinoceros leptorhinus*.) I. Horizon de Mollon. (*Mastodon Borsoni*.)	Faune du Pliocène marin d'Italie, des sables inférieurs de Montpellier, des *Nodule-beds* d'Angleterre.
MIOCÈNE SUPÉRIEUR. (Pontique.)	II. Faune de la Croix-Rousse à *Tragocerus amalthæus* et *Gazella deperdita*.	Pikermi, Baltavar, Belvédère, Mont Leberon, Aubignas.
	I. Faune de Soblay à *Protragocerus Chantrei*.	Couches à Congéries de Vienne. — Saint-Jean-de-Bournay.
MIOCÈNE MOYEN. (Tortonien.)	Faune de la Grive-Saint-Alban, de Collonges, de Lissieu, de Tournus, de la citadelle de Gray à *Anchitherium*, *Listriodon*, *Mastodon angustidens*.	Steinheim, Georgensmund, Elfg, Kapfnach, etc. (*Obere susswasser Molasse*.)

Faunes de Mollusques de la Bresse.

ÉOCÈNE ET OLIGOCÈNE. — Les faunes lacustres et terrestres éocènes et oligocènes sont, en Bresse, relativement peu importantes. Nous avons indiqué l'horizon du *calcaire grossier supérieur* à *Planorbis pseudo-ammonius* (Talmay); ceux de l'*Infra-Tongrien* (*Nystia plicata*, *Limnæa longiscata*) et du Tongrien (*Hydrobia Dubuissoni*) dans les calcaires de la Vaivre, au nord de Gray; enfin

39.

l'Aquitanien à faune terrestre (*Helix Ramondi, Lucani, Cyclostoma Divionense*),
dans le nord de la cuvette Bressane (Dijon, Pontailler), à faune légèrement
saumâtre dans le sud, au pied du Jura (Coligny), avec *Potamides Lamarcki* et
Hydrobia Dubuissoni.

MIOCÈNE MARIN. — Nous avons donné une assez longue liste des fossiles
du Miocène marin, provenant de la colline de la Croix-Rousse et de la gare
Saint-Paul, à Lyon. Nous avons considéré cette faune comme un facies tout à
fait littoral (ou de falaise) des sables à *Terebratulina calathiscus* du Dauphiné,
qui représentent le facies sableux des couches à *Cardita Jouanneti* du midi de
la vallée du Rhône et appartiennent à l'étage Tortonien (deuxième étage méditerranéen de M. Suess).

MIOCÈNE SUPÉRIEUR ET PLIOCÈNE. — Depuis la base du Miocène supérieur
(étage Pontique) jusqu'à la fin du Pliocène, la Bresse nous a présenté une
série régulière de faunes lacustres et continentales successives, *comme il n'en
existe aucune autre en France* en ce qui concerne le Néogène :

1° La faune de la *mollasse d'eau douce supérieure* ou *Pontique* (la Croix-
Rousse, Oussiat, Soblay), qui constitue une simple bordure au sud-est de
la cuvette Bressane, présente déjà une grande ressemblance avec les faunes
pliocènes lacustres de la Bresse, qui paraissent lui avoir emprunté, avec de
faibles modifications, la plus grande part de leurs éléments.

Parmi ces types ancestraux miocènes les plus intéressants, nous citerons :
Zonites Colonjoni, var. *Planciana*; *Helix Nayliesi, Helix Chaixi* (qui se trouve à
Heyrieu), *Planorbis Heriacensis, Limnæa Heriacensis*, précurseur de *L. Bouilleti*; *Bithynia Leberonensis*, qui passe dans la base de la série pliocène (var.
Neyronensis et *Delphinensis*) et donne ensuite naissance au type *Bithynia labiata*
des hauts niveaux bressans; *Valvata sibinensis*, var. *Sayni*, précurseur de *V. Eugeniæ; Melanopsis Kleini*, précédant *M. flammulata; Neritina crenulata*, ancêtre
de *N. Philippei; Unio atavus*, var. *Sayni*. Nous ne pouvons guère citer comme
types absolument spéciaux au Miocène de la région, que : *Hydrobia Avisanensis, Planorbis Bigueti, Ancylus Neumayri*.

Nous avons établi les rapports de cette faune de Mollusques miocènes avec
celles de la mollasse d'eau douce tortonienne de Suisse et d'Allemagne; des
faluns de Touraine; de l'étage Pontique du bassin du Danube; enfin avec la
faune des couches à Paludines pliocènes de Slavonie. Cette dernière ressem-

blance s'explique aisément par la grande analogie de la faune pliocène de Slavonie avec celle du Pliocène de la Bresse.

2° Les faunes du Pliocène inférieur et moyen de la Bresse sont riches et variées. Un fait général important est ressorti de leur étude : la Bresse doit être considérée comme un lambeau occidental de la grande formation lacustre à Paludines (facies *Levantin* de Neumayr), qui représente le Pliocène dans la vallée du Danube et dans l'orient de l'Europe jusqu'en Asie.

Chacune des zones de la Bresse est caractérisée par une forme spéciale du genre *Vivipara*, qui se succèdent de haut en bas dans l'ordre suivant :

6. Zone à *Vivipara Falsani* (sables de Trévoux).
5. — — *Burgundina* (marnes d'Auvillars).
4. — — *Sadleri* (*Bressana*) (horizon de Saint-Amour).
3. — — *Fuchsi* (*Dresseli*) (marnes des Boulées).
2. — — *Neumayri* (*Tardyi*) et *leiostraca* (marnes de Mollon supérieur).
1. — — *ventricosa* (marnes de Mollon inférieur).

Nous assistons, en remontant cette série, à une évolution intéressante des coquilles de *Vivipara*, qui, munies de tours lisses et convexes à la base de la série lacustre, prennent peu à peu des tours plats (*V. Sadleri*), puis des renflements suturaux en forme de carène (*V. Falsani*); une évolution parallèle et dans le même sens se montre chez les *Melanopsis*, qui, lisses dans les zones inférieures, prennent des carènes suturales au niveau de Saint-Amour (*M. Ogerieni, M. Brongniarti*) et même des côtes longitudinales dans les sables de Trévoux (*M. lanceolata*). Cette tendance des coquilles lacustres à évoluer vers des formes ornées est donc comparable, sur une plus modeste échelle, à l'évolution si remarquable des genres des couches à Paludines de la vallée du Danube.

Une comparaison détaillée (appuyée sur des observations personnelles que nous avons faites en Slavonie dans un récent voyage) nous a permis d'établir pour la première fois le parallélisme des horizons de la Bresse avec ceux du facies Levantin d'Orient. Nos conclusions sont les suivantes :

1° La *faune inférieure de la Bresse* (marnes de Mollon, horizon de Sermenaz) est caractérisée par *Valvata Vanciana*, par les grands Planorbes des types *Heriacensis, Philippei, Falsani*, et par les *Vivipara* à tours lisses et convexes; elle correspond fort bien aux couches à Vivipares lisses ou *couches à Paludines inférieures* (*Untere Paludinen Schichten*) de Slavonie, où l'on trouve les mêmes espèces de Vivipares (*V. Neumayri, V. Fuchsi, V. leiostraca*);

2° La faune supérieure de la Bresse (niveau de Condal, de·Neublans et d'Auvillars) est caractérisée par *Pyrgidium Nodoti*, *Valvata inflata*, *Bithynia labiata*, et surtout par les Vivipares à flancs plats (*V. Sadleri*) ou même un peu carénés (*V. Falsani*), enfin par des *Melanopsis* à renflement sutural saillant (*Melanopsis Ogerieni*, *Brongniarti*) ou même costulés (sables de Trévoux). L'état d'évolution des carènes des Vivipares nous a permis de classer les couches de Saint-Amour à la hauteur de la base des couches à Paludines moyennes de Slavonic, et les couches de Trévoux vers le milieu de ce groupe moyen (*Mittlere Paladinen Schichten*) de la vallée de la Save. Nous avons, en outre, noté de grandes analogies, même spécifiques, entre ces couches à Paludines moyennes de la Bresse et les couches levantines de Transylvanie (Vargyas, Arapatak).

Ainsi le facies à Paludines ne s'élève en Bresse que jusqu'au milieu environ de l'ensemble de la formation levantine de la vallée du Danube. Cette considération explique pourquoi les formes très ornées de Vivipares et d'autres genres de Mollusques font défaut dans la vallée de la Saône : c'est que le facies levantin s'est arrêté dans ce pays juste au moment où la tendance à l'ornementation des types lacustres, sous l'influence de causes qui nous sont inconnues, s'accentuait dans l'orient de l'Europe et s'ébauchait également en Bresse à l'époque des sables de Trévoux. La moitié supérieure des couches levantines d'Orient se trouve représentée dans le bassin de la Saône par des facies fluviatiles (sables de Chagny, marnes de Saint-Cosme) où les belles faunes levantines n'ont pu continuer de vivre et d'évoluer jusqu'à la fin du Pliocène.

PARALLÉLISME DE LA BRESSE AVEC QUELQUES AUTRES RÉGIONS.

Nous croyons utile, pour clore le présent ouvrage, de présenter ci-après un tableau d'équivalence du Miocène supérieur et du Pliocène de la Bresse avec ceux de quelques autres bassins de l'Europe méridionale et orientale. Nous avons laissé de côté dans ce tableau les bassins du Nord et les régions insuffisamment connues.

Nous n'avons pas cru non plus pouvoir présenter un tableau semblable pour le Quaternaire, dont les divisions générales nous semblent encore trop mal établies pour la plupart des autres grandes vallées.

TABLEAU D'ÉQUIVALENCE DU MIOCÈNE SUPÉRIEUR ET DU PLIOCÈNE DE LA BRESSE.

ÉTAGES.	BRESSE.	VALLÉE MOYENNE DU RHÔNE. (Dauphiné.)	VALLÉE INFÉRIEURE DU RHÔNE. (Languedoc, Roussillon.)	ITALIE.	VALLÉE DU DANUBE.
PLIOCÈNE SUPÉRIEUR. (Sicilien.)	II. Marnes et sables de Chalon-Saint-Cosme. I. Sables de Chagny et cailloutis des plateaux (1re extension glaciaire).	Cailloutis des plateaux.	Durfort. Cailloutis des plateaux.	Val d'Arno, couches d'eau douce de Villafranca.	Couches à Paludines supérieures de Slavonie et de Roumanie.
PLIOCÈNE MOYEN. (Astien.)	Sables de Trévoux, cailloutis et tufs de Meximieux.	?Sables fluviatiles.	Limons à Hipparion crassum du Roussillon. Couches saumâtres à Potamides Basteroti. Sables jaunes marins à Ostrea cucullata.	Sables jaunes d'Asti à Ostrea cucullata.	Niveau supérieur. Couches à Paludines moyennes de Slavonie et de Roumanie. Niveau moyen. Niveau inférieur.
PLIOCÈNE INFÉRIEUR. (Plaisancien.)	4. Horizon d'Auvillars. 3. Horizon de Condal et des minerais de fer. 2. Horizon de Sermenaz.	Sables de Lons-Lestang. Marnes d'Hauterive. Pliocène marin d'Hauterive, de Loire, etc.	Marnes à Nassa semistriata et sables à Ostrea Boblayi. Couches à Congeria subBasteroti de Théziers.	Marnes subapennines à Nassa semistriata. Couches à Congéries et Melanopsis Matheroni.	
MIOCÈNE SUPÉRIEUR. (Pontique.)	1. Horizon de Mollon { supérieur. inférieur. ? } 2. Marnes de la Croix-Rousse { Mollasse. } 1. Sables et marnes à lignite de Soblay. { d'eau douce supérieure. }	Cailloutis fluviatiles supérieurs. Sables d'eau douce à Helix Delphinensis. Zone saumâtre à Nassa Michaudi et Hipparion.	Limons et cailloutis à Hipparion gracile de la Durance. Calcaires à Helix Christoli de Cucuron.	Conglomérats de Monte-Rosso. Formation saumâtre gessoso-solfifera.	Couches à Paludines inférieures de Slavonie et de Roumanie. Sables à lignites. Couches à Congeria Croatica d'Agram. Couches à Congeria subglobosa. { Graviers du Belvédère. }

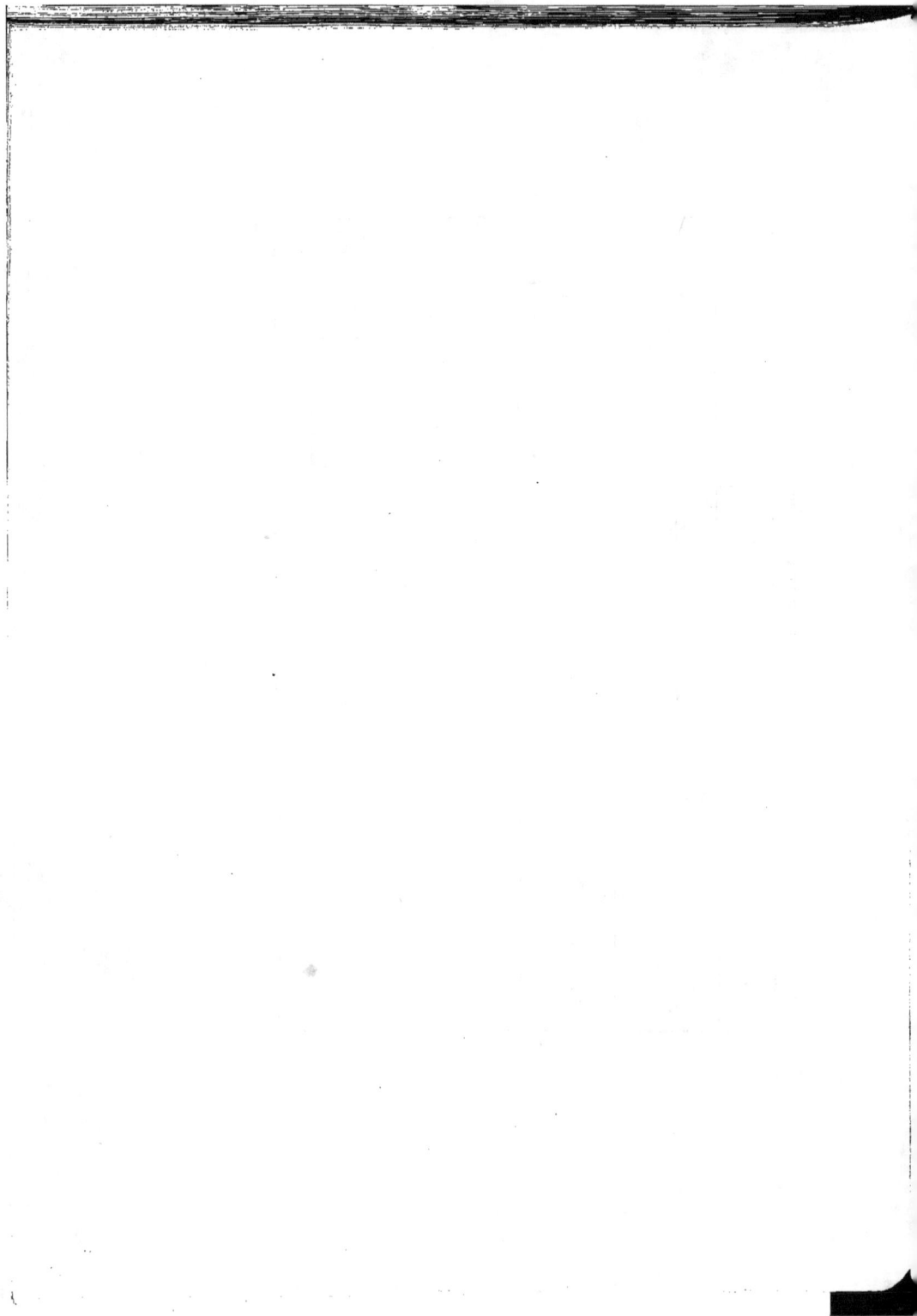

BIBLIOGRAPHIE.

1779. De Saussure, *Voyages dans les Alpes*, ch. vi et xl.

1828-1830. Élie de Beaumont, *Recherches sur quelques-unes des révolutions de la surface du globe* (Ann. sc. nat., t. XVIII, XIX).

1833. Thirria, *Statistique minéralogique et géologique de la Haute-Saône.*

1834. Thirria, *Sur les gîtes de minerai de fer pisiforme du Doubs, recouverts par un dépôt lacustre tertiaire* (Bull. Soc. géol., 1re série, t. VI, p. 32).

1837. Michelin, *Échantillon du calcaire lacustre de Cuisery* (Bull. Soc. géol., 1re série, t. VIII, p. 266).

1838. Leymerie, *Sur le diluvium alpin du département du Rhône* (Bull. Soc. géol., 1re série, t. IX, p. 109).

Payen, *Les deux Bourgognes.*

Rozet, *Sur les terrains compris entre la Loire et le Rhône* (Bull. Soc. géol., 1re série, t. IX, p. 202).

Rozet, *Sur le terrain crayeux et les bancs de fer pisiforme des environs de Dijon* (Bull. Soc. géol., 1re série, t. IX, p. 148).

1839. Fournet, *Premier mémoire sur les sources des environs de Lyon* (Ann. Soc. agric. Lyon, 2e série, t. II, p. 187).

Rozet, *Résumé d'un mémoire sur la masse de montagnes qui sépare le cours de la Loire de ceux du Rhône et de la Saône* (Bull. Soc. géol., 1re série, t. X, p. 126).

1840. Rozet, *Mémoire géologique sur la masse de montagnes qui sépare le cours de la Loire de ceux du Rhône et de la Saône* (Mém. Soc. géol. France, 1re série, t. IV, 1re partie).

1841. *Congrès scientifique de France,* 9e session, Lyon (Procès-verbaux des sections).

Necker, *Études géologiques dans les Alpes,* t. I, p. 271.

1842. Fournet, *Discussion sur les blocs erratiques* (Revue du Lyonnais, mars 1842).

1843. Fournet, *De l'action diluvienne sur le sol de la France* (Revue du Lyonnais, mars 1843).

1844. Blanchet, *Terrain erratique, alluvion du bassin du Léman et de la vallée du Rhône, de Lyon à la mer* (Lausanne).

1847. Canat, *Sur le terrain lacustre de la Bresse* (Bull. Soc. géol., 2e série, t. IV, p. 1085).

IMPRIMERIE NATIONALE.

1848. Drian, *Minéralogie et pétralogie des environs de Lyon* (Ann. Soc. agric. Lyon, 1re série, t. XI).

1851. Thirria, *Mémoire sur les similitudes qui existent entre les minerais de fer en grains de la Franche-Comté et ceux du Berry* (Annales des mines, 4e série, t. XIX, p. 49).
    Canat, *Sur un terrain de sables rouges agglutinés avec silex, existant dans Saône-et-Loire, et qu'il croit crétacé* (Bull. Soc. géol., 2e série, t. VIII, p. 54).
    Raulin, *Note sur la Bresse et sur la disposition de ses terrains tertiaires supérieurs* (Bull. Soc. géol., 2e série, t. VIII, p. 627).

1852. Collomb, *Sur les blocs erratiques et les galets rayés des environs de Lyon* (Bull. Soc. géol., 2e série, t. IX, p. 242).
    Canat, *Tranchée du chemin de fer à Chalon-Saint-Cosme* (Bull. Soc. géol., 2e série, t. IX, p. 1089).

1853. Guillebot de Nerville, *Carte géologique de la Côte-d'Or et légende explicative.*
    E. Benoît, *Essai sur les anciens glaciers du Jura* (Actes Soc. helvét. des sc. nat., session de Porrentruy, p. 231).

1856. Fournet, *Sur l'alluvion rouge des Étroits* (Ann. Soc. agric. Lyon, 2e série, t. VIII, procès-verbaux, p. 2). — Observations de Jourdan.
    Delaval, *Percement du tunnel de Saint-Irénée* (Bull. Soc., ind. minér. de Saint-Étienne, t. I, p. 351).
    Perron, *Sur l'étage portlandien dans les environs de Gray, et sur la cause de la perforation des roches de cet étage* (Bull. Soc. géol., 2e série, t. XIII, p. 800).
    Gras (Sc.), *Sur la période quaternaire dans la vallée du Rhône et sa division en cinq époques distinctes* (Bull. Soc. géol., 2e série, t. XIV, p. 207).

1855-1857. *Procès-verbaux de la Société d'agriculture de Lyon* (Nombreuses discussions entre MM. Thiollière, Dumortier, Fournet, Jourdan, années 1855 et suiv.).

1858. Benoît (E.), *Esquisse de la carte géologique de la Bresse et de la Dombes* (Bull. Soc. géol., 2e série, t. XV, p. 321).
    Gras (Sc.), *Comparaison chronologique des terrains quaternaires de l'Alsace avec ceux de la vallée du Rhône* (Bull. Soc. géol., 2e série, t. XV, p. 148).
    Pouriau, *Études géologiques, chimiques et agronomiques des sols de la Bresse et particulièrement de ceux de la Dombes* (Ann. Soc. agric. Lyon, 3e série, t. II, 1858).

1859. Benoît (E.), *Note sur la mollasse du département de l'Ain* (Bull. Soc. géol., 2e série, t. XVI, p. 369, pl. VIII).
    Benoît (E.), *Note sur l'identité de formation du terrain sidérolithique dans la Bresse, le Jura occidental, etc.* (Bull. Soc. géol., 2e série, t. XVI, p. 439).
    Gras (Sc.), *Sur les caractères du terrain de transport connu aux environs de Lyon sous le nom de DILUVIUM ALPIN ou de CONGLOMÉRAT BRESSAN* (Bull. Soc. géol., 2e série, t. XVI, p. 1028). — *Observations de Fournet.*

1859. FOURNET, *Note sur les phénomènes du lehm* (Bull. Soc. géol., 2ᵉ série, t. XVI, p. 1049).

DUMORTIER, *Note sur les tufs calcaires de Meximieux* (*Ain*) [Bull. Soc. géol., 2ᵉ série, t. XVI, p. 1099].

Réunion extraordinaire de la Société géologique à Lyon (1866) [Compte rendu des excursions à la Croix-Rousse, au Mont-d'Or, à la Fuly, à Saint-Pons, à Pont-d'Ain].

1860-1864. LORY, *Description géologique du Dauphiné et carte* (1860-1864).

1861. FOURNET, *Sur le diluvium des montagnes occidentales du Lyonnais* (Ann. Soc. agric. de Lyon, 3ᵉ série, t. V, p. 87, 1861).

1863. BENOÎT (E.), *Note sur les dépôts erratiques alpins dans l'intérieur et sur le pourtour du Jura méridional* (Bull. Soc. géol., 2ᵉ série, t. XX, p. 321).

1864. RÉSAL, *Statistique géologique, minéralogique et minéralurgique des départements du Doubs et du Jura* (Besançon).

1865. DUMORTIER (E.) et FISCHER, *Fossiles découverts à Lyon, dans le terrain miocène* (Bull. Soc. géol., 2ᵉ série, t. XXII, p. 287).

1866. FALSAN (A.) et LOCARD, *Monographie géologique du Mont-d'Or lyonnais*, avec notes de Jourdan et P. Fischer.

TOURNOUËR (R.), *Note sur les terrains tertiaires de la vallée supérieure de la Saône* (Bull. Soc. géol., 2ᵉ série, t. XXIII, p. 769).

DE SAPORTA, *Sur les plantes fossiles des calcaires concrétionnés de Brognon* (*Côte-d'Or*) [Bull. Soc. géol., 2ᵉ série, t. XXIII, p. 253, pl. V-VI]. — *Observations* de MM. Pellat, d'Archiac, Tournouër.

1867. OGÉRIEN (Fr.), *Histoire naturelle du Jura* (Paris).

1868. FOURNET, *Considérations générales au sujet du lehm et détails sur le lehm rouge* (Bull. Assoc. scient. franç., nᵒ 95, nov. 1868).

FOURNET, *Les transports diluviens de la dépression Nord-Sud du Rhin et de la Saône* (Revue des cours, 7 déc. 1868).

1869. FALSAN (A.) et DE SAPORTA, *Sur l'existence de plusieurs espèces actuelles observées dans la flore pliocène de Meximieux* (Bull. Soc. géol., 2ᵉ série, t. XXVI, p. 752).

TOURNOUËR, *Observations sur la faune des voquilles fossiles des tufs de Meximieux* (Bull. Soc. géol., 2ᵉ série, t. XXVI, p. 774).

1870. FALSAN (A.), *Note sur une carte du terrain erratique de la partie moyenne du bassin du Rhône* (Arch. de sc. Bibl. de Genève, juin 1870, p. 12).

1871. LORY, *Note sur la distribution des blocs erratiques dans les environs de Grenoble et dans la partie basse du département de l'Isère* (Ann. Soc. de statist. de l'Isère, 3ᵉ série, t. II, p. 462).

1873. MARTIN (J.), *Deux époques glaciaires en Bourgogne* (Bull. Soc. géol., 3ᵉ série, t. I, p. 390).

1873. Martin (J.), *Limon rouge et limon gris. Observations sur divers produits d'origine glaciaire en Bourgogne* (Mém. Acad. Dijon, 1871-1872).

Falsan (A.), *Note sur la constitution géologique des collines de Loyasse, de Fourvières et de Saint-Irénée* (Mém. Acad. Lyon, 1873).

1874. Chantre (E.), *Note sur un nouveau gisement de la mollasse marine à Lyon* (Bull. Soc. géol., 3e série, t. II, p. 206).

Martin (J.), *Renseignements complémentaires sur l'époque glaciaire miocène en Bourgogne* (Bull. Soc. géol., 3e série, t. II, p. 269).

1875. Falsan (A.), *Considération stratigraphique sur la présence de fossiles miocènes et pliocènes au milieu des alluvions glaciaires et du terrain erratique des environs de Lyon* (Bull. Soc. géol., 3e série, t. III, p. 727, pl. XXVIII). — Observations de MM. Desor, Lory, Gaudry.

Tournouër (R.), *Note sur quelques fossiles d'eau douce recueillis dans le forage d'un puits au fort de Vancia, près de Lyon* (Bull. Soc. géol., 3e série, t. III, p. 741, pl. XXVIII).

Fontannes (F.), *Le vallon de la Fuly et les sables à Buccins des environs d'Heyrieu* (Ann. Soc. agric. Lyon, t. VIII).

1876. Tardy, *Note sur la formation de la Bresse* (Bull. Assoc. scient., 7 mai 1876).

Tardy, *Les glaciers miocènes en Bresse* (Bull. Soc. géol., 3e série, t. IV, p. 184).

Tardy, *Les glaciers pliocènes* (Bull. Soc. géol., 3e série, t. IV, p. 285).

Fontannes (F.), *Sur le cailloutis de la Fuly et les sables à Buccins des environs d'Heyrieu* (Bull. Soc. géol., 3e série, t. IV, p. 224).

Tardy, *Quelques mots sur la rivière d'Ain et le Jura à l'époque miocène* (Bull. Soc. géol., 3e série, t. IV, p. 577).

Martin (J.), *Sur les argiles à silex de la côte Chalonnaise* (Bull. Soc. géol., 3e série, t. IV, p. 653).

Collenot, *Sur les argiles à silex de la côte Chalonnaise* (Bull. Soc. géol., 3e série, t. IV, p. 656).

Delafond, *Sur les argiles à silex de la côte Chalonnaise* (Bull. Soc. géol., 3e série, t. IV, p. 665, pl. XX). — De Lapparent, *Observations*, p. 671.

Arcelin, *Sur l'argile à silex de la côte Chalonnaise* (Bull. Soc. géol., 3e série, t. IV, p. 673).

Gaudry (A.), *Les animaux quaternaires de la montagne de Santonay et sur ceux de Chagny* (Bull. Soc. géol., 3e série, t. IV, p. 682).

Falsan (A.), *Étude sur la position stratigraphique des tufs de Meximieux et de Montluel* (Arch. Mus. Lyon, t. I).

De Saporta et Marion, *Recherches sur les végétaux fossiles des tufs de Meximieux* (Arch. Mus. Lyon, t. I).

Lortet et Chantre, *Études paléontologiques dans le bassin du Rhône. Période quaternaire* (Arch. Mus. Lyon, t. I).

1877. TARDY, *Aperçu sur la région Sud-Est du bassin de la Saône* (Bull. Soc. géol., 3ᵉ série, t. V, p. 698).

TOURNOUËR (R.), *Observations sur les terrains tertiaires de la Bresse* (Bull. Soc. géol., 3ᵉ série, t. V, p. 732).

ARCELIN, *Les formations tertiaires et quaternaires des environs de Mâcon* (Ann. Acad. Mâcon, 1877).

1878. FALSAN (A.) et LOCARD, *Note sur les formations tertiaires et quaternaires des environs de Miribel* (Ann. Soc. agric. Lyon, 1878).

LOCARD (A.), *Description de la faune de la mollasse marine et d'eau douce du Lyonnais et du Dauphiné* (Arch. Mus. Lyon, t. II, pl. XVIII-XIX).

LOCARD (A.), *Description de la faune malacologique des terrains quaternaires des environs de Lyon* (Ann. Soc. agric. Lyon).

FALSAN (A.), *Note sur l'origine de l'argile à silex des environs de Mâcon et de Chalon* (Chalon-sur-Saône, 1878).

1879. LORTET et CHANTRE, *Recherches sur les Mastodontes et les faunes mammalogiques qui les accompagnent* (Arch. Mus. Lyon, t. II, p. 285, pl. I-VII).

LOCARD (A.), *Sur les argiles lacustres quaternaires de la vallée du Rhône* (Bull. Soc. géol., 3ᵉ série, t. VII, p. 108).

FALSAN (A.), *Sur la position stratigraphique des terrains tertiaires supérieurs et quaternaires à Hauterives (Drôme)* [Bull. Soc. géol., 3ᵉ série, t. VII, p. 285, pl. VIII].

LOCARD (A.), *Observations paléontologiques sur les couches à OSTREA FALSANI dans les environs d'Hauterives (Drôme)* [Bull. Soc. géol., 3ᵉ série, t. VII, p. 307, pl. IX].

TARDY, *Note sur le chronomètre de la Saône* (Bull. Soc. géol., 3ᵉ série, t. VII, p. 514).

LOCARD (A.), *Description de la faune malacologique des terrains quaternaires des environs de Lyon* (Ann. Soc. agric. Lyon, 1879).

TOURNOUËR (R.), *Présentation du mémoire précédent et observations* (Bull. Soc. géol., 3ᵉ série, t. VII, p. 571).

TARDY, *De la présence de quelques vestiges d'anciens glaciers dans le Beaujolais et de l'âge de la moraine de Sainte-Cécile (vallée de la Grosne)* [Bull. Soc. géol., 3ᵉ série, t. VII, p. 745].

DELAFOND, *Observations sur le terrain tertiaire supérieur de Saône-et-Loire et des départements voisins* (Bull. Soc. géol., 3ᵉ série, t. VII, p. 930). — Potier, *Observations*, p. 937.

1880. TARDY, *Calcaire lacustre de la Bresse (gîte de Couzance)* [Bull. Soc. géol., 3ᵉ série, t. VIII, p. 420).

FALSAN et CHANTRE, *Monographie des anciens glaciers et du terrain erratique de la partie moyenne du bassin du Rhône* (Lyon, 2 vol., 1 atlas).

LOCARD, *Nouvelles recherches sur les argiles lacustres des terrains quaternaires des environs de Lyon* (Ann. Soc. agric. Lyon, 1880).

DELAFOND et Michel LÉVY, *Feuille géologique de Chalon-sur-Saône et notice explicative* (Carte géologique de France, n° 137).

1880. Bertrand (M.), *Feuille géologique de Gray, avec notice explicative* (Carte géologique de France, n° 113).

1882. Bertrand (M.), *Feuille géologique de Besançon, avec notice explicative* (Carte géologique de France, n° 126).

Tardy, *Calcaires lacustres de la Bresse* (Bull. Soc. géol., 3ᵉ série, t. X, p. 73).

Bertrand (M.), *Note sur l'âge des terrains bressans (feuille de Besançon)* [Bull. Soc. géol., 3ᵉ série, t. X, p. 256). — Tournouër, Dolfuss, *Observations*, p. 258.

Tournouër (R.), *Nouvelles observations sur les terrains bressans* (Bull. Soc. géol., 3ᵉ série, t. X, p. 264).

Tardy, *Quelques mots sur la Bresse* (Bull. Soc. géol., 3ᵉ série, t. X, p. 467).

Locard, *Notice sur la constitution géologique du sous-sol de la ville de Lyon* (Ann. Soc. agric. sc. nat. et arts utiles de Lyon, 1882).

Locard, *Description de la faune malacologique des dépôts préhistoriques de la vallée de la Saône* (Mâcon, 1882).

1883. Fontannes (F.), *Note sur l'extension et la faune de la mer pliocène dans le sud-est de la France* (Bull. Soc. géol., 3ᵉ série, t. XI, p. 103).

Tardy, *Nouvelles observations sur la Bresse* (Bull. Soc. géol., 3ᵉ série, t. XI, p. 543).

De Chaignon, *Note sur le forage de quelques puits en Bresse et sur quelques affleurements fossilifères* (Bull. Soc. géol., 3ᵉ série, t. XI, p. 610).

Locard (A.), *Recherches paléontologiques sur les dépôts tertiaires à VIVIPARA du pliocène inférieur de l'Ain* (Ann. Acad. Mâcon, 2ᵉ série, t. VI, pl. I-IV).

Falsan, *Esquisse géologique du terrain erratique et des anciens glaciers de la région centrale du bassin du Rhône* (Lyon, 1 vol., 1883).

1884. Fontannes (F.), *Étude sur les alluvions pliocènes et quaternaires du plateau de la Bresse dans les environs de Lyon* (1884).

1885. Fontannes (F.), *Note sur les alluvions anciennes des environs de Lyon* (Bull. Soc. géol., 3ᵉ série, t. XIII, p. 59).

Fontannes (F.), *Transformations du paysage lyonnais pendant les derniers âges géologiques* (Assoc. lyonn. amis des sc. nat., Comptes rendus pour 1884).

Delafond, *Note sur les sables à MASTODON ARVERNENSIS de Trévoux et de Montmerle (Ain)* [Bull. Soc. géol., 3ᵉ série, t. XIII, p. 161].

Marc. Bertrand, *Feuille géologique de Lons-le-Saunier et notice explicative* (Carte géol. France, n° 138).

Tardy, *Nouvelles observations sur la Bresse, région de Bourg* (Bull. Soc. géol., 3ᵉ série, t. XIII, p. 617).

Delafond et Michel Lévy, *Feuille géologique de Mâcon et notice explicative* (Carte géologique de France, n° 148).

1886. Fontannes (F.), *Les terrains tertiaires et quaternaires du promontoire de la Croix-Rousse à Lyon* (Arch. Mus. Lyon, t. IV, p. 28, pl. IX-XI).

1886. FONTANNÈS (F.), *Observations sur le percement du tunnel de Collonges* (Procès-verbaux Soc. agric. de Lyon, 5. et 22 nov. 1886). — *Id.* (Bull. Soc. géol., 22 nov. 1886). — *Id.* (Comptes rendus Acad. Paris, 4 oct. 1886).

DEPÉRET (Ch.), *Recherches sur la succession des faunes de vertébrés miocènes de la vallée du Rhône* (Arch. Mus. Lyon, t. IV, p. 45, pl. XII-XXV).

DEPÉRET (Ch.), *Note sur les terrains de transport alluvial et glaciaire des environs de Meximieux (Ain)* [Bull. Soc. géol., 3ᵉ série, t. XIV, p. 122].

BOYER, *Sur la provenance et la dispersion des galets silicatés et quartzeux dans l'intérieur et sur le pourtour des monts Jura* (Soc. d'émul. du Doubs, 1886, p. 16).

1887. DELAFOND, *Note sur les tufs de Meximieux* (Bull. Soc. géol., 3ᵉ série, t. XV, p. 62).

DELAFOND, *Note sur les alluvions anciennes de la Bresse et des Dombes* (Bull. Soc. géol., 3ᵉ série, t. XV, p. 65).

TARDY, *Nouvelles observations sur la Bresse* (Bull. Soc. géol., 3ᵉ série, t. XV, p. 82).

DEPÉRET (Ch.), *Sur les horizons mammalogiques miocènes du bassin du Rhône* (Bull. Soc. géol., 3ᵉ série, t. XV, p. 507).

RICHE (A.), *Étude géologique sur le plateau lyonnais* (Ann. Soc. linnéenne de Lyon, 1887).

BENOÎT, *Feuille géologique de Nantua et notice explicative* (Carte géol. de France, n° 160).

FONTANNÈS, *Note sur les terrains traversés par le tunnel de Collonges à Lyon-Saint-Clair* (Note posthume rédigée par Ch. Depéret) [Ann. Soc. agric. de Lyon, 1887].

1888. TOURNIER, *Notes géologiques sur le département de l'Ain* (Feuille des jeunes naturalistes, vol. XVII et XVIII).

1889. DELAFOND, *Notes sur les terrains d'alluvions des environs de Lyon* (Bull. services Carte géol., n° 2).

DEPÉRET (Ch.), *Sur l'âge des sables de Trévoux* (Comptes rendus Acad. sc. Paris, 28 janvier).

DELAFOND et Michel LÉVY, *Feuille géologique de Bourg et notice explicative* (Carte géologique de France, n° 159).

1890. DELAFOND, *Nouvelle subdivision dans les terrains bressans* (Bull. services Carte géol., n° 12).

BOISTEL, *Note sur les travertins tertiaires à végétaux de Douvres (Ain)* [Bull. Soc. géol., 3ᵉ série, t. XVIII, p. 337].

LÉVY (Michel) et DELAFOND, *Feuille géologique de Lyon et notice explicative* (Carte géol. de France, n° 168).

CUVIER (F.), *Notice géologique sur le souterrain de Caluire* (Ann. Soc. linn. de Lyon, 1890).

1891. DEPÉRET, *Sur l'existence d'une petite faune de Vertébrés miocènes dans les fentes de rochers de la vallée de la Saône, à Gray et au Mont-d'Or lyonnais* (Comptes rendus Ac. Paris, 15 juin). — *Id.* (Comptes rendus somm. Soc. géol., 22 juin 1891).

1891. Parandier, *Notice géologique et paléontologique sur la nature des terrains traversés par le chemin de fer entre Dijon et Chalon-sur-Saône* (Bull. Soc. géol. de France, 3ᵉ série, t. XIX, p. 794, pl. XV).

1892. Depéret (Ch.), *Sur la découverte de silex taillés dans les alluvions quaternaires à Rhinoceros Mercki de la vallée de la Saône à Villefranche* (Comptes rendus Acad. sc. Paris, 8 août).
Depéret (Ch.), *La faune de Mammifères de la Grive-Saint-Alban (Isère) et de quelques autres localités du bassin du Rhône* (Arch. Mus. Lyon, t. V, pl. I-IV).

LISTE DES ADDENDA ET CORRIGENDA.

Page 1, ligne 15: *lacustres*, ajoutez: ou *fluviatiles*.
44, ligne 1: *pl.*, ajoutez: *I*.
47, ligne 16: *d'Arthemonay*, lisez: *de Montvendre*.
53, ligne 24: *Metcratos*, lisez: *Metarctos*.
54, ligne 22: *Ternuel*, lisez: *Teruel*.
55, ligne 31: *fig. 4ᵃ*, lisez: *fig. 4-4ᵃ*.
73, ligne 12: *cylindroïde*, ajoutez: *sa bouche dextre*.
79, ligne 23: *fig.*, supprimez: *9*.
117, ligne 10: *lepthorinas*, lisez: *leptorhinus*.
126, ligne 19: *de*, lisez: *des*.
130, ligne 14: *Schikten*, lisez: *Schichten*.
130, ligne 15: *bords*, lisez: *tours*.
149, ligne 27: *melionner*, lisez: *mentionner*.
162, ligne 3: *Extrême-Orient*, supprimer le trait d'union.

TABLE DES MATIÈRES.

CHAPITRE PREMIER.
OROGRAPHIE ET HYDROGRAPHIE.

CHAPITRE II.
TERRAINS ÉOCÈNE, OLIGOCÈNE ET MIOCÈNE.

IMPRIMERIE NATIONALE

CHAPITRE III.

PLIOCÈNE.

CHAPITRE IV.

PLIOCÈNE MOYEN.

CHAPITRE V.

PLIOCÈNE SUPÉRIEUR.

CHAPITRE VI.

QUATERNAIRE ET ALLUVIONS MODERNES.

CHAPITRE VII.

RÉSUMÉ.

IMPRIMERIE NATIONALE.

LISTE DES FIGURES INSÉRÉES DANS LE TEXTE.

www.ingramcontent.com/pod-product-compliance
Lightning Source LLC
Chambersburg PA
CBHW060133200326
41518CB00008B/1016